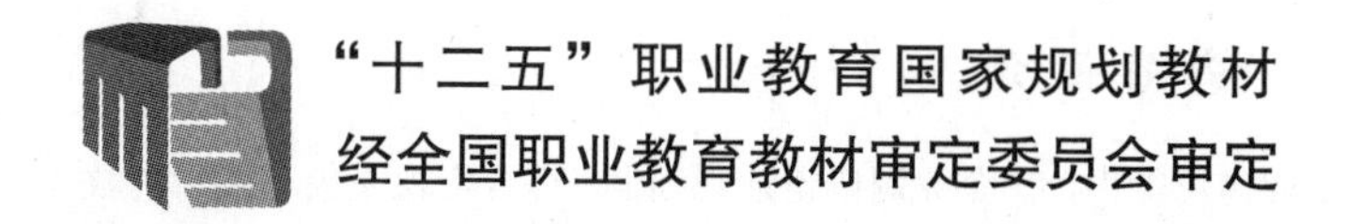

"十二五"职业教育国家规划教材
经全国职业教育教材审定委员会审定

声像技术与影音制作

王文艳 主 编
胡靖宇 葛 青 参 编
李萍萍 主

電子工業出版社
Publishing House of Electronics Industry
北京 · BEIJING

内 容 简 介

本教材以职业技能为导向，结合相关专业岗位能力，在企业调研论证基础上，综合影视采集与编辑的教学经验，精选典型的任务案例，提炼整合成一个综合性训练项目，即制作《浪漫牵手》婚庆 DVD，学生要完成此项目必须先完成素材的采集和进行素材的后期编辑与制作等任务，内容包括数码照相机和数码摄像机的实际拍摄技巧及常规设置，图像处理软件进行后期处理以及音视频后期剪辑制作等。本教材结合大量的日常应用和企业实例，图解详细操作过程，技能点突出，有针对性训练，充分锻炼学生的岗位能力。每个任务项目都配有任务自测，用来巩固所学的内容。

本书可用作中、高等职业教育相关专业的适用教材，也可供从事电子信息类工作的技术人员参考和培训使用。

图书在版编目（CIP）数据

声像技术与影音制作 / 王文艳主编．—北京：电子工业出版社，2016.4

ISBN 978-7-121-24758-3

Ⅰ．①声… Ⅱ．①王… Ⅲ．①电声技术—中等专业学校—教材②视频信号—中等专业学校—教材③数字技术—多媒体技术—中等专业学校—教材 Ⅳ．①TN912②TN941③TP37

中国版本图书馆 CIP 数据核字（2014）第 268581 号

策划编辑：白　楠
责任编辑：郝黎明
印　　刷：北京建筑工业印刷厂
装　　订：北京建筑工业印刷厂
出版发行：电子工业出版社
　　　　　北京市海淀区万寿路 173 信箱　邮编　100036
开　　本：787×1 092　1/16　印张：12.75　字数：326.4 千字
版　　次：2016 年 4 月第 1 版
印　　次：2016 年 4 月第 1 次印刷
定　　价：28.00 元

凡所购买电子工业出版社图书有缺损问题，请向购买书店调换。若书店售缺，请与本社发行部联系，联系及邮购电话：（010）88254888，88258888。

质量投诉请发邮件至 zlts@phei.com.cn，盗版侵权举报请发邮件至 dbqq@phei.com.cn。

本书咨询联系方式：（010）88254592。

前言

PREFACE

随着数码科技的不断发展和冲击，越来越多的家庭和个人拥有数码照相机和数码摄像机，而图形图像的处理软件和音视频编辑软件也呈现遍地开花的趋势，如何操作相关设备，如何使用和应用相关软件，使其成为生活和应岗的一项技能，显得尤为重要。

本教材编写依据是《声像技术与影音制作》课程的教学大纲，以职业技能为导向，在企业调研论证基础上，提炼出相关专业岗位能力，综合影视采集与编辑的教学经验，精选典型的任务案例，整合成一个综合性训练项目，即制作《浪漫牵手》婚庆 DVD，分成 3 个工作任务来完成，即 DC、DV 的实拍训练、数码照片的后期处理和制作《浪漫牵手》婚庆 DVD。每个任务下面又分为任务书和若干个子任务，学生按要求在任务书的引导下完成各相关内容，最终也完成了本项目。每个任务后都配有任务自测，用来巩固所学的内容，任务小结是对本任务的内容提要。

在附录中，给出了 Photoshop 常用工具及操作快捷方式汇总，在教学过程要求学生多看多用，提高数码照片的快速处理能力和未来职业竞争力。

本教材结合大量的日常应用和企业实例，图解清晰，过程详尽，紧紧围绕技能点，有针对性训练，有的放矢，充分锻炼学生的岗位能力和生活能力。

本教材由王文艳老师主编；胡靖宇老师编写了项目 1　DC、DV 实拍训练；葛青老师编写了项目 2　数码照片的后期处理；王文艳老师编写了项目 3　制作《浪漫牵手》婚庆 DVD，并收集和整理了数字化资源；李萍萍老师担任本教材的主审，负责教材的统编和审核。

本书配套教辅资料可登录 www.hxedu.com.cn，注册后免费下载。

本课程参考学时为 68 学时。

在每个任务的任务书中，给出了本任务的考核评价标准，任课老师在教学过程中可以参考使用，即是对学生学习的任务引领（该学习什么内容，掌握何种技能，考核分值所占比重如何），也是对学生进行任务考核的评价标准和依据，在此建议，可以通过每个任务的考核，再综合课程评价的体系和方法，评定学生学期成绩。

在教材编写过程中，得到了大连昊邦信息技术有限公司技术的鼎力支持和帮助，在此表示诚挚的感谢！同时，也向对本教材提供很多支持的各位同仁表示衷心的感谢！

由于编写时间仓促，编写教材经验欠缺，书中的错误与疏漏在所难免，希望使用本教材的广大教师和学生对教材中的问题提出宝贵意见和建议，以便进行错误更正、文字修润和技术更新。

编　者

目录

CONTENTS

引言　《浪漫牵手》婚庆 DVD 的制作

引言

《浪漫牵手》婚庆 DVD 的制作

课程概述

本课程是一个综合性训练课程，学生要制作完成一张主题为“浪漫牵手”的婚庆 DVD，学生要想完成本课程，首先需要进行基础素材的收集和后期素材的剪辑与编辑处理。素材的收集过程是在掌握了 DC 和 DV 的基本设置与拍摄技巧的基础上，使用 Photoshop CS3 图形图像处理软件和会声会影 X3 视频编辑软件进行后期素材的剪辑与编辑处理，最后刻录成 DVD。

课程任务

本课程主要分为 3 个项目，分别如下。

1）DC、DV 的实拍训练。

2）数码照片的后期处理。

3）制作《浪漫牵手》婚庆 DVD。

每个项目又分为若干个任务，任务是一个独立的技能培养点，内容包括知识链接和实训操作等。

成品展示

成果效果如下。

项目 1

DC、DV 实拍训练

1. 项目概述

随着数码相机在家庭中的普及，越来越多的人使用数码相机来记录家庭生活的点点滴滴，创造回忆。那么我们如何捕捉美好的、动人的画面呢？这就需要我们对相机有全方面的了解，如相机的基本设置、常用配件的功能及使用，理解相关参数和性能指标，掌握基本的拍摄技巧等。这就是本项目要完成的内容。

2. 项目目标

知识目标

（1）了解 DC、DV 的工作原理。

（2）能说出常用配件的名称、功能及使用方法。

（3）理解光圈、快门、景深、焦距等概念的含义，掌握各种拍摄技巧。

技能目标

（1）能对 DC、DV 进行基本的设置并进行简单拍摄。

（2）针对不同的场景，会正确应用曝光、构图等技巧进行拍摄。

3. 主要任务及学时分配

项目的主要任务、任务要求及学时安排如表 1-1 所示。

表 1-1　项目内容及要求

任务名称	主要任务	教学内容及教学要求	建议学时
DC、DV 简单实拍训练	DC、DV 简单拍摄	1）DC、DV 的工作原理。 2）DC、DV 的构成及功能。 3）DC、DV 菜单和功能的设置	4
DC、DV 实拍训练	拍摄技巧的练习	1）掌握光圈、快门速度、焦距、景深、感光度等基本概念及设置方法。 2）掌握正确曝光的方法。了解曝光量、正确曝光、等量曝光等基本概念，能根据不同拍摄条件选择曝光。	12

续表

任务名称	主要任务	教学内容及教学要求	参考课时
DC、DV 实拍训练	拍摄技巧的练习	3）能进行曝光补偿。了解测光、自动曝光和曝光补偿的概念，掌握在 DC 上进行曝光补偿的 3 种基本操作方法。 4）了解景深及影响因素，会运用景深概念进行拍摄。 5）掌握几种常用的曝光模式，能进行夜景拍摄。 6）了解布光和取景构图的原则。 7）掌握静态和动态影像拍摄的几种技巧和要点	12
	常用摄影摄像机的种类及配件的使用	掌握存储器、镜头及附加镜、闪光灯、三脚架、遮光罩、读卡器、电池等配件的功能及安装方法	4

4. 验收标准

项目完成后，可按表 1-2 所示的项目验收表进行验收。

表 1-2　项目验收表

学期：　　　　班级：　　　　考核日期：　年　月　日

项目名称		DC、DV 实拍训练		项目承接人					
考核内容及分值				项目分值	自我评价	小组评价	教师评价	企业评价	综合评价
专业能力（80%）	工作准备的质量评估	知识准备	1）能简述 DC、DV 的工作原理。 2）能说出常用配件的名称、功能及使用方法。 3）理解光圈、快门、景深、焦距等概念的含义，掌握各种拍摄技巧。 4）能对 DC、DV 进行基本的设置并进行简单拍摄。 5）针对不同的场景，会正确应用曝光、构图等技巧进行拍摄	25					
		工作准备	1）DC、DV 及配件准备，充足电池。 2）知识储备是否充足，渠道是否多元化	5					
	工作过程各个环节的质量评估	DC、DV 简单拍摄	1）能简单描述 DC、DV 的工作原理。 2）能说出 DC、DV 由几部分构成及各部分的功能。 3）能拍摄一张照片或摄录一段视频，并查看回放并删除	5					
		摄影摄像配件使用	1）给出各种配件实物，能快速说出配件名称及功能。 2）能熟练更换配件和使用配件	10					

续表

项目名称		DC、DV实拍训练		项目承接人					
专业能力（80%）	工作过程各个环节的质量评估	拍摄技巧练习	1）能在拍摄状态下，调节光圈系数和快门速度的大小。 2）能说出影响景深的几个因素，并能根据具体的拍摄要求，合理设置参数。 3）能说出相机的几种常用拍摄模式，并说出各种模式的特点。 4）能说出感光度对画面质量的影响和相机参数的影响。 5）进行人像、风景、夜景、动态影像的实拍练习，并得到较好的画面质量	25					
	工作成果的质量评估		1）各任务是否达到设计要求。 2）整体效果是否美观。 3）其他物品是否在工作中遭到损坏。 4）环境是否整洁干净	10					
综合能力（20%）	信息收集能力		基础理论、收集和处理信息的能力；独立分析和思考问题的能力	5					
	交流沟通能力		向教师咨询时的表达能力；与同学的沟通协商能力	5					
	分析问题能力		任务完成的基本思路、基本方法研讨； 工作过程中的创新意识	5					
	团结协作能力		小组中分工协作、团结合作能力	5					
总　评				100					
承接人签字		小组长签字		教师签字		企业代表签字			

任务1　DC、DV简单拍摄

知识链接1　DC、DV工作原理

1. DC的工作原理

DC（Digital Camera，数码照相机）如图1-1所示，是用来拍摄静态照片的，是一种非常独特的装置。现在，几乎每个人的手机都有摄像头，那些都可以称为DC。当然，和专业的单反照相机相比，它们从成像质量到拍摄的选择性上都相差较远，但我们有理由相信在不远的将来，单反照相机也可以安装到我们的手机中。

虽然现在DC比较普遍，但在160多年前，这种器材仍然停留在人们的幻想中。甚至到19世纪中叶，都没有一个历史伟人的肖像是以照片的形式永远记载下来的。人们只能通过艺术家的图画或者雕刻去了解他们的相貌。而现在，所有人都可留下一张青春的影像。从这一点上，也可以说照相机是一种平等的装置。

图 1-1　Nikon D3 结构示意图

那么照相机最早的结构是什么样的呢？其实拍摄一张照片，并不需要太复杂的照相机和镜头。实际上，可能根本就不需要镜头。最简单的照相机是由以下几个部分组成的针孔照相机，如图 1-2 所示。

（1）一个不透光的盒子。

（2）在盒子的一面开一个允许光线通过的针孔。

（3）将一张胶片放在针孔相对的另一面。

即使现在最精密复杂的照相机也不过是在简单的针孔照相机基础上“苦心经营”的结果，它们通常包括聚焦光线、控制曝光持续时间、曝光强度，以及老式的胶片的替换品——感光元件及强大的内部图形处理芯片等；但是就其本质来说，它仍像一架针孔照相机，有一个不透光的盒子并允许某些确定的光线到达感光器。

当然，数码照相机和老式的胶片照相机相比，多出了两个至关重要的装置：电子感光传感器和影像处理器，如图 1-3 所示。

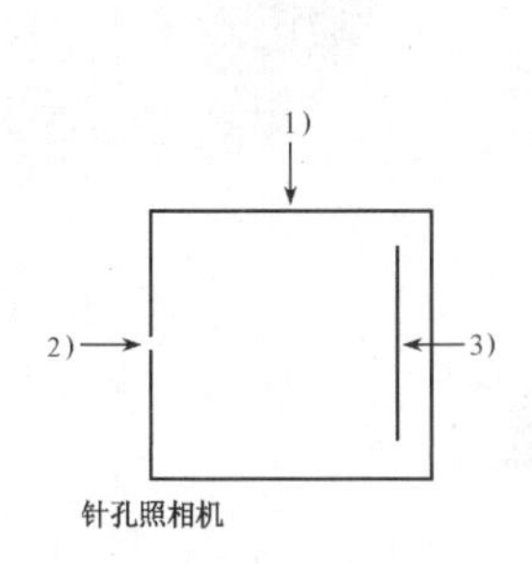

图 1-2　针孔照相机

图 1-3　佳能影像处理器

电子感光传感器现在分为 CCD 和 CMOS 两种，它们就像人的视网膜一样，能够吸收光线并继续传导下去。当光线与图像从镜头透过、投射到 CCD 或 CMOS 的表面时，感光传感器就会产生电流，将感应到的内容转换成数码资料存储起来。感光传感器像素数目越多、单一像素尺寸越大，收集到的图像就越清晰。因此，尽管像素数目并不是决定图像品质的唯一重点，但仍然可以把它当成照相机等级的重要标准之一。

如果把镜头比作晶状体，把感光器比作视网膜，那么影像处理器就可以看作大脑。镜头用来采集光线，感光器把采集到的光线转换成数字信号，而影像处理器对这些数字信号加以处理，最终转换成图像。

在数码成像的工作流程中，镜头和感光元件的工作都是基础性的，影像处理器的工作则是决定性的。数码照相机最终能拍摄出什么样的图片，图片色彩的丰富性和饱和度、图片的整体层次感、图片效果的细腻程度、细节部分的表现力等，都要经过影像处理器的处理之后，才能展现出来。

虽然现在的数码照相机技术如此的先进，功能如此的强大，但并不代表我们只要对准自己想要拍的主题按快门即可。恰恰相反，这些部件的强大功能都只能是为拍摄者服务的，是我们去控制器材而不是被器材所约束。

通过本项目的学习，读者将会懂得世界上所有的小技巧都不可能促使自己成为一名优秀的摄影家，它们都不可能取代摄影本身对摄影者的智力、技能和才干的要求。

照相机的某些功能需要人工操作，也就是说必须扳动控制杆或转动旋钮来设置曝光量；照相机也能够自动完成某些功能，只要对准被摄物并按快门，照相机将会自动聚焦、曝光和形成电子图片。

无论哪种方式，照相机的功能都是相同的，而且实际上都具有同样简单的目的，就是把聚焦的影像记录下来。但是，影像的质量毕竟主要取决于摄影师的观察能力，即发现一幅赏心悦目的画面，并在考虑主题、关注点和表现简洁等问题的基础上进行构图。而没有任何一架自动照相机会完成这些工作。

拍出一张优秀的摄影作品，不在于照相机贵不贵，镜头好不好，而在于摄影者是否有敏锐的观察力，有没有一双善于发现的眼睛，有没有打破摄影规则的胆量和技巧。

2. DV的工作原理

DV（Digital Video，数码摄像机）如图1-4所示。数码摄像机进行工作的基本原理简单地说就是光—电—数字信号的转变与传输，即通过感光元件将光信号转变成电流，再将模拟电信号转变成数字信号，由专门的芯片进行处理和过滤后将得到的信息还原出来就是看到的动态画面。它与DC的主要区别在于处理器的功能不同，以及DV不需要太高的像素，但需要有较大内存的存储设备。

图1-4　DV

数码摄像机的感光元件也有两种：CCD和CMOS。

知识链接2　DC、DV外观组件及功能

1. DC的外观组件及功能

1）DC的外观组件

下面以Canon A720 IS为例为大家介绍DC常见的外观组件。

外观组件前视图如图1-5所示。

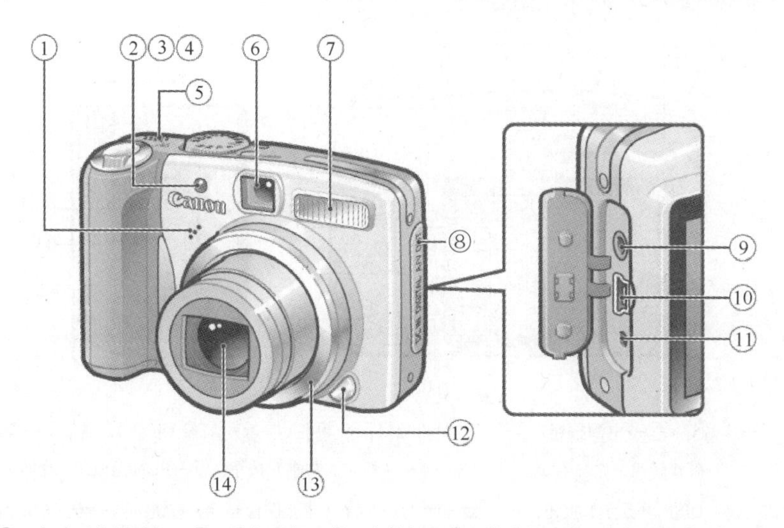

①—麦克风；②—自动对焦辅助灯；③—防红眼灯；④—自拍灯；⑤—蜂鸣器；⑥—取景器；⑦—闪光灯；⑧—端子盖；⑨—A/V OUT（音频 / 视频输出）端子；⑩—DIGITAL（数码）端子；⑪—DC IN（直流电输入）端子；⑫—环释放按钮；⑬—环；⑭—镜头

图 1-5　外观组件前视图

外观组件后视图如图 1-6 所示。

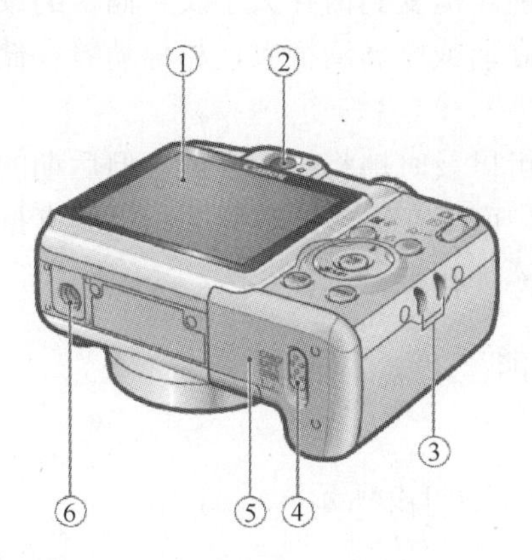

①—液晶显示屏；②—取景器；③—腕带扣；④—存储卡插槽 / 电池仓盖锁；⑤—存储卡插槽 / 电池仓盖；⑥—三脚架插孔

图 1-6　外观组件后视图

控制按钮如图 1-7 所示。

2）DC 的主要功能

（1）拍摄静止图像：相机通过镜头及其组件收集光线至感光元件（CCD 或 CMOS），快门和光圈的组合则决定了相片曝光量的大小。而相机的 ISO 则可以控制感光元件的敏感程度，处于光线较暗的场合时可以提高 ISO 值，但其成像效果也随之下降。

（2）观看静止图片：与老式胶片相机必须通过暗房冲洗后才能观看成像效果不同的是，数码照相机可以通过液晶显示屏随拍随看，如果对照片效果不满意则可以重新拍摄，这极大地方便了拍摄者的拍摄活动。

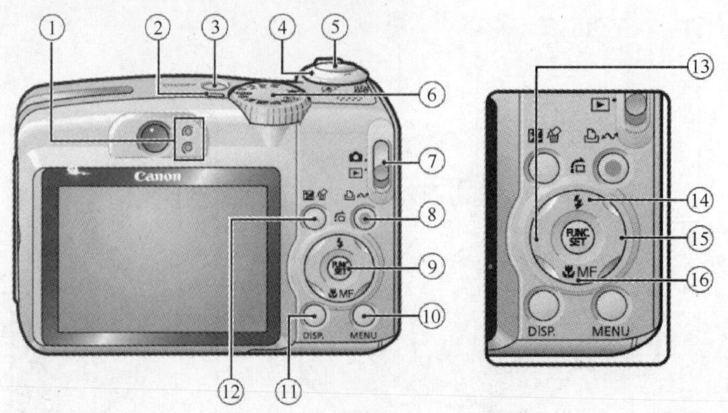

①—指示灯；②—电源灯；③—电源按钮；④—变焦杆，拍摄——（广角）/（长焦），播放——（索引）/（放大）；⑤—快门按钮；⑥—模式转盘；⑦—模式开关；⑧—（打印 / 共享）按钮；⑨—FUNC./SET（功能 / 设置）按钮；⑩—MENU（菜单）按钮；⑪—DISP.（显示）按钮；⑫—（曝光）/（单张图像删除）按钮；⑬—（后退）按钮；⑭—（闪光灯）/（跳换）/（向上）按钮；⑮—（前进）按钮；⑯—（微距）/MF（手动对焦）/（向下）按钮

图 1-7　控制按钮

（3）拍摄短片：短片拍摄给拍摄者提供了更大的选择余地，将一些用图像无法描述清楚的事件用视频的方式记录下来，与拍摄静止图像的功能形成了很好的互补，因此现在的多数相机均提供了拍摄短片的功能。但受到内存大小及存储卡的读写速度的限制，普通数码照相机目前还不能拍摄长时间的高清或全高清视频，相信随着存储卡性能的提升，这一问题终会被解决。

（4）观看短片：拍摄者可以及时地将短片回放。但后期的加工需要专用软件，如后面课程中将介绍的会声会影软件，而现在很多的数码照相机均支持在照相机上进行简单的后期操作，如调色、裁剪、美化、添加相框甚至涂鸦等。

2．DV 的外观组件和功能

1）DV 的外观组件

DV 的外观组件如图 1-8 和图 1-9 所示。

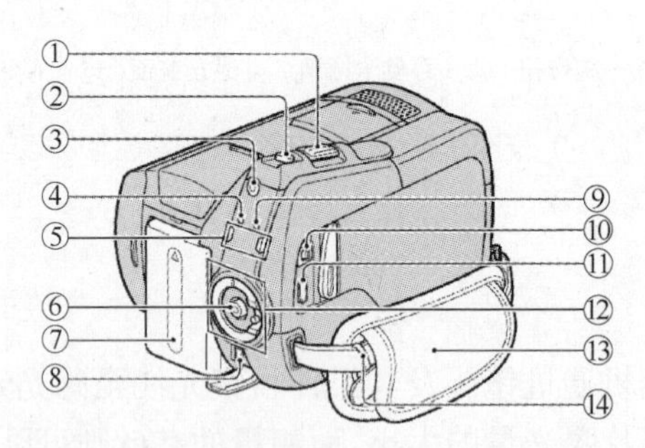

①—电动变焦控制杆；②—PHOTO 按钮；③—QUICK ON 按钮；④—CHG（充电）指示灯；⑤—（动画）/（静像）模式指示灯；⑥—START/STOP 按钮；⑦—电池组；⑧—DC IN 插孔；⑨—ACCESS 指示灯（硬盘）；⑩—A/V 远程连接器；⑪—（USB）插孔，DCR-SR35E/SR36E/SR55E/SR75E（仅输出）；⑫—POWER 开关；⑬—抓握带；⑭—肩带锁扣

图 1-8　外观组件（一）

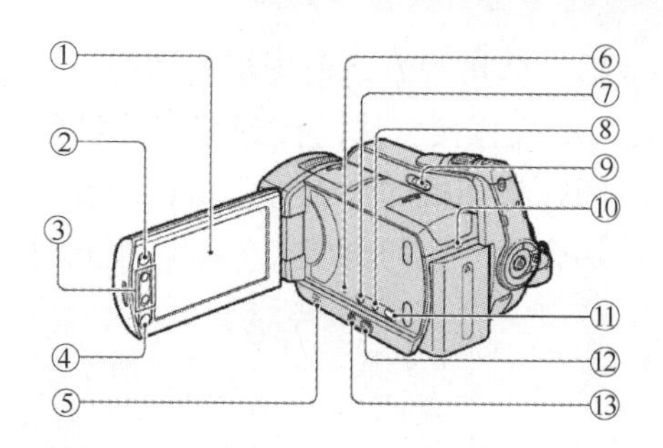

①—液晶显示屏 / 触摸屏；②—（HOME）按钮；③—变焦按钮；④—START/STOP 按钮；⑤—扬声器；⑥—RESET 按钮，初始化设定，包括日期和时间设定；⑦—（背光）按钮；⑧—DISP/BATT INFO 按钮；⑨—NIGHTSHOT PLUS 开关；⑩—ACCESS 指示灯；⑪—（DISC BURN）按钮；⑫—（观看图像）按钮；⑬—EASY 按钮

图 1-9 外观组件（二）

2）DV 的主要功能

在摄像时，使用者通过 DV 的液晶显示屏观看要拍摄的活动影像，拍摄后可以马上看到拍好的活动影像。通过 DV 能够把拍摄到的活动影像转换为数字信号，连同麦克风记录的声音信号一起存储在 DV 中。

DV 可以与计算机连接，以读取 DV 中的内容，继而对这些内容进行后期处理，如编辑等，还可以刻成 VCD 或 DVD 保存起来。

DV 还可与电视机连接，不仅能在电视机上读取 DV 中的内容，还能录制电视节目。

任务实施 DC、DV 的简单拍摄

1. DC 的拍摄

仍以 Canon A720 为例，讲解 DC 的基础拍摄。

1）准备工作

（1）安装腕带。

（2）安装电池。

（3）安装存储卡。

（4）设置日期和时间。

2）拍摄步骤

（1）按电源按钮。

（2）选择拍摄模式。

首先将模式开关设置为拍摄挡，早期我们可以将模式转盘设置为 AUTO 挡，在以后的学习过程中会深入学习其他的高级模式。

（3）将相机对准拍摄主体。

（4）轻按（半按）快门按钮进行对焦。

（5）将快门按钮按到底（全按快门），听到“咔嚓”的提示音后拍摄完成。

（6）将模式开关拨至回放挡，即可观看之前拍摄的图像。

其中步骤（4）非常重要。如果直接将快门按到底有时机器会无法拍出清晰的照片。半按快门是为了给相机对焦的时间，将相机的焦点置于自己想要表达清楚的主体上，如果焦点选择的不是自己想要的主体，那么松开快门再半按一次，直到对焦点符合要求为止，也可以不松开快门进行重新构图。

3）拍摄要点

手持相机时全身都要保持稳定，这是拍出清晰图片最重要的一点。在全按快门前可深吸一口气，拍完后吐出，将我们身体的抖动降到最低。很多时候拍不出好照片最直接的原因就是手不够稳。拍摄时双臂夹紧，并依据相机的形状，用自己最舒服的方式握紧相机，但按快门的食指不能使劲，并且不要因为按快门的动作影响到相机的稳定。条件允许的情况下可给手臂找一些支撑，如桌子、石台等。也可以下蹲后将手臂支在膝盖上，尽量保持身体的稳定。

其他的高级技巧在以后的项目和任务中会逐一介绍。目前请先练习摄影的基本功——一双稳定的手。

2. DV 的拍摄

1）准备工作

（1）提前为 DV 电池组充电。

（2）打开电源，设定日期和时间。

（3）手动打开 LENS COVER，如图 1-10 所示。

（4）调节液晶显示屏，如图 1-11 所示。

（5）收紧抓握带。

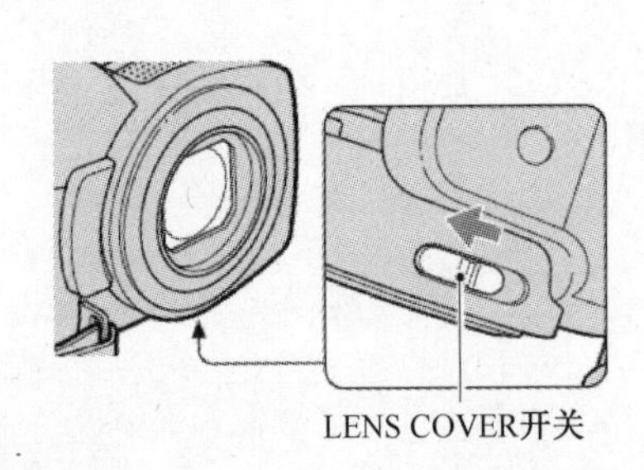

图 1-10　镜头盖开关

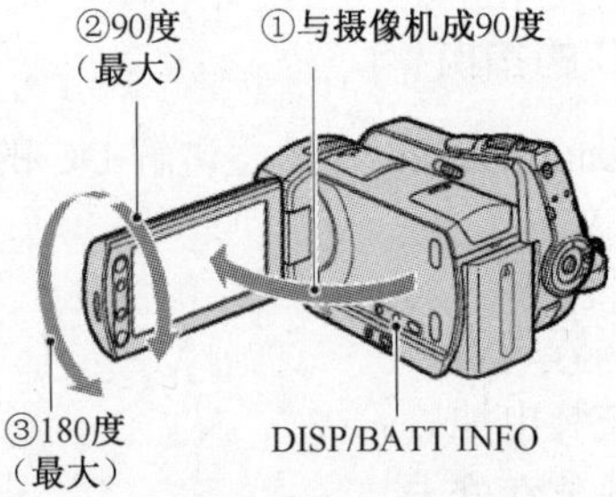

②90度
（最大）
①与摄像机成90度
③180度
（最大）
DISP/BATT INFO

打开 LCD，与摄像机成 90 度（①），然后转动 LCD 到最佳角度进行录制或播放

图 1-11　液晶显示屏的调节

2）DV 的拍摄

DV 提供了 EASY HANDYCAM 模式，在此种模式下 DV 自身几乎已经完成了绝大多数的设定，我们不需要任何详细设定就可以直接开始录制或播放视频。还可以放大屏幕字体，以便观看，也可以在所选的媒体上录制图像。

具体录制方式如图 1-12 所示。

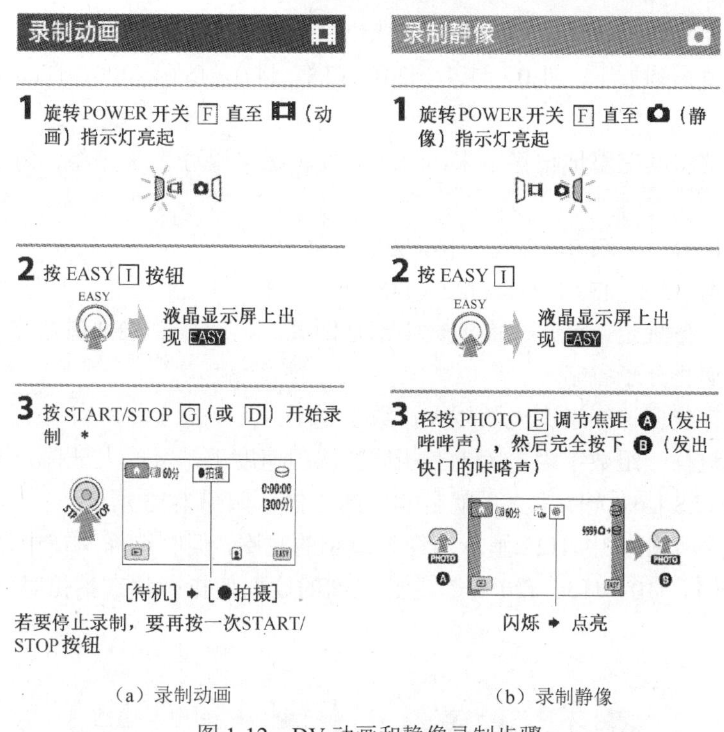

(a) 录制动画　　(b) 录制静像

图 1-12　DV 动画和静像录制步骤

任务 2　拍摄技巧的练习

在初步认识了数码照相机后，现在正式开始学习如何在不同的条件下选择恰当的拍摄方式来获得精彩的照片。

 知识链接 1　光圈

数码照相机之所以成像是因为镜头收集到一定量的光线照射到了感光传感器上，然后由影像处理器处理后成像。那么如何来控制镜头收集光线的多少呢？相机主要靠两个装置来控制：镜头后的孔径（光圈）和快门速度。将这两者结合到一起，就可以自由地控制进入镜头光线的多少。本任务首先为大家介绍光圈。

1. 概述

光圈是一个用来控制光线透过镜头，进入机身内感光面的光量的装置，它通常位于镜头内。表达光圈大小使用 f 值。对于已经制造好的镜头，我们不可能随意改变镜头的直径，但是我们可以通过在镜头内部加入多边形或者圆形，并且使用面积可变的孔状光栅来达到控制镜头通光量的目的，这个装置称为光圈。

2. 光圈大小的表示方法

表达光圈大小时用 f 值，其中，f=镜头的焦距/镜头的有效口径的直径。

从以上的公式可知要达到相同的光圈 f 值，长焦距镜头的口径要比短焦距镜头的口径大。

这也就是为什么当我们的普通数码照相机在变焦后最大光圈会缩小的根本原因。

完整的光圈值系列如下：f1.0，f1.4，f2.0，f2.8，f4.0，f5.6，f8.0，f11，f16，f22，f32，f45，f64。

希望大家能够将其完整地记忆下来，为了方便记忆可以分为 2 个组，每个组都是跳过 1 位后取出的。

第一组：f1.0，f2.0，f4.0，f8.0，f16，f32，f64。

第二组：f1.4，f2.8，f5.6，f11，f22，f45。

还需要牢记一条规定，就是光圈的数字都是倒数，也就是说 f2.8 其实是 f1/2.8，但为了方便，只写分母而将分子省略。

这样大家现在就应该知道：光圈越大，数字越小。

为什么要用这样一组数字呢？因为在相同的快门速度下，每放大一挡光圈，进光量都是之前的 2 倍，如 f2.8 挡的光圈进光量就是 f4.0 的 2 倍，如图 1-13 所示。

在现在的数码照相机中，f22 基本已经为最小的光圈，但制造商又在中间增加了一些别的光圈值，如 f6.4、f10、f13、f20 等，这些光圈的增加使摄影师在拍摄时增添了更多的选择性。

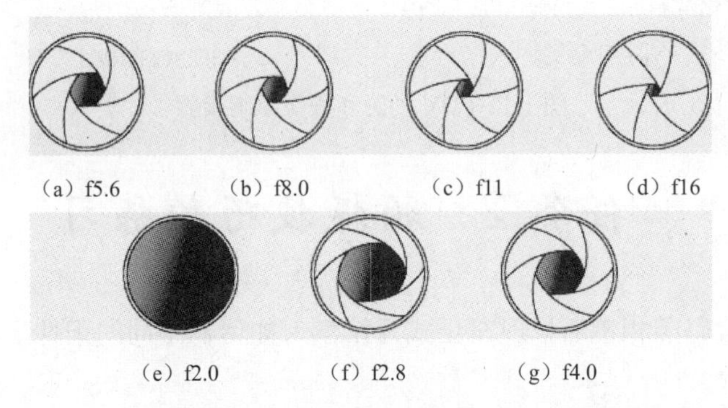

图 1-13　光圈系数与光圈通光口径对比图

图 1-14 所示一组图片的快门速度相同，为 1/320s，大家注意对比它们的明暗程度。

大家可以很清楚地发现，随着光圈的缩小，图像也显得越来越暗。那么根据当时的光线和所选择的快门速度，再根据当时拍摄时间为早晨 8 点，如果摄影师想要表现朝阳初升的气氛，则图中最合适的光圈应当是 f8.0 或 f10。

在这里也希望读者了解，很多时候最合适的光圈并不是唯一的。光线的明暗与摄影师的拍摄意图也有着很大的关系。只要能够很好地表达出摄影师的意愿，就是合适的光圈。

（a）f 4.0

（b）f 6.4

图 1-14　不同光圈下画面明暗度对比

（c）f 8.0　（d）f 10

（e）f 13　（f）f 16

（h）f 20　（g）f 22

图 1-14　不同光圈下画面明暗度对比（续）

 知识链接 2　焦距

1．概述

镜头的焦距基本上就是从镜头的中心点到胶片平面上所形成的清晰影像之间的距离。镜头的焦距决定了该镜头拍摄的被摄体在胶片上形成影像的大小。假设以相同的距离面对同一被摄体进行拍摄，那么镜头的焦距越长，被摄体在胶片上形成的影像越大。

例如，使用 100mm 镜头所拍摄的影像，其高度和宽度都是在同一台照相机上使用 50mm 镜头所拍摄影像的 2 倍；400mm 镜头产生的影像的高度和宽度是 100mm 镜头的 4 倍等。定焦镜头（相对随后将介绍的变焦镜头而言）都具有由其光学系统所决定的确定的焦距。确切地讲，从镜头的中心点到聚焦于无穷远处时投射在胶片平面上的清晰影像之间距离的测量值决定了焦距的长度，如图 1-15 所示。这里所说的无穷远是指聚焦非常远的被摄体（如地平线）时镜头上的距离设定值。

在本书中，我们使用毫米作为镜头焦距的单位。一般情况下焦距越长，镜头筒就越长。图 1-16 是 Canon 镜头中的 3 个变焦镜头，其涵盖了 16～200mm 的焦距。从图中大家可以清晰地看出，焦距为 70～200mm 的镜头最长，而 16～35mm 的镜头则最短。

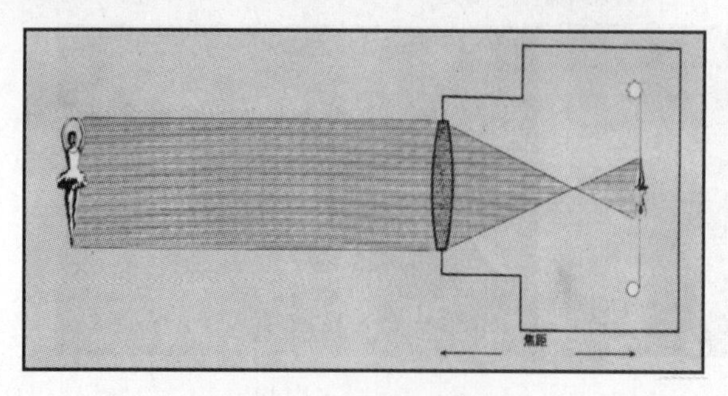

图 1-15　焦距示意图

图 1-16　镜头筒

2．焦距的变化

镜头焦距的差异会让照片的气氛改变。其中视角的差异如图 1-17 所示。

照片中被拍摄者的大小没有发生变化，但是背景范围发生了很大的变化。随着焦距趋向远摄区域，视角变得狭窄，于是背景的范围也渐渐变窄。另外，镜头的焦距不同，被摄体的形状也会发生变化。

使用广角镜头时，由于它有着近大远小的特性，所以人脸的形状发生了扭曲。和焦距较长的镜头相比，使用广角镜头时的拍摄距离较短，所以相对距离镜头较近的照片，其鼻子和脸颊部分就突出，发生了膨胀。相反，在使用焦距较长的远摄镜头拍摄时，拍摄距离变长，脸的各部位的距离差随着拍摄距离的变长而相对缩小，和广角镜头相反的脸部成像效果逐渐呈现出来。

如上所述，拍摄时使用的镜头焦距不同，拍出的人物就会发生很大变化。究竟使用怎样的焦距拍摄出来的才是标准成像呢？这随拍摄者的主观喜好有很大不同。如某次拍摄使用的是 35mm 全画幅相机，拍摄者本人相对喜欢 50～70mm 的带有轻微变形的照片。适当的变形强调出了立体感，突出了被拍摄者脸部的抑扬感，看起来更加精致漂亮。但是，也不能单纯地说焦距越长越好，因为在使用远摄区域拍摄时，脸部整体会给人很平坦的感觉，有时还会让人显胖。所以应该仔细观察被拍摄者脸部的特征，选择最合适的镜头。

（a）14mm

（b）16mm

（c）35mm

（d）40mm

图 1-17　焦距与视角对比图

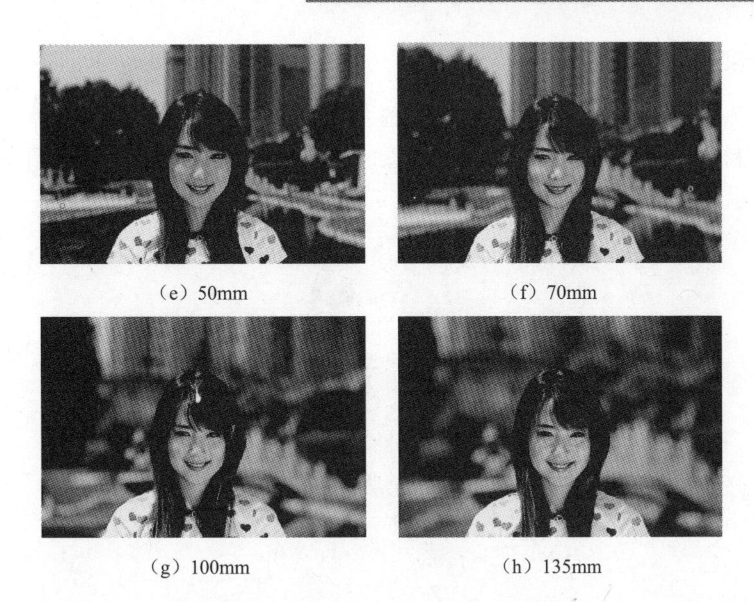

（e）50mm　　（f）70mm

（g）100mm　　（h）135mm

图 1-17　焦距与视角对比图（续）

对风光摄影来说，首要考虑的是镜头视角的宽窄。因为我们总是希望拍出气势宏大的作品，如图 1-18 所示。

图 1-18　大视角风光摄影

视角随着镜头焦距的增加而变小，具体视角的变化如图 1-19 所示，它很清晰地反映了焦距的不同对视角的影响。

视角：镜头的视角取决于它的焦距——焦距越长、视角越小。图 1-19 表示了不同焦距镜头的视角。例如，28mm 镜头具有 75° 视角，500mm 镜头具有 5° 视角，50mm 镜头具有 43° 视角。

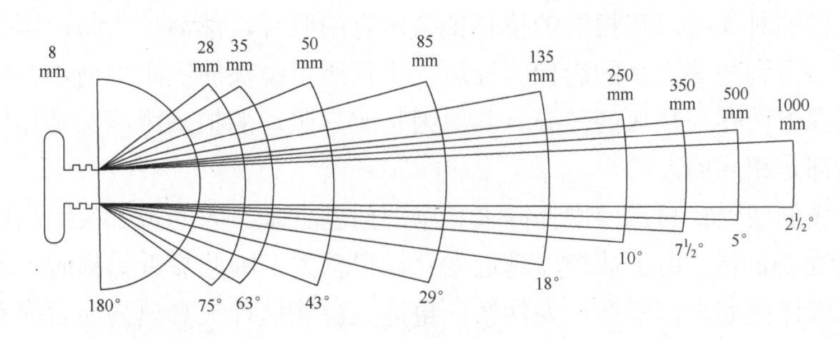

图 1-19　焦距与视角变化对比示意图

3. 透视畸变

正如图 1-17 所示，14mm 拍摄的模特脸部明显发生变形，其中模特的鼻子与面部的其他器官相比会显得很大。这就是用广角镜头拍摄的很多照片具有的一种透视畸变形式的特征。再如图 1-20 所示小狗的鼻子。

图 1-20　透视畸变效果

为了了解这种失真发生的原因，让我们首先论述正常透视。众所周知，我们的眼睛感觉远近的一种方法就是利用物体的相对大小，大脑会告诉我们物体远就显得小，距离越远，显得越小。

在摄影中，也是用相同的方法鉴别透视关系的。远处的物体比相同大小的近处的物体显得小。由于这一原因，平行的铁轨会随着我们向远处瞭望而显得越来越靠近，直至汇聚成一点。这一现象的本质就是铁轨间的距离表面上看变小了。透视还有另外一种表现，即物体越近，透视效果越强烈。例如，200 名士兵排成一纵队正在行进。如果在距离前面士兵 3m 的地方观看或拍摄队伍，那么前面的士兵就会显得比最后的士兵高大得多。但是，如果在远离前面士兵 100m 的地方观看或拍摄同一支队伍，第一个和最后一个士兵之间的大小差异就不会那么大。

透视这两方面的特征同样适用于所有镜头，即：

（1）被摄体越远，显得越小。

（2）镜头离被摄体越远，被摄体外观上的大小变化越小。

如图 1-20 中怪异的“鼻子”。因为使用广角镜头往往在非常接近被控体的位置上进行拍摄，拍摄距离越近，透视效果越强烈。

换句话说，倘若在相同的距离使用所有镜头进行拍摄，广角镜头并不会比任何其他镜头更歪曲透视。实际上，通过试验并不难证实这一点，使用不同焦距的镜头拍摄一排柱子或一排树或任何成排的对象时，在相同的位置拍摄所有的照片，然后放大每一影像的相同部分，目的是在照片上得到同等大小的影像。最后，不管所用镜头的焦距如何，在任何一张照片上都不会看到透视方面存在任何的差异。其原因是所有照片的拍摄距离都是相同的，即被摄体到镜头的距离都是相同的。

现在，让我们回到特写肖像中怪异大鼻子的问题上来。人的鼻子尖距离照相机比面部的其他部分大约近 20mm。由于被控体越近就会显得越大，因此靠近拍摄时，鼻子会显得比面部其他部分不成比例的大。那么，为什么广角镜头会使这种失真更为显著呢？因为为了使肖像充满画面，广角镜头必须极为接近被摄对象。对于任何一种镜头，当非常接近被摄体到一定程度时，就会产生这种失真。越接近被摄体，失真越严重。由于希望被摄体充满画面，而恰恰进入了广角镜头的失真距离范围。

实际上，远摄镜头的透视畸变随着被摄体的越来越远，会变得越来越小；但图像却开始变得扁平。相距很远的两个被摄体却显得像一个在另一个之上。

图 1-21 是用 200mm 镜头所拍摄的。模特身后的背景中那座石桥在前面的镜头中小的几乎看不到，而在最后却几乎填充了模特的整个背景。因此，从很远距离拍摄的被摄体似乎被压平了。

为什么这种情形经常会在用远摄镜头拍摄的照片中看到呢？这是因为使用远摄镜头时，拍摄距离往往更为遥远。事实上，在相同的距离处无论使用什么镜头都会产生这种失真。

图 1-21　远摄镜头画面

 知识链接 3　景深及影响因素

在一些漂亮的人像摄影图片中，经常能够看到完全虚化的背景，如图 1-22 所示小女孩身后的背景。这样能够有效地突出所想表达的主体。但如果在一个景色非常好的地方又希望背后的景色能够清楚地被拍到相机中，那么怎样来控制我们身后的背景是清晰还是虚化呢？下面将为大家详细叙述这个问题。

图 1-22　人像摄影

1. 景深

景深能决定是把背景模糊化来突出拍摄对象，还是拍出清晰的背景。我们经常能够看到拍摄花、昆虫等的照片中，将背景拍得很模糊（称之为小景深）。但是在拍摄纪念照或集体

照、风景等时一般会把背景拍摄得和拍摄对象一样清晰（称为大景深）。

2．拍摄距离对景深的影响

首先请大家记住第一条规律：镜头离被摄物体越近，所得到的照片景深越小。

其实这是由于光线的发散引起的，当焦点在前时，光线发散程度要远大于焦点在后时。例如，看离自己眼睛很近的物体，那么后面的物体都会虚化，而眼睛的焦点放远之后，焦点之前的物体都还算清晰。所以，要想拍出背景虚化的照片，应尽量靠近被摄对象。

在尽量靠近被摄对象的同时，要考虑到焦距的问题，如果使用广角端还靠得很近，就会引起强烈的透视畸变，那样即便是一个漂亮的女孩子也会被拍得一塌糊涂。

3．光圈对景深的影响

给出如图 1-23 所示的一组图片进行对比。

图 1-23　光圈与景深关系对比图

从此图我们可以总结出第二条规律：光圈越大（数值越小），景深越小。

4．焦距对景深的影响

仔细观察就会得到第三条规律：焦距越大，景深越小。

5．影响景深的其他因素

影响景深的因素还有两个，但相对来说不太重要，在这里简要介绍。

1）传感器的尺寸

在其他条件相同的情况下，传感器的尺寸越大，景深越小。这也就是为什么单反照相机通常拍出的照片都会或多或少的带一些背景虚化的效果，而手机的照片则通常从远到近清晰度都一样。

2）被摄物体与其背景之间的距离

这条规律很好理解，离得越远越看不清楚。

此外，不要去挑战照相机的极限。尤其是拍摄某些风景照时希望景深无限远，就将光圈调至最小，这样最不可取。因为那样可能会导致照片画质降低。光圈过小时会出现衍射现象，这是由于光线在光圈叶片的周围出现了乱反射，是因光圈过小使光线通道出口狭小而产生的现象。通常情况下，当拍摄风景等希望对大范围进行合焦并清晰成像时，一般使用 f8.0～f11 的光圈值，因为此时的图像锐度为最高。

同样的，每个镜头都有其最佳成像光圈，但那个光圈绝对不是最大的，而是比最大光圈缩小 2～3 挡，如一个最大光圈为 f1.4 的镜头，其最佳成像光圈为 f2.8～f3.6。

焦距也存在着同样的问题，人像摄影中较好的焦距为 50～135mm，过小会失真，过大会失去五官的立体感，希望读者好好把握其中的奥妙。

最后，重复一遍景深的影响因素：

（1）镜头离被摄物体越近，景深越小。

（2）光圈越大（数值越小），景深越小。

（3）焦距越大，景深越小。

小景深画面如图 1-24 所示。

图 1-24　小景深画面

 知识链接 4　快门速度

1．快门速度

快门速度是指快门释放的时间，假设镜头是水龙头，那么把水龙头开的大小就是光圈，开多少时间就是快门速度，而两者的结合就可以控制总体的水量，也就是进入相机光线的多少。1/2000s 指快门开合一次的时间为 $\frac{1}{2000}$ 秒。在光圈相同的情况下，快门时间越长，曝光越充分，拍出的照片越亮，反之越暗。就像水龙头开的大小不变的情况下，开得时间越长，放得水越多。

那么到底需要什么样的快门速度呢？是越快越好，还是越慢越好？

2．快门速度的选择

在图 1-25 中，我们采用了不同的快门速度对同一架旋转的风车进行了拍摄，得到了截然不同的视觉效果。那么哪一幅图像更能凸显出风车旋转时的动感呢？毫无疑问是后两幅。这也就是慢快门的特点：突出运动物体的动感。但是有一个前提条件，即使用慢速快门时，相机要保持足够的稳定。如何保持相机的稳定稍后再谈。

图 1-25　用不同的快门速度拍摄的风车

那么是不是所有的运动物体都应该采用慢快门呢？

观察图 1-26，在这幅精彩的运动摄影作品中，摄影师选用了绝佳的拍摄角度和恰当的快门速度（这个速度一定很快），将运动员飞越横杆的那一瞬间永久地定格了下来，而且运动员的表情和姿势乃至紧绷的肌肉都清晰可见，仿佛就在我们眼前。精彩的作品就是要给人一种身临其境的感觉。再如图 1-27 所示的足球比赛，在对抗激烈的足球运动中，摄影师在遥远的场地之外用相机为我们捕捉了这精彩的一瞬间，带给我们的不仅仅是震撼。

图 1-26　跳高运动员　　图 1-27　足球比赛

因此，我们可以这样说，快门速度是我们拍摄动态影像的法宝。当想要表达更具动感的视觉效果时，应当采用较慢的快门，如图 1-25 中旋转的风车，再如图 1-28 中的流水，当采用 1/1250s 或更快的快门速度时，会拍出飞溅的水珠效果，而如果采用 1/10s 甚至长达几秒的慢快门时，流水就会呈现出雾化效果。

请认真对比图 1-28 中不同快门速度中流水的变化，并考虑如下的问题：除了改变快门速度之外，是否需要改变其他的参数？为什么？

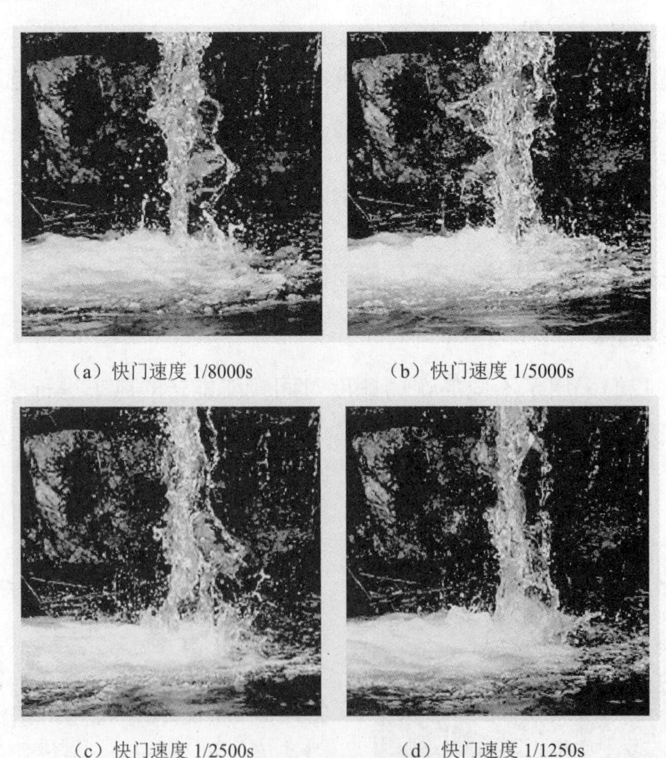

（a）快门速度 1/8000s　（b）快门速度 1/5000s

（c）快门速度 1/2500s　（d）快门速度 1/1250s

图 1-28　不同快门速度下的水流效果

（e）快门速度 1/640s　（f）快门速度 1/320s

（g）快门速度 1/160s　（h）快门速度 1/80s

（i）快门速度 1/40s　（j）快门速度 1/3s

（k）快门速度 1/1.6s　（l）快门速度 1s

图 1-28　不同快门速度下的水流效果（续）

3．运动物体的追随拍摄技巧

经常能够看到这样的图像：运动的主体是清晰的，而背景却很模糊，这样既突出了主体，又使画面充满了动感，如图 1-29 所示。那么这样的照片是如何拍摄出来的呢？

图 1-29　动感摩托车

1）追随拍摄

顺着目标的运动方向，平稳地移动相机，使目标在取景框中的位置始终不变，并在移动的同时按下快门按钮，相机在按下快门按钮之后仍然跟着目标前行一段距离再释放。它的效果是运动主体的形象清晰，而背景一片模糊。其优点是可以避免杂乱的背景破坏画面，同时，模糊的背景能衬托出动作的快速，如图 1-30 所示。追随法的快门速度通常为 1/60～1/15s。在没有把握的情况下，可对同一目标用不同的快门速度拍摄，以供选用。

图 1-30　追随法拍摄

背景中被甩出的线条长，速度感就会强烈，如图 1-31（a）所示；背景中被甩出的线条短，紧张感就会强烈，如图 1-31（b）所示。追随拍摄法所带来的两种视觉感受往往会交叉在一起。所以在使用追随拍摄法拍摄前，应当考虑需要更多地表现速度感，还是需要更多地表现紧张感。

（a）表现速度感

（b）表现紧张感

图 1-31　速度感与紧张感对比

另外，不是所有的运动物体都可以用追随拍摄法表现。被追拍的对象往往需要具备快速或紧张的特征，如拍摄竞速类的比赛时，拍摄警车、救护车、工程抢险车时，或者街头追逐时等。摄影师经常会用到追随拍摄法。

2）追随拍摄的要领

尽管现代相机采用追拍比过去的相机成功率高很多，但是仍然要注意使用追随拍摄法的要领。

（1）提前追随。等到运动的主体到达拍摄地点时再追拍，往往不成功。正确的做法是当运动主体在远处时，就开始在取景器中跟踪锁定它。

（2）锁定主体。如果希望被追拍的主体在画面中更清晰，则要在追随的过程中保持主体在取景框中的相对位置不变。

（3）在按下快门按钮之后我们应当继续锁定主体一段时间，就像高尔夫球手的击球动作一样，这样是为了保证之前动作的平滑和连贯。

总之，追随拍摄是一种使作品产生速度感的好方法，但需要通过努力练习才能掌握其技巧。图 1-32 为采用追随法拍摄的田径比赛。

图 1-32　田径比赛

4．镜头的安全快门速度及三脚架的使用

虽然相机为我们提供了如此多的选择，但我们却不得不提及一个问题，即镜头的安全快门速度。

1）安全快门速度

什么是安全快门速度呢？简单地说，就是保证手持稳定拍摄的快门速度。高于这个快门速度，就能够保证手持拍摄的稳定性；低于这个快门速度，手的晃动可能会使照片拍虚。

那么怎样计算安全快门速度呢？

快门速度是以秒来衡量的。实际上，安全快门并非是一成不变的，它与所使用的镜头焦距密切相关。安全快门速度是焦距的倒数，即安全快门速度=1/焦距。例如，如果使用一只 50mm 的镜头，那么 1/50s 就是安全快门，此时选择 1/125s 或者 1/250s 的快门速度，就能够保证拍摄的稳定性。反之，如果选择 1/30s 的快门速度，则有可能会出现“拍虚”的情况。如果换一只 100mm 的镜头，那么 1/100s 以上的快门速度才能保证拍摄的稳定性。

但是请大家注意，我们的要求是在这个公式的基础上速度提高一倍，也就是说当使用

50mm 的镜头时，要选用 1/100s 以上的快门速度才保证足够“安全”。

当然这个镜头的安全快门速度不是绝对的，对于一个职业摄影师来说，使用 50mm 的镜头也许 1/10s 的速度就足够了，但对于初学者来说 1/100s 也许也会“拍虚”。

镜头的焦距越长，安全快门的速度越高，所以长焦镜头一般都带有光学防抖功能。没有使用光学防抖功能的长焦镜头，在拍摄时，要尽可能使用三脚架或者独脚架稳定机身。

2）三脚架及其使用方法

三脚架主要由支架、升降杆和云台组成，如图 1-33 所示。支架由 3 个可伸缩的支脚和中心圆管连接而成；中心圆管内装有升降杆，升降杆上端和云台连接；云台上装有三维调节手柄，云台顶部是相机座。其具体使用方法如下。

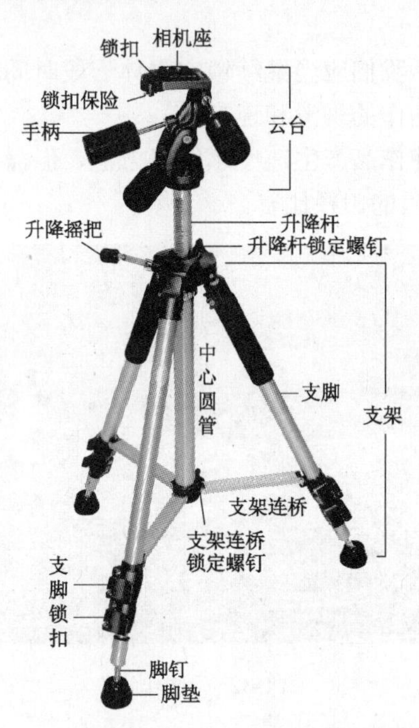

图 1-33　三脚架

（1）放置三脚架。一定要平稳放置三脚架。一般把 3 个支脚完全张开，再锁定支架连桥；在非常狭小的地方支脚不能完全张开时，可以适当上移支架连桥，再锁定。在一般地面上时，让脚垫着地；遇到沙、土等无法站稳时，可以向上转动脚垫，让脚钉着地。

（2）调节三脚架高度。每个支脚有两个锁扣，先拨开离地面较高的锁扣，抽出较粗的脚节，锁住，再抽出较细的脚节，逐步将三脚架的 3 个支脚分开，直到合适的高度。中心的升降杆只做微调高低使用，尽可能避免升到最高处，防止“头重脚轻”。拍摄完毕时，将三脚架调整到最低高度放置，并且让脚垫着地。

（3）安装相机。

① 向右拨动锁扣保险，打开保险。

② 拨开锁扣，将相机座从云台上取下，如图 1-34 所示。

③ 将相机座中央螺钉和相机底部螺钉孔对齐，旋紧螺钉，使相机和相机座平行贴合。

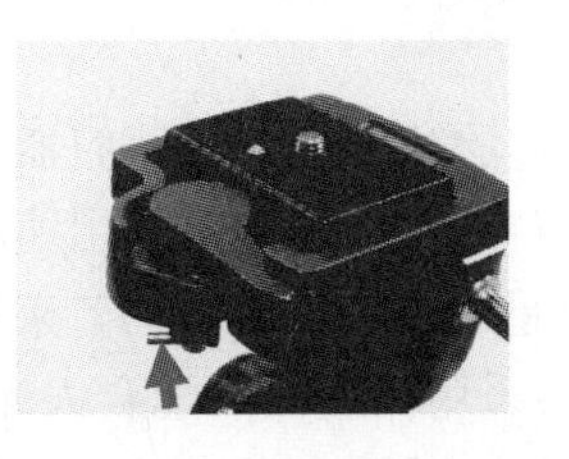
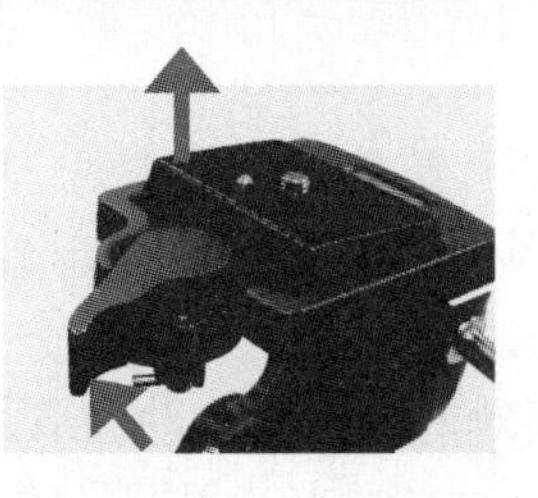

图 1-34　锁扣保险

④ 将相机连同相机座压入云台，控制压力刚好使锁扣自动弹回。

⑤ 关闭锁扣保险，以防意外拨动锁扣，弹出相机，如图 1-35 所示。

⑥ 拍摄完毕时，请按照相反的步骤从云台取出相机，还原相机座。

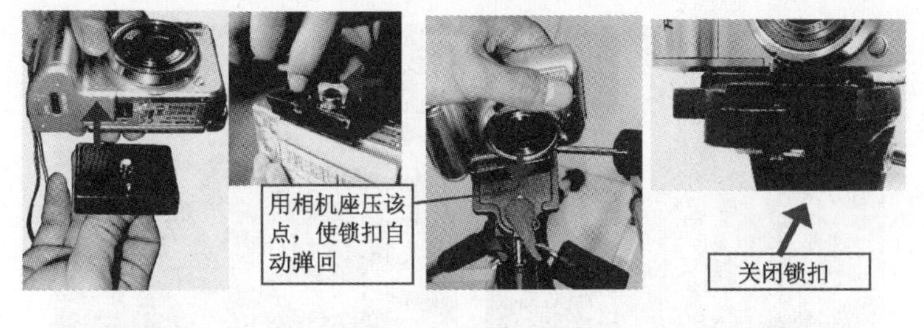

图 1-35　安装相机

（4）调节拍摄角度。首先以手柄自身为轴转动手柄，稍微松动即可；再沿垂直手柄轴向扳动手柄，调节到合适的拍摄角度；然后绕轴反向转动手柄，拧紧固定。拍摄完毕时，将相机座调整到水平位置，如图 1-36 所示。

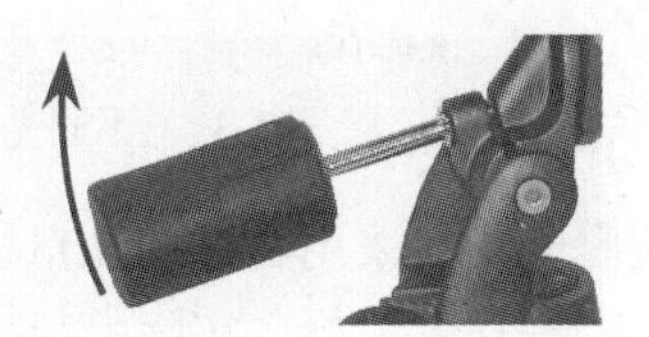

图 1-36　调节拍摄角度

3）三脚架使用的要点

（1）三脚架的质量与稳定性成正比，应尽量选择大一些、重一些的三脚架。

（2）三脚架的腿管粗细与稳定性成正比。同一个三脚架靠近云台的上段腿管较粗，而拉出的下段腿管较细。因此在拍摄过程中，当不需要拉出全部腿管时，应该尽量使用上段的腿管。

（3）在摄影时，三脚架的重心高低与稳定性成反比。三脚架在使用时高度放的越低，稳定性就越好。必须优先决定照相机的位置和拍摄角度，尽量降低高度，特别是三脚架的中轴要尽可能地降低。

（4）尽量选择硬质地面支撑三脚架。落叶、柔软的沙土或者湿地中支撑起来的三脚架容易摇晃。

知识链接 5　相机的拍摄模式

1. 曝光基础

之前在介绍快门速度的时候曾经提到过进入相机内部的光线量，实际上，这就是相机的曝光。

曝光是用于表示照片整体亮度的术语。照片的亮度由图像感应器所接收到的光的总量决定，而光圈和快门起到了调整光量的“调节阀”的作用。快门采用速度相当于光线之门打开的时间。而光圈则表示门打开的大小。可分别通过对两者进行调节来控制光线通过量。为了获得合适的亮度，需要对两者进行联动调节，可采用高速快门配合大光圈以得到正确的亮度，也可采用低速快门配合小光圈来获得同样的亮度，从曝光这个角度来说，我们可以认为这两种做法的结果是完全相同的。用跑马拉松来比喻的话，不管跑得快还是慢，只要到达终点，所跑的距离都是一样的。

图 1-37 中的两张照片都是曝光比较合适的照片，但由于光圈不同，获得的虚化效果也不相同。

光圈 f1.8

光圈 f2.8

图 1-37　不同光圈效果对比图

通常所说的正确曝光是指采用合适的光量进行拍摄，获得视觉效果良好的亮度。正确曝光的标准比较模糊，哪种亮度最好，实际上与拍摄者的拍摄意图有非常密切的联系。但是在拍摄者并未有意识地使画面较明亮（或较暗）的情况下，正确曝光通常会自然而然地落在一定亮度范围内。亮度大幅超出该范围时被称为“曝光过度（过曝、过亮）”，相反的情况被称为“曝光不足（欠曝、过暗）”。过曝和欠曝的情况如图 1-38 所示。

图 1-38　过曝和欠曝对比效果图

即使处于正确曝光范围内，有时候部分图像也会因非常明亮而完全失去层次感，这种现象被称为“高光溢出”，如果部分图像变为全黑则被称为“暗部缺失”。当整体曝光发生偏差时更容易出现这样的现象。所以在拍摄时应始终采用合适的曝光。在理解了正确曝光的基础上，再有意识地使用使画面更亮（高调）或更暗（低调）的表现手法。

高光溢出通常用在逆光人像上，如图 1-39 所示。

暗部缺失的例子也有很多，如图 1-40 所示的地面建筑几乎全部为黑色，但由于上空的云层得到了正确的曝光，因此使得图片整体效果和谐，并且黑色的大地显得更加凝重和安静。

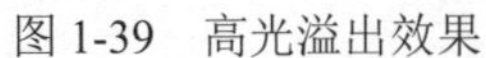
图 1-39　高光溢出效果

图 1-40　暗部缺失

再如图 1-41，夕阳映照下的左侧城墙都隐藏在城墙中，为画面平添了几分厚重的沧桑感。

因此，并没有所谓的准确的曝光，只要成功地表达出了拍摄者想法的曝光，就是准确的曝光。

从后期处理的角度来说，如果不知道采用什么样的曝光更合适，应尽量让自己的相片欠曝一些，因为欠曝的照片在图像细节方面丢失的更少，后期处理起来更方便。而影响我们曝光量的第三个因素就是感光度 ISO，这个参数在下一个知识链接中学习。

图 1-41　夕阳下的古城墙

2．常见的拍摄模式

我们已经学习了光圈、快门速度、焦距等在摄影中至关重要的拍摄参数。但如何来控制这些参数使得相机能够达成拍摄意图，并获得正确曝光的照片呢？

在图 1-42 中，我们可以清晰地看到相机为我们提供了很多种拍摄模式，下面为大家一一介绍。

图 1-42　模式拨盘

1）AUTO（全自动模式）

这是最省事的拍摄模式，只要取景、对焦、按下快门按钮即可拍照。至于白平衡、快门、光圈、ISO 值等都可交给照相机自动处理。在此种模式下，由于参数设置的不精确，导致成像质量一般，没有特色。

2）P（程序自动曝光模式）

这种模式可以让相机自动设置快门速度和光圈大小，与AUTO模式相同。如果不能取得正确曝光，液晶显示屏上的快门速度与光圈值便会以红色显示。这时可以手动调节参数。例如，在曝光不正确的情况下，可以通过开启闪光灯、手动更改ISO值、改变测光方式、进行曝光补偿等方式使图像正确曝光。还可以通过白平衡的设置以表现更真实的图像色彩。

注意，照片效果（如黑白）和连拍模式在AUTO模式下是不能调节的。

3）Tv（快门优先拍摄模式）

在之前介绍快门速度时，曾详细学习了关于快门速度对于成像的影响，不同快门速度的选用场合以及追随拍摄的技巧。当拍摄时首先考虑的是快门速度时，就可以选取这个挡位。

快门优先，是指相机会根据用户所设定的快门速度，匹配相应的光圈值，以便得到恰当的曝光。如图1-43所示的追随拍摄中想要选用1/60s的快门速度，这时选用Tv挡就可以很方便地设置快门速度而让系统自动匹配合适的光圈。

在快门速度设置好后，半按快门，在对焦过程中如果发现光圈值显示为红色，则表示图像曝光不正确。这时需要更改快门速度值，直至光圈值显示为白色为止。这是因为光圈值也是有一定范围的。而且所有镜头的光圈都是有最大值的（这个值通常标注在镜头的正前方）。如果快门速度很快，在曝光量一定的情况下，就会要求镜头有很大的光圈，当镜头的最大光圈不能满足时，系统就会显示红色的光圈值报警。

所以当在光照条件良好的环境中摄影时，可以选用较快的快门速度去捕捉一些精彩瞬间，如图1-44所示的高速摄影。但在光线较差的室内甚至夜晚时，应该选取较低的快门速度或者使用三脚架。

图1-43　快门优先模式拍摄

图1-44　高速摄影

4）Av（光圈优先拍摄模式）

同样在之前介绍光圈时，已经叙述了光圈的含义和其对照片的影响。那么当首先要考虑光圈大小时，可以选用此挡。光圈优先，即事先设置好所需要的光圈大小，数码照相机会根据拍摄条件自动调节其他参数。利用这种模式，可以有效地控制景深的大小。选择较大的光圈（较小的光圈值），景深变小，使背景柔和。选择较小的光圈（较大的光圈值），景深变大，使整个前景和背景都清晰。如果在街上给自己的友人拍照，那么你喜欢图1-45（a）还是图1-45（b）呢？

如果快门速度在液晶显示屏上以红色显示，则表示图像曝光不正确需要更改光圈值，直至快门速度以白色显示为止。这种现象通常出现在比较极端的情况下，如光线极强的正午，当使用大光圈时，可能会使得快门速度超出其最高速度，使得系统报警；或者光线微弱的夜晚，即便使用最大的光圈，快门速度依然过低，此时手持是无法拍摄出清晰图像的，而应该考虑上调 ISO 值（ISO 感光度的内容会在后面介绍）、使用闪光灯或者三脚架。

（a）小光圈 f22　　（b）小光圈 f2

图 1-45　光圈与景深对比

或许我们经常经历这样的事情，在逆光的环境中，人们经常会照出“黑脸”的照片。如图 1-46 所示，这时很多人会说，那我们就顺着阳光照吧，但是如果在阳光很强的正午，被摄者又会被太阳晃的眼睛睁不开，不由自主的紧缩五官，神情也不够自然，如图 1-47 所示。

图 1-46　逆光

图 1-47　顺光

那么我们拍照时究竟应该顺光还是逆光呢？

通常我们会采用逆光来拍摄，在逆光时模特本身表情会比较轻松和自然，并且阳光会打到他的头发上形成独特的光影效果，如图 1-48 所示。

图 1-48　早秋

但为什么拍摄时会显得人脸黑呢？

首先，相机的测光系统并没有你想象中的那么准确。这是因为测光表读取的是 18%的灰色影调，18%的灰正是我们日常生活场景中的平均光线值，如我们的肤色。但是正确曝光并不等于最佳曝光，尤其是对于白色的或明亮的物体占主导地位的画面时，单纯地按相机的测光数据拍摄则会出现明显的偏差，也就是说照片上的白色物体、明亮物体、黑暗物体所表现出的都是18%的灰，所以在逆光时我们若想在一片强光中得到脸部正确的曝光，相机也就很难做到了。

因此在摄影中有句非常实用的口诀，叫做“白加黑减”。即在白色物体或者强光的条件下，我们要增加曝光量，而在拍摄黑色物体时，我们要减小曝光量。

但在使用P、Av、Tv三个模式时，曝光已经由相机自动设定好了，又该怎样去调节呢？

在数码相机中，为了应对这样的情况，已经设定好了曝光补偿模式，如图1-49所示。我们可以根据自己的需要，增减曝光量，以达到我们想要的效果。在拍摄模式为光圈优先自动曝光模式（Av）时，改变的是快门速度，在快门优先自动曝光模式（Tv）下，改变的是光圈值。另外，在程序自动曝光模式（P）下，相机能够根据周围亮度，巧妙地变更光圈值和快门速度的组合进行曝光调节。

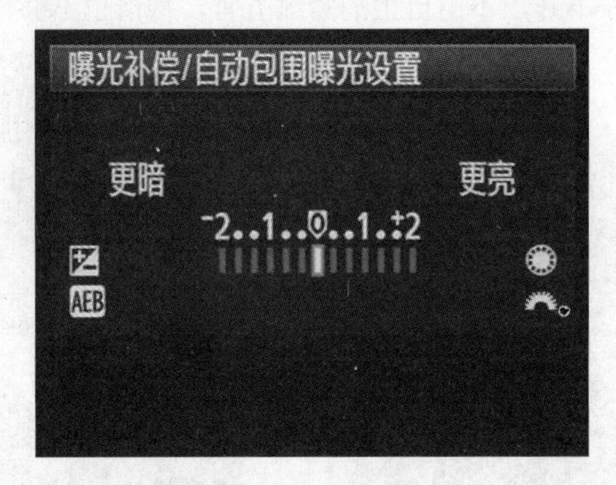

图1-49　曝光补偿设置

下面我们分别介绍几个需要进行曝光补偿的情况：

① 拍摄环境比较昏暗，需要增加亮度，而闪光灯无法起作用时，可对曝光进行补偿，适当增加曝光量。

② 被拍摄的白色物体在照片里看起来是灰色或不够白的时候，要增加曝光量，简单的说就是“越白越加”，这似乎与曝光的基本原则和习惯是背道而驰的，其实不然，这是因为相机的测光往往以中心的主体为偏重，白色的主体会让相机误以为环境很明亮，因而曝光不足，这也是多数初学者易犯的通病。

③ 当你在一个很亮的背景前拍摄的时候，如向阳的窗户前，逆光的景物要增加曝光量或使用闪光灯。

④ 当你在海滩、雪地、阳光充足或一个白色背景前拍摄人物的时候，要增加曝光量并使用闪光灯，否则主体反而会偏暗。

⑤ 拍摄雪景的时候，背景光线被雪反射得特别强，相机的测光偏差特别大，此时要增加曝光量，否则白雪将变成灰色。

⑥ 拍摄黑色的物体时，若在照片里看黑色变色发灰的时候，应该减小曝光量，使黑色更纯。

⑦ 当你在一个黑色背景前拍摄的时候，也需要降低一点曝光量以免主体曝光过度（夜

景拍摄需要通过加大曝光补偿来获得足够的曝光量）。

⑧ 夜景拍摄，应该关闭闪光灯，提高曝光值，靠延长相机的曝光时间来取得灯火辉煌的效果，这一点对于没有手动调整模式的自动型数码相机特别重要。很多使用数码相机的人感觉夜景拍摄能力很差，其实没有正确使用相机的曝光方法是重要原因之一。

⑨ 阴天和大雾的时候，环境仍然是明亮的，但是实际物体的照度明显不足，如果不加曝光补偿则可能造成照片昏暗，适当的曝光补偿，加 0.3 到 0.7 可以使景物亮度更加自然。

⑩ 在某些艺术摄影中，比如拍摄高调的照片，要增加曝光补偿，形成大对比度的照片，更好地表现作者的拍摄意图。同样的，在某些时候需要刻意降低照片亮度的，就应降低曝光补偿。

善于应用、合理使用曝光补偿，可以大大改善你的摄影作品的成功率，拍出画面清晰、亮度合适、观看舒适的照片，提高拍摄质量。

5）M（全手动拍摄模式）

此模式需要我们以手动方式调节快门与光圈的参数，没有相当功底的摄影师是难以正确曝光的。但在此种模式下学习摄影是进步最快的。

自动曝光功能会根据所选择的测光方式自动计算标准曝光量。半按快门按钮时，液晶显示屏上会出现标准曝光及所选曝光的差值，如果其差值超过正负 2 级（“-2”、“+2”），则会以红色显示。这时必须修改快门或光圈的值，直至曝光正确为止。

6）人像模式

采用人像模式可以轻松拍摄出漂亮的人物照片。相机不仅会自动选择对焦点，画质也会被设置为更加适用于拍摄人物的模式。

与常规的全自动模式相比，人像模式的相机设置具有两大特征。一个特征是利用光圈效果虚化背景。人像模式的光圈值自动设置为接近所使用镜头的最小光圈值（光圈叶片完全打开，通过的光量最多）。通过光圈效果提高背景虚化程度，以凸显人物，使人物更加醒目。另一个特征是利用照片风格对照片色调进行调整，使肌肤质地更加柔和。另外，曝光也相对偏亮，使皮肤显得更加白皙。虽然色调并未发生大的变化，但人物肌肤会略带粉色，使人物显得更加健康、更具活力。

请大家仔细分辨图 1-50 中两张图片的差别，图（a）是用标准模式拍摄的，图（b）是用人像模式拍摄的，很显然图（b）的颜色更鲜艳，尤其是红色。

（a）标准模式拍摄

（b）人像模式拍摄

图 1-50　标准模式与人像模式拍摄对比

7）风光模式

风光模式下的相机设置的光圈较小（光圈值略大），可以获得较大的景深，即使得远处和近处的景物都足够清晰。在画质方面，该模式不仅提高了锐利度，还能够对细节部分进行细致表现，并且加强了绿色、红色、蓝色等色彩的色调，使天空和树木等更加鲜艳，如图 1-51 所示。基于以上原因，即使在略有阴云的条件下也能够拍出比实际视觉所见更清晰的照片。虽然采用的是比较小的光圈（较大的光圈值，f8～f11），但由于感光度被设置为自动，相机会自动对感光度进行调整，所以通常能够以合适的快门速度进行拍摄。但是在黄昏等场景下，由于光线不足，可能会产生手抖动情况，此时使用三脚架，才能充分发挥出风光模式的效果。另外，在此模式下，不管环境有多暗，内置闪光灯都不会自动闪光。一切拍摄设置都是针对风光摄影需要的。

（a）标准模式拍摄　　（b）风光模式拍摄

图 1-51　标准模式与风光模式拍摄对比

8）微距模式

微距模式便于拍摄各种微小被摄体，可应用于拍摄花草、昆虫以及身边的各种微小物体等，是一种可以广泛应用的便捷拍摄模式，如图 1-52 所示。

图 1-52　露珠（微距模式）

微距模式在色调方面未加特殊处理，但相机设置会根据被摄体做出变更。光圈值不会调得过大，如果使用较暗的镜头，则相机会全开光圈。如果是较明亮的镜头，则光圈值基本在最小值到中间区域范围内自动设置。采用这样的设置可以强调前后的虚化效果，使合焦部分更加醒目，可以凸显主题。另外，考虑到手持进行拍摄的情况，微距模式下感光度可设置为自动（感光度设置偏高）以防止手抖动现象的出现。由于内置闪光灯被设置为可自动闪光，即便被摄体被拍摄者的影子笼罩也可以获得适当的亮度。微距摄影广泛应用于花草、昆虫等自然摄影以及拍摄身边的小物体。即使抓拍，微小物体也可以采用微距模式，如图 1-53 所示。

图 1-53　蒲公英（微距拍摄）

图 1-54　夜景模式拍摄

9）夜景模式

夜景模式的相机设置由闪光灯闪光+低速快门组成。进行闪光摄影时背景变暗是快门速度过高引起的现象，而夜景人像模式为了获得更多的背景光量，采用了低速快门，所以可避免这种现象的产生。另外，为了避免快门速度过低，感光度被设置为自动，相机可根据周围的条件自动选择感光度。为了保证在更加昏暗的场景下也能够轻松完成对焦，在拍摄前闪光灯会进行自动对焦辅助光闪光，比手动对焦模式更能保证正确的合焦，如图 1-54 所示。

虽然闪光摄影可对昏暗场景下的被摄体进行明亮的成像，但是根据拍摄条件和环境场所的不同，拍摄的时候可能并不希望闪光灯闪光。这时可以使用闪光灯关闭模式。

如图 1-55（a）就是打开闪光灯时拍摄的，图（b）是没有打开闪光灯时拍摄的。

（a）打开闪光灯拍摄

（b）未打开闪光灯拍摄

图 1-55　夜景模式下的闪光灯打开与否对比

很显然图（b）中模特脸上的光线更自然，同时也能很好地兼顾当时场面的氛围，整体的图片质量明显强于打开闪光灯的那张。

在此模式下，不管被摄体的周围环境如何昏暗，闪光灯都不会闪光。因为不会突然闪光，所以不会破坏现场气氛，可应用于演奏会、美术馆等场合。在闪光灯关闭模式下，闪光灯也不会进行自动对焦辅助光的闪光。当被摄体过暗时，有时候会出现难以精确对焦的情形，应在掌握这一特点的前提下灵活运用。但在类似演奏会等被摄体被灯光照亮、具有足够亮度的场景时，自动对焦功能将毫无问题地发挥作用。

现在的数码照相机还提供了其他拍摄模式，篇幅所限，这里不再一一列举，希望读者在遇到这些问题时多看说明书。很多的时候相机本身所推荐的功能模式比 AUTO 挡要好用得多，成像效果也能够让人满意，在学习摄影的初期这些针对性极强的拍摄模式甚至比自己设定的参数都要合理。

知识链接 6 感光度、夜景拍摄及相机参数设定

1. 感光度概述

在胶片相机时代，每一个胶卷的盒子上都会在最显眼的位置写一组数字，如 100、200、400 等，如图 1-56 所示。而且随着数字的增大，胶卷的价格也随之升高。这个数字就是感光度。

ISO 感光度作为相机术语，得到了广泛使用。ISO（International Organization for Standardization，国际标准化组织）规定了胶片（图像感应器）对亮度的敏感程度，用 ISO 100、ISO 400 进行表示。ISO 数值越大，表示当前图像感应器对光线越敏感，在相同的快门速度和光圈的前提下图像会变得更加明亮。之前我们用水龙头比喻过快门和光圈，假设一定的曝光量相当于我们要接的一桶水，光圈相当于水龙头开关的大小，快门速度相当于水龙头开启的时间，那么 ISO 值就相当于水管中的水压。在水龙头开关大小（光圈）一定的情况下，水压越大（ISO 值越高，对光线越敏感），接满一桶水的时间就越快（快门速度越快）；水压越小，需要的时间就越长。也就是说，当快门速度未达到镜头的安全速度而导致影像模糊不清时可以增大 ISO 值以提高快门速度。因此采用高 ISO 值可在昏暗场景下更好地进行拍摄。即便是在白天，在某些要求超高快门速度的摄影领域（如足球比赛），使用 ISO 800 甚至更高的情形也并不少见。

图 1-56 柯达胶卷

但是，把 ISO 值形容成是一把双刃剑也并不为过。这是因为，当 ISO 值给我们提供更高的快门速度的同时，它也会引起噪点的增多，从而导致图像质量下降。ISO 值越低，噪点越少，图片的质量越好。ISO 值越高，噪点越多，图片质量越差。而且，不同的相机之间的差距也是非常大的。以 Canon A720 相机为例，请大家仔细观察图例，用心比较不同 ISO 值对成像质量的影响。

图 1-57 为原始图片，我们截取 3 个红框内的图形进行比较，比较结果如图 1-58 所示。

从图中可以看出，ISO 200 以下的图片都很纯净漂亮，ISO 400 开始出现噪点，但仍可以接受，ISO 800 到 ISO 1600 的噪点就非常明显了，在拍摄时要尽量避免使用这两个挡位。

图 1-57 原始图片

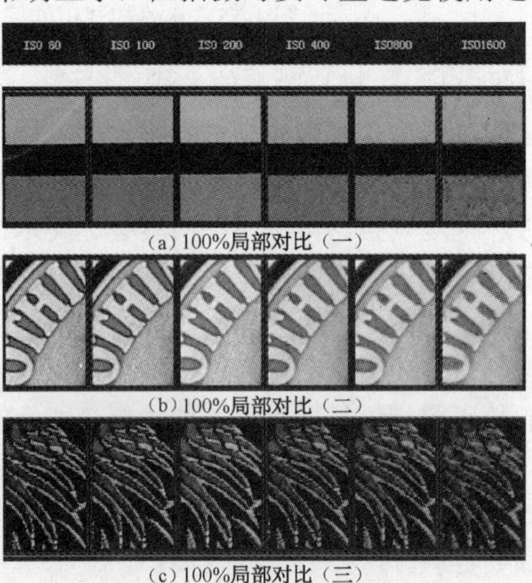

(a) 100%局部对比（一）

(b) 100%局部对比（二）

(c) 100%局部对比（三）

图 1-58 不同感光度下的画质对比

2. 夜景拍摄技巧

对于夜景的拍摄，相信很多人都觉得非常棘手，经常会拍出噪点很多并且画面模糊的图片，如果使用内置闪光灯，人的面部就会有强烈的阴影，显得表情死板和生硬。

原因是什么呢？

噪点很多是由于 ISO 值过高而引起的，而画面模糊不清是因为快门速度过低引起的。

我们该如何克服这个问题？下面就来探讨一下夜景拍摄的技巧问题。要说明的是，下面的技巧，全部针对夜间景物的拍摄，夜景人像暂不在我们的讨论范围内。

（1）使用三脚架

千万不要觉得三脚架是给专业人士使用的，一张小卡片在三脚架的帮助下也可以拍摄出动人的作品，如图 1-59 所示。但要注意拍摄时使用快门线或设置相机为自拍模式，否则手指按快门按钮的瞬间引起的震动足以毁掉这张照片。

图 1-59　使用三脚架的夜景拍摄

图 1-59 就是使用 Canon A720 和三脚架拍摄的，由于 Canon A720 支持全手动曝光，因此可使用长时间曝光得到漂亮的车灯光轨。

（2）合理的曝光

夜晚的曝光比较难控制，因此需要将相机设置为手动模式（M 挡），先根据相机内部的测光提示设置快门速度和光圈，拍摄样张之后再根据所出的样片进行调整。这里需要多练习以积累拍摄经验。

在图 1-59 中，要想获得漂亮的光轨，通常需要数秒的曝光时间，但应该设定多大的光圈呢？

也希望读者带着问题去练习，从实践中找出正确答案。

（3）合理选用光圈

拍摄城市夜景时，应选择较小的光圈，以使快门速度降低，得到清晰锐利的景象和灯光的星芒。这也是夜景拍摄最迷人的地方。如图 1-60 所示，作者巧妙地利用了雨后积水时路灯的倒影，采用了较小的光圈和较低的快门速度，拍摄到了如梦如幻的星芒夜景。

图 1-60　雨后路灯的倒影

如果当时你也在场，你会发现这样美丽的场景么？

所以摄影器材固然重要，但最重要的还是拍摄的人是否有一双能够发现美的眼睛。

如果拍摄的夜景是一些小物品，如茶杯、图书等，则应选择较大的光圈以虚化背景，突出主体。

图 1-61 和图 1-62 两幅作品中，作者采用了大光圈，从而使得背景虚化，得到了满意的效果。

图 1-61　夜景大光圈拍摄（一）

图 1-62　夜景大光圈拍摄（二）

最后探讨夜景人像的问题。很遗憾，目前小型 DC 在技术层面上无法完全解决这个难题。即便机器提供了后帘快门同步等技术，效果仍然不尽如人意。如果使用单反照相机，则可以选择大光圈的镜头和可以接受的感光度，或者外置闪光灯，采用屋顶反射或柔光罩等方式进行补光。

3. 相机参数的设定技巧

至此，拍摄时最重要的 3 个参数就全部介绍结束了，它们分别是光圈、快门速度和 ISO 感光度。一张曝光合理，并正确表达摄影师拍摄意图的照片，永远离不开这 3 个参数的调节。

下面总结选择和设定这 3 个参数的侧重点。

1）人像摄影

当希望照片具有焦点突出、背景虚化的效果时，应当选取较大的光圈和焦距，然后配合合适的快门速度，这样的条件下选择光圈优先模式较为便利。由于此时的光圈较大，所以快门速度通常会较高，当处在日照强烈的正午或雪地时，要注意快门速度是否报警，以免照片过曝，并且尽量选取低 ISO 值以获得优秀的画质。

绝大多数的变焦镜头在变焦时最大光圈会缩小，也就变相降低了快门速度，而长焦端需要更高的快门速度以保证成像的清晰度，因此如果光照条件不足，就需要提高 ISO 感光度以提升快门速度。

2）运动高速摄影

当希望有着较高的快门速度以捕捉运动瞬间时，应选取稍高的 ISO 值和较大的光圈，有连拍功能的机身则更好，以便能够更加准确地捕捉到所想要的影像动作。

3）慢速快门的风光摄影及夜景拍摄

对于风光摄影、流水及夜景这样需要较慢的快门速度的场合，需要选取较低的感光度和较小的光圈，以便提升画质和画面锐度，也可降低快门速度。在夜景拍摄中缩小光圈还可以起到使灯光散发星芒的作用。当然，三脚架和快门线是必备的，为了进一步降低振动，在单反照相机中可以开启反光板预升功能以获得清晰锐利的图像。

图 1-63 所示为瀑布在慢速快门下呈现的情景。

图 1-63　慢速快门下的瀑布

反光板预升功能为单反照相机特有的功能，这里不做进一步的说明，感兴趣的读者可以自行上网查阅相关资料。

 知识链接 7　拍摄技巧及要点

前面的知识链接中详细学习了相机的各个参数和使用方式。但这只是相机的用法，精彩的、优秀的作品绝不是只靠会使用相机就能够拍摄出来的，那么，我们在拍摄时该遵循哪些拍摄原则呢？

美国纽约摄影学院提出了摄影的三大原则，这里我们借鉴其原则，希望读者能够用心地去体会其中的真义。

（1）一幅好照片要有一个鲜明的主题（有时也称之为题材）：或是表现一个人，或是表现一件事物，甚至可以表现该题材的一个故事情节；主题必须明确，毫不含糊，使任何观赏者一眼就能看出来。

（2）一幅好照片必须能把注意力引向被摄主体：即必须使观赏者的目光一下子就会投向被摄主体。

（3）一幅好照片必须画面简洁：只包括那些有利于把视线引向被摄主体的内容，而排除或压缩那些可能分散注意力的内容。

下面来介绍在拍摄中如何做到这3点。

1．如何拥有鲜明的主题

在我们按下快门按钮之前，首先需要考虑的是要拍摄什么？想表达什么？是什么引起了自己的注意力，想要把它保存到相机中？

作为人们接触最多的人像摄影，其实做到这一点反而最为困难。我们平时的合影或者景点留念，其纪念意义较强，并不是摄影创作，因此对这一点要求不会太强，后两项相对要更加重要。

但如果想成为一名摄影师，那么在创作初期就应当把这一条作为最重要的宗旨。请大家欣赏图1-64～图1-67，并指出这些精彩的摄影作品的主题是什么。

图1-64　夕阳下的恋人

图1-65　期待

图1-66　绝境

图1-67　停靠

2．如何将注意力引向被摄主体

这里给大家提供以下几个手段。

1）画面的构图

（1）九宫格构图，如图1-68所示。这是最为基本的构图方式之一，将主体安排在“九宫格”交叉点的位置上，一般认为右上方的交点最为理想，其次为右下方。这种构图方式较为符合人们的视觉习惯，使主体自然成为视觉中心，具有突出主体并使画面趋向均衡的特点。

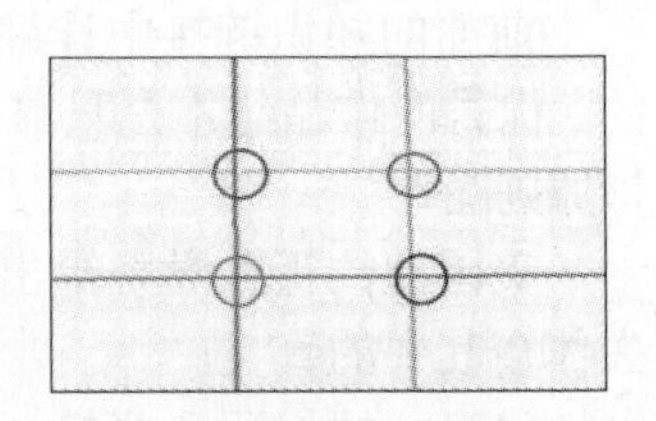

图1-68　九宫格

下面给大家举几个实例，如图1-69～图1-72所示。

请大家按图1-71为每一幅例图画一下九宫格，观察视觉的焦点。曾经有一位著名的摄影师说过，九宫格构图法适用于90%的情况，由此可见这种构图法的重要和经典。希望大家能够熟练使用这种构图法。

图 1-69　露花

图 1-70　蒲公英

图 1-71　绽放

图 1-72　瓢虫

（2）三角形构图，如图 1-73 所示。以 3 个视觉中心为景物的主要位置，有时以三点成面几何构成来安排景物，形成稳定的三角形。这种三角形可以是正三角也可以是斜三角或倒三角，其中斜三角较为常用，也较为灵活。三角形构图具有安定、均衡但不失灵活的特点。

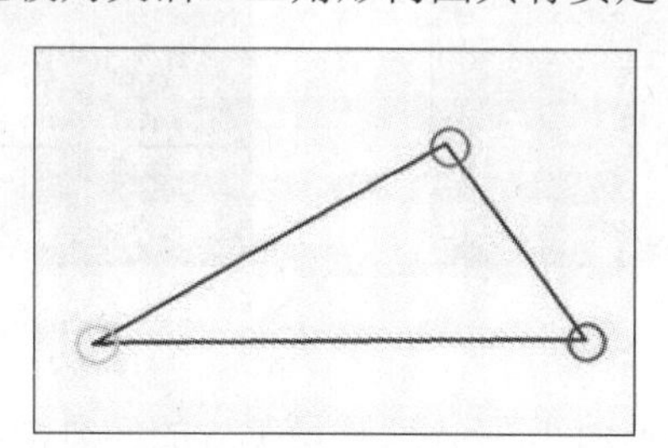

图 1-73　三角形构图

实例如图 1-74 和图 1-75 所示。

图 1-74　三角形构图实例（一）

图 1-75　三角形构图实例（二）

从这两幅图中大家可以看出，三角形的构图方法通常给人以均衡和平静的感觉，可以表达静谧、安详的气氛，希望大家仔细揣摩，在自己的习作中多加演练。

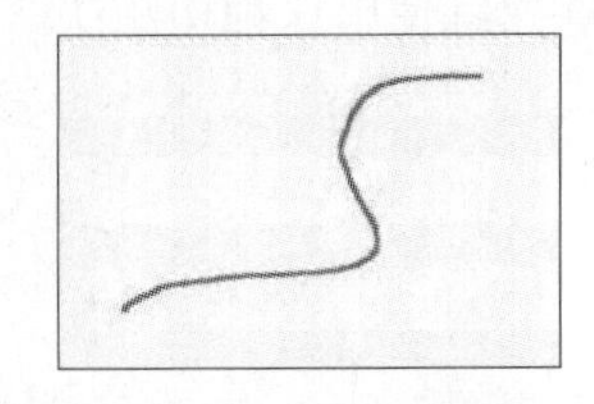

图 1-76　S 形构图

（3）S 形构图，如图 1-76 所示。这是一种基本的经典构图方式。画面上的景物成 S 形曲线的方式分布，具有延长、变化的特点，使画面看上去有韵律感，产生优美、雅致、协调的感觉。当需要采用曲线形式表现被摄体时，首先应该想到运用 S 形构图。常用于表现河流、小溪、曲径等。

S 形构图的经典图例如图 1-77～图 1-80 所示。

图 1-77　S 形构图实例（一）

图 1-78　S 形构图实例（二）

图 1-79　S 形构图实例（三）

图 1-80　S 形构图实例（四）

（4）对角线构图法，如图 1-81 所示。这是最基本的经典构图方式之一，把主题安排在对角线上，能有效利用画面对角线的长度，也能使衬体与主体发生直接关系，富于动感，画面活泼，容易产生线条的汇聚趋势，吸引人的视线，达到突出主体的效果。

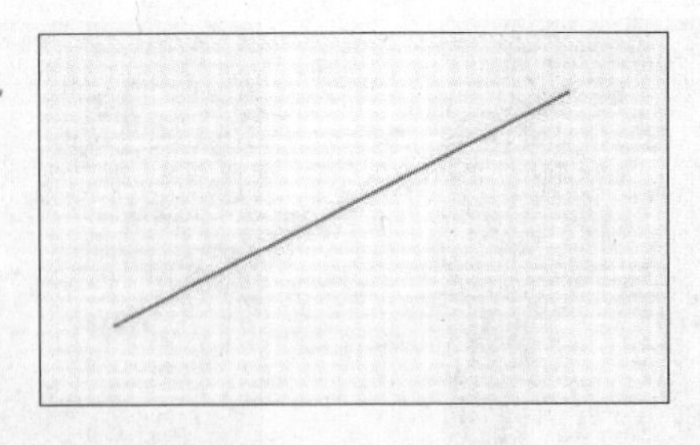

图 1-81　对角线构图法

对角线构图法的经典实例如图 1-82～图 1-85 所示。

图 1-82　大雁南飞

图 1-83　长桥夜景

图 1-84　枫叶

图 1-85　枝头高唱

以上给大家简单介绍了 4 种常见的构图方法，希望大家仔细揣摩并完全领会这 4 种方法。但摄影本无定法，所谓“摄影构图”是人们根据成功摄影作品归纳总结出来的一套实践经验，进而上升而成的“理论”。不过，构图理论是有一定的实践指导意义的，尤其对初学者，多多借鉴前人、他人成功的经验，有助于初学者摄影水平的快速提高，但需要注意的是不能被所谓的理论所桎梏。因此大家要记住一点：唯有创新，才是永远的真理。

2）画面对焦点的选择

关于对焦点的选择，很多人认为若景深很深，则对焦点是不重要的。而实际情况并不是这样的，无论什么情况都应当选择合适的对焦点。关于景深的控制我们之前已经详细论述过了，这里来学习如何在不同的场合中选择恰当的对焦点。

（1）植物拍摄：选择花为焦点拍摄。

花，无疑是植物中最吸引我们的，最美丽的部分，因此不难理解，花是植物摄影中最常见的焦点选择。但当我们面对一丛花时，应当选择哪一朵花来作为焦点呢？

首先我们要考虑最有特点的一朵，如最美丽的，或一朵颜色区别于其他花的：然后，我们可以通过观察，选择一朵比其他花稍高一点的，或者比较接近于镜头的花。通过这些方法，我们可以突出地表现这一朵花，使它成为画面的中心，如图 1-86 所示。

此图使用极小的景深来使人们的视觉焦点完全落在最前方的花瓣上，同时将环境完全虚化，创造了一个如梦似幻的情境。

（2）拍摄花卉：焦点应当选择在花蕊上。

近距离拍摄花卉的特写镜头时，焦点应该清晰地落在花蕊部位。此时放大的花的特写照片中，原来颜色鲜艳的花瓣多数情况下成为陪衬，而花蕊中娇嫩的花蕊以极其规律的排列，成为焦点，如图 1-87 所示。

图 1-86 花朵

图 1-87 花蕊

需要注意的是，使用微距拍摄的图片中，通常除了焦点是清晰的以外，其他地方都会有不同程度的虚化；甚至对焦完成后，花或照相机稍许的移动都会造成焦点的缺失，而使图片中没有任何清晰之处。因此配合拍摄的三脚架与无风的环境是非常重要的。

（3）拍摄山的局部时：可以选择显眼的树木或岩石作为焦点。

当用长焦距镜头，拍摄某一座山峰的局部时，通常是由于山峰的某处特征吸引了我们，如图 1-88 所示，如秋季草坡上一棵金黄亮丽的白桦，或凸起的岩石。选择这些明显的特征为焦点，不但可以快速地完成对焦，还可以为我们思考构图有帮助。

需要注意的是，如果拍摄的局部位于山的阴影一面，由于景物的反差较弱，经常会造成照相机自动对焦的失误，此时应该选择反差较高的地方对焦，帮助照相机完成对焦。

（4）拍摄山脉全景时：以最高峰为焦点。

当为一座雄伟的山脉拍摄全景照片时，最好选择山脉的最高峰为焦点拍摄，如山脉的主峰。由于它是距离照相机最远的地方，因此需要照相机对焦无穷远处，也称无穷远对焦。

通过这样的焦点选择拍摄的照片，可以最为清晰明确地刻画出主峰以及连绵山脉的其他峰峦，展现它们的雄伟壮观，如图 1-89 所示。而未经明确的焦点选择，往往会因为照相机错误地将焦点对在前景中的树枝或其他物体上，导致山脉模糊。

图 1-88 绝处逢生

图 1-89 山脉全景

（5）拍摄宽广的草原时；可以选择房屋、牛羊群、树木或河流的拐弯处作为焦点。

拍摄草原或许是最简单也是最复杂的事情。简单的自动对焦拍摄，在小的照片中看去，仿佛所有景物都非常清晰，但放大照片时，会发现照片中的关键点模糊不清。

因此在拍摄时，一定要养成明确选择焦点的好习惯。一望无际的草原上，一棵孤独的树或一群牛羊等，都是很好的焦点，也是图片的关键点。对它们的清晰刻画，要远远重要于无限的草地。而焦点如落在草原上蜿蜒的河流上，应当选择最富于变化的，或最近的拐弯处，如图 1-90 和图 1-91 所示。

图 1-90　广袤草原

图 1-91　白云深处有人家

（6）拍摄人物特写时：眼睛是关键焦点。

人物的特写照片，一般是以人物脸部为表现重点的半身照片，如图 1-92 所示。这类照片需要通过表情神态来达到刻画人物特征乃至内心的目的。眼睛，是拍摄人物特写时焦点的第一选择。当人物正面面对照相机时，此时双眼处于同一平面，所以以任何一只眼睛作为焦点都可以：但这样的取景会过于平面化而显得普通，因此大多数摄影师会采取人物的半侧面进行取景拍摄。此时人的眼睛就会处于一前一后的位置，需要以靠近照相机的眼睛作为焦点，进行对焦拍摄。因为它的位置明显要比后面的眼睛重要。

在图 1-93 中我们可以看到人物的左眼放大之后得到的仍是清晰锐利的景象，甚至可以看到摄影师的影子。这也是摄影的魅力之一。

图 1-92　人物特写

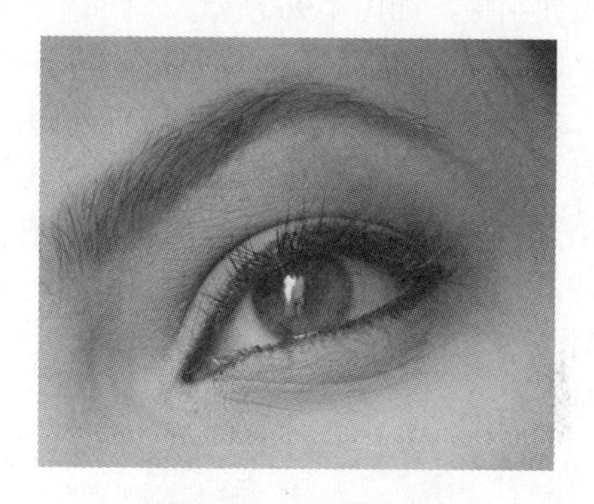

图 1-93　眼睛特写

（7）拍摄人物全身像时：头部是重要的焦点。

在拍摄包括人物全身的肖像以及环境肖像时，我们无法明确对准人眼精确对焦，那么，快速便捷地选择焦点的关键，就是以人物的头部作为对焦点，如图 1-94 所示。

无论是为了表达人物的动作还是姿态，人物脸部特征都是图片中的关键。人的一举一动都是以头脑来控制的，因此头部将成为牵动全身的中枢。拍摄时可以预先对人物的脸部或头部进行对焦，而后在人物全身姿态达到理想状态时，迅速重新构图并快速拍摄。

（8）拍摄人物与环境的照片：最好以人物作为焦点。

这一类的照片包括简单的旅游纪念照、纪实摄影和商业广告摄影。人物与环境结合的照片，是最鲜活也是最难拍摄的。但无论人是作为主体还是陪衬的图片元素来说，这类照片绝大多数是以人物作为焦点拍摄的，因为相比那些不动或动得缓慢的山水来说，人是最活跃的，也是最具有感情色彩的。

当然，以人物作为焦点拍摄时，还应当注意景深，以控制环境的虚实变化，如果简单地需要人和景物都清晰，则可以用小光圈获得大景深，如图 1-95 所示。

图 1-94　人物全身像

图 1-95　人物与环境的协调关系

（9）拍摄群像时：寻找关键人物确定焦点。

当面对一群人进行拍摄时，往往会被不断变化着的众人干扰，不知道将焦点确定在哪里，而错过了很多的精彩群像照片。

其实最简单的方法就是寻找一个关键的人物作为焦点，并进行追踪对焦。同时，用眼睛的余光不断留意其他人物的动态，当其他人物和关键人物的位置关系达到和谐统一时按下快门按钮拍摄，如图 1-96 所示。

（10）拍摄建筑物时：可以选择门或窗作为焦点。

作为摄影爱好者来说，很少有机会像专业的建筑摄影师那样，使用相机对建筑物进行无畸变、全焦点的拍摄。因此在拍摄建筑物时，对焦点选择应该格外明细精确。一般来说，拍摄建筑物的正面时，焦点应该选择在正门上，这样多平面的建筑物正面就可以全部落在图片清晰的范围中，如图 1-97 所示。当然，有时候正门会处于阴影中，不容易完成对焦，此时也可以选择附近光亮处的窗户作为焦点，如果建筑物正面完全落在阴影中，也可以选择顶部的房沿作为焦点。

图 1-96　欢呼

图 1-97　建筑物拍摄

3）通过用光来突出主体

摄影就是一门光影的艺术。它不仅是一个技术性问题，如获得准确的曝光量，更是一种创造性的手段。无论何时，只要看向取景器，就要先看光线，观察光线的效果并体验光线的性质，通过光来突出重点是最有力的手段之一。

我们可以通过阳光或者灯光的照射和黑暗的背景进行鲜明对比，从而有效突出主体，如图 1-98 和图 1-99 所示。

图 1-98　阳光下的银杏叶

图 1-99　花儿朵朵开

当主体处于光线高反差的环境中时，也可以通过对主体的严重曝光不足来获得剪影的效果。要将景物拍成突出的剪影，必须向光亮的方向拍摄并控制好曝光。剪影的好处是可以令平凡的景物转化成强烈的视觉效果，从而有效地突出视觉主体。

拍摄剪影时需要注意以下几个问题。

（1）寻找适合的场景：拍摄剪影的地方必定要逆光，以拍摄剪影最常利用的夕阳为例，太阳的位置需在拍摄主体的后面。时间要选择日出或日落时分，因为这时的光线较柔和不刺眼，是拍摄剪影的好时机。除了以夕阳余晖拍摄外，以其他光源拍摄的原理亦一样，简单来说，就是要找一个背光的位置，令主体变成黑影，如图 1-100 所示。

图 1-100　逆光拍摄

（2）测光模式：如果利用半自动模式（如光圈优先），可以把相机调校至中央测光（或点测光）模式，利用背景最亮的范围进行测光，并按下曝光锁定按钮，将曝光值锁定，便能轻松表现出剪影的效果。

（3）留意主体形态：由于在剪影照片中，主体已经几乎没有色彩并丧失了细节，所以拍摄者对主体形态的认知是相当重要的。在拍摄前，最好对主题的形体特征有充分了解，才能勾画出景物的独特的形态，增加照片的张力。

4）通过物体大小比例关系来突出重点

摄影初学者在拍摄景点留念中最容易犯的错误就是为了景物而将人过度缩小。经常会出现主体人物小到看不清相貌的情况，如图 1-101 所示，为了照到门上的大字，几个小朋友的脸都看不清了，这就是犯了本末倒置的错误。

图 1-101 留念

因此我们应当通过控制物体的大小来突出重点。

如果想要在被摄人身后留下完整的美丽的景色该怎么办呢？

很简单，首先要缩小光圈至 f8.0～f11（最佳光圈），如果快门速度不够可以提升感光度。让主体人物尽量靠近相机，然后半按快门按钮对其脸部进行合焦，成功后手指不要松开，转动机身重新构图（甚至可以把人物置于画面的一旁），最后按下快门按钮完成拍摄，如图 1-102 和图 1-103 所示。

图 1-102 我爱天安门

图 1-103 红色中国

【注意】合焦之后拍摄者的身体不要前后移动，否则会产生对焦不准的情况。虽然此时的景深很广，但仍然有可能导致主体人物模糊不清。

下面来看一张控制大小以突出主体的摄影佳作。

在图 1-104 中，登山者仿佛将群山踩于脚下，这是由于他相对于山的比例很大，而且视角很高，因此有了这样磅礴的气势。

图 1-104　会当临绝顶

3．如何将画面变得简洁

很多摄影初学者，往往有这样困惑：明明看见了很漂亮的景色、主体和美丽的色彩，拍摄出来却是一张很普通的照片，很难抓住最美妙的部分。

其实当我们举起相机拍摄时，取景框内远、中、近充满各种景物，有拍摄者需要的，有不需要的，有主要的，有次要的，有本质的，有现象的，这些东西全部交织在一起，这就需要根据创作主题进行适当的取舍，把那些不必要的东西从画面中减去，从而提取所需要的摄影元素，这就是我们常说的“摄影是减法”。

这里给大家提供了 3 种简化背景的方法，希望大家用心揣摩其用法。

1）背景的虚化

初学者喜欢用长焦镜头和微距镜头，也是因为合理地使用这些镜头，可以使画面中包含的视觉元素更少，让画面更简洁，照片也很容易出彩。

图 1-105 拍摄于杂乱的草丛之中，使用微距镜头，光圈开大，把背景虚化，是最常用的减法的使用。在背景的选择中，要注意选择尽量大块色彩的纯色背景，避开杂乱的枝条和光斑，如果背景不理想，则应该适当调整拍摄角度和机位，以取得理想的背景效果。

图 1-105　蜻蜓

花卉是很难拍好的，因为通常背景很杂乱，但图 1-106 显然很好地避免了这个问题。

在这幅作品中作者采用了很小的景深，得到了完美虚化的背景，从而很好地将人们的注意力集中到了叶片的水珠上。而由于水珠将花朵本体映照了出来，使得这幅作品颇有“一花一世界”的味道。

而图 1-107 则将模特身后杂乱的背景虚化掉，从而突出了模特本身。在这样的虚化力度下，即便模特背后有垃圾桶也能将其虚化。因此在人像摄影中，一只大光圈长焦距的镜头是必不可少的。实践证明也确实如此，人像镜头通常最大光圈在 2.0 以上。如 85mm 1.2，135mm 2.0，200mm 2.0 等。

图 1-106　一花一世界

图 1-107　微笑

2）拍摄角度的变化

大部分的杰作不是从常规的看事物的角度去拍摄的，而是很多新奇的视角。如图 1-108 中的蒲公英，虽然有很多，但从日常的高度看上去就平平无奇。

但如果我们能够变换视角，从很低的位置去拍摄蒲公英，就会发现，呈现在我们眼前的已经是一个崭新的世界，如图 1-109 所示。因此，我们应当做到多思考、多走动、多尝试不同的拍摄角度。

图 1-108　一片蒲公英

图 1-109　一朵蒲公英

再如图 1-110 中的树木，树叶半枯半荣，如果从正前方拍摄或许只是一张普通的图片。但摄影师巧妙地选取了仰拍的手法，并通过精巧的对角线构图，得到了这幅佳作。

仰拍是一种很好的拍摄方式，它以夸张的手法，使被摄物体高耸，有凌云向上的气势，显得雄伟博大，威严肃穆。仰拍还可将主体升高，以天空为背景，舍弃杂乱，净化画面，突出主题。另外，仰拍由于角度透视的关系，使画面超乎寻常，如果运用得当，则会给人一种新鲜感，从而产生预想不到的效果。

而对于宠物摄影，我们也要努力降低相机高度，将自己的视角拉到和小动物高度平行的位置，从而得到独特的拍摄角度，也更能让小动物在照片中表现出其个性和气质，如图 1-111 所示。

图 1-110　参天大树

图 1-111　奔跑

3）等待难得的时机

拍摄一张照片最关键的步骤是按快门按钮，这并不是因为按快门按钮可“把照片拍摄下来”，而是因为照片拍摄以后，就不可改变了。在未按快门按钮之前，摄影家可以随意选择、改变、取舍、改进或纠正，可以做任何想要做的事。可是，一旦按了快门按钮，就木已成舟，无论是好是坏，事后改变照片面貌的机会就很少了。所以说，时间的选择是拍摄一张照片的最重要的步骤。

一位摄影师，无论他选用的器材多好，技术如何完善，除非他选择了正确的时间，否则，照片就很有可能在技术上无懈可击却不能用。因为经验表明，一张照片可能由于技术欠妥而遭到批评，但只要题材好，表现手法富于想象力，时间选择适当，这张照片就不会失败。因为大多数人不是很懂得摄影技术，甚至不关心这方面的问题，但他们都非常关心照片所包含的意义。如图 1-112 所示，虽然只能看到小女孩的背影，但却可以想象出她此时脸上挂着怎样欢乐的笑容。

人们在赞美一张特别动人的照片时常说：“多幸运的镜头！”，如图 1-113 所示。也许这个说法是对的，摄影家拍这张照片确实是运气；但也可能是他辛勤劳动的结果。然而，不管一张照片是偶然拍下来的还是经过精心计划的，它成功的主要原因往往是时间选择正确。

选择时间是为了抓住“决定性的瞬间”，也就是动作的顶峰，事件最精彩的场面，最有意义的姿态或神情，即照片的一切因素汇成完美构图的瞬间。

图 1-112　嬉戏

图 1-113　对峙

图 1-114 正是布列松大师最为脍炙人口的作品之一：《小男孩》。这张照片的题材并不重大，只是表现一个男孩：他的两只手里，各抱一个大酒瓶，踌躇满志地走回家，好像完成了一个光荣而艰巨的任务。照片中的人物，情绪十分自然真实，显示出摄影师熟练的抓拍工夫。

图 1-114　得意洋洋

抓拍是布列松一生坚持的基本手段。他从来不去干涉他的拍摄对象。

希望大家仔细鉴赏这幅优秀的画作，并指出作者是如何构图和简化画面的。

对摄影家来说，要做到这一点，要有观察能力，要能全神贯注，要有预见。有观察能力，就不至于忽略那些似乎不太重要的细节，而这些细节最后可能促成作品也可能破坏作品。全神贯注是为了准备就绪，等待最有意义的时刻的到来。有预见，是因为动作往往十分迅速，当摄影家意识到“就是它”时再拍就已经太晚了。例如，在体育摄影中，摄影家必须在高潮出现的若干分之一秒前就按快门按钮，因为在动作和曝光之间会有一定的时滞，这是由摄影家本身对时间的反应和器材固有的机械惯性造成的。

在图 1-115 中，作者抓拍到了一只猫头鹰正在歪脖的动作，并且它正在注视镜头。

防止漏掉“决定性瞬间”的最保险的办法是拍摄大量的照片。专业摄影家所拍的照片中的每一张，都是作为最后高潮而认真选择曝光时机拍摄的。可是，后面又一个更有意义的瞬间出现了，使前面的照片逊色，这样就需要拍摄很多张。大多数专业摄影家懂得这一点，并且是这样做的。因为他们是专业人员，他们不能因为错过了时机而丢掉事件高潮时的照片，那是他们被指定要完成的任务。

因此，如果可能的话，请拿起自己的相机，随时随地尝试抓住生活中每一个精彩瞬间吧。

图 1-115　可爱的猫头鹰

任务 3　常用的摄影摄像机种类及配件的使用

为了更好地进行摄影摄像创作，不仅要使用照相机和摄像机，还要使用有关配件，如存储器、镜头、闪光灯、三脚架、电池等。本任务介绍一些常用的摄影摄像机及其配件的使用。

知识链接 1　相机的分类

目前的数码照相机市场的品牌主要以日系为主，如 Canon、Nikon、宾得、松下、富士、奥林巴斯等，而其他品牌主要是德系的徕卡、哈苏，以及韩国的三星。国产的相机品牌有爱国者和明基等。通常，相机分为消费级相机、单反照相机和最近新兴的微单相机，如图 1-116 所示。

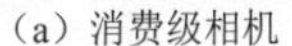
（a）消费级相机

（b）单反照相机

（c）微单相机

图 1-116　各种类型的相机

1. 消费级相机

通常我们把不能更换镜头的相机称为消费级相机。这个级别的相机平时接触最多的是数码照相机，通常它们有着小巧的机身，相对低廉的售价和尚能接受的成像质量。由于操作简单，容易上手，因此在胶片机时代人们就给了它们一个别称——傻瓜相机。

随着胶片相机逐渐退出民用市场，目前的傻瓜相机市场已经完全属于数码照相机。但我们要用发展的眼光看问题，相信在不久的将来，消费级相机会在微单相机和手机摄像头的两面夹击之下衰败和消失。因为即便相机做得再小，它毕竟不能天天带在身边，而手机却没有这个问题。就像一位摄影师说的，“最好的相机就是你想拍摄时恰巧在你手边的那一台。”手机摄像头功能的日益完善和强大以及它无可比拟的便携性，使得我们有理由去相信总有一天它的效果会达到现在的消费级相机的水平并取而代之。而微单相机足以媲美单反照相机的拍摄效果和小巧也令消费级相机“雪上加霜”。

但目前还看不到消费级相机衰退的迹象。而且目前市场上的消费级数码照相机也是各个厂商竞争最激烈的。在林林总总，售价从千元至几万元的数码照相机中，应该如何挑选属于自己的那一款呢？应当将以下的几个条件作为主要的考核标准。

1）传感器的尺寸

在前面学习过，传感器相当于胶片相机中的胶卷，如图 1-117 所示。传感器尺寸的大小直接决定了最终画面的成像质量。因此，拥有一块大尺寸的传感器是很重要的。目前大家基本已知道像素不是衡量一款相机成像好坏的主要因素，拥有高于 500W 像素摄像头的手机很多，但通常都是数码差值运算提升上去的，传感器的尺寸不提升，空谈像素是没有意义的。例如，SONY 的 RX100 传感器的尺寸达到了 1in，佳能的 G1 X 传感器的尺寸达到了 1.5in，远超同类产品。自然，它们的成像锐度和控噪能力也相应好很多。

图 1-117　CMOS 传感器

2）光圈的大小

关于光圈在前面有详细的论述，这里不再重复。拥有大光圈的镜头就有了更多的选择余地和更佳的成像质量。尤其是背景的虚化，拥有一个大光圈的镜头是必备的条件。因此，应当在选购前了解其最大光圈。目前市场上拥有大光圈镜头的消费级相机也有不少，如 SONY RX100，最大光圈可达 f1.8，如此大的光圈，自然可以拍摄出迷人的虚化效果。

图 1-118 所示为 RX100 拍摄的样张，使用的光圈为 5.0，但大家仍然可以看到背景被很

好地虚化了，这是传感器和大光圈镜头共同作用的结果。

图 1-118　SONY RX100 样张

3）光学变焦

现在市场的长焦机不下数十款，消费者也喜欢买一些超长焦距的镜头，因此厂商将变焦性能一升再升，从 3 倍到现在的 50 倍（等效焦距 24～1200mm），其他硬件却没有得到相应的提升，并且由于大变焦带来的负担，成像质量反而下降了。所以超长变焦绝对不是主要因素。实际上摄影需要我们多走动，从而多方面去了解被摄主体，去研究光线，去研究拍摄角度。而有了变焦功能我们很多时候会变懒，就错失了很多好的镜头。总之，超长变焦或许有时会给我们带来便利和震撼，但大多数的时间只会是摄影的阻碍！因此，购买相机时，变焦绝对不是首要衡量因素。

图 1-119 所示为几款市场上流行的长焦机。

（a）佳能 SX50 HS

（b）索尼 HX300

（c）富士 HS33EXR

图 1-119　长焦机

4）高感光度的降噪能力

关于感光度在前面已经详细介绍了。弱光环境中的高 ISO 值是必不可少的，但高 ISO 值同时带来了高噪点。因此实际上在高 ISO 值下的控噪能力成为相机最重要的考核标准之一。因为这直接决定了弱光环境中相机的成像质量，也是许多消费级相机最大的优势，即大光圈镜头的背景虚化能力强和弱光环境中的成像质量高。图 1-120 所示为消费级相机、微单和单反在各级 ISO 值的对比图。由于佳能 5D MarkIII 的 ISO100～400 差别不大，因此直接从 ISO 800 起进行对比。

从这个对比中大家可以看出，无论是单反还是微单，对比消费级相机而言是有很大的优势的。佳能 SX 240 HS 在 ISO 200 就出现了噪点，在 ISO 400 时图像质量下降得很厉害，在 ISO 800 时图像开始板结。这一现象在索尼 NEX 5R 中直到 ISO 3200 才轻微出现，并且不是很明显。而级别最高的佳能 5D MarkIII 直到 ISO 25600 都没有出现这样的现象，只是噪点增多了。其实大家可以发现，手机在白天的成像效果要远远好于夜晚灯光下的效果，这是手机的 ISO 值在白天比较低的缘故。

但并不是说消费级照相机拍不出好的作品。恰恰相反，不少大师就是靠着消费级相机拍摄而一举成名的。比如时尚摄影师泰利·理查德森和日本摄影师森山大道，他们都用自己的消费级相机创造了独具魅力的摄影作品。

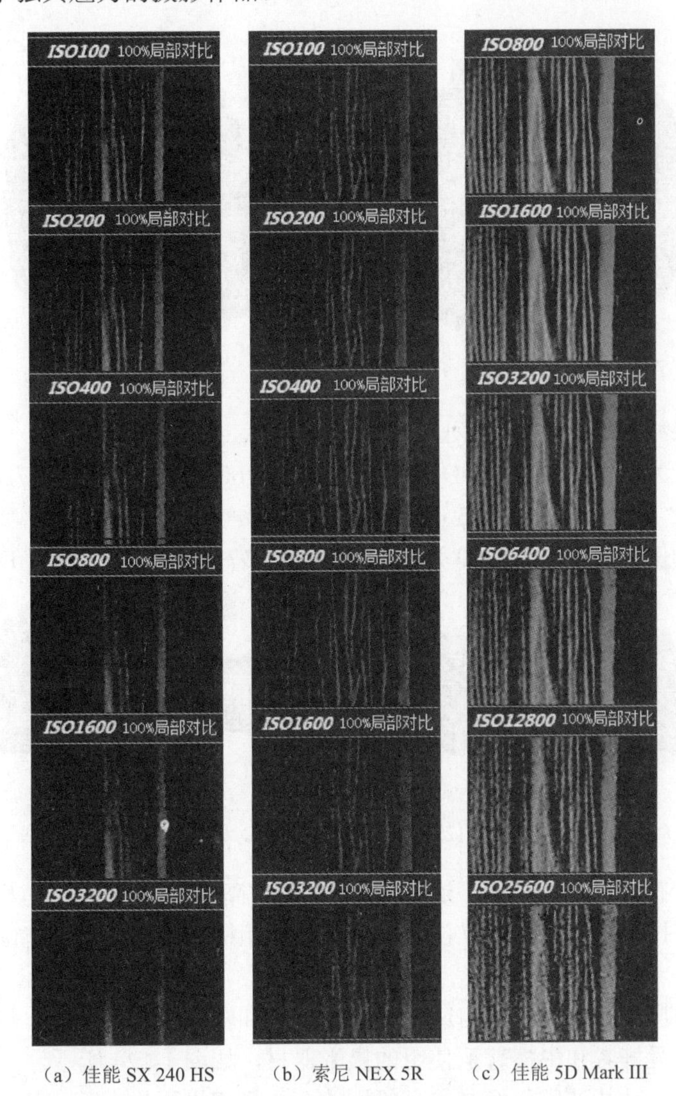

（a）佳能 SX 240 HS　（b）索尼 NEX 5R　（c）佳能 5D Mark III

图 1-120　各级 ISO 值的对比

2. 单反照相机

目前的单反照相机在市场上基本形成了“双寡头”格局，即佳能和尼康。其他品牌在单反市场上的影响力均不及这两家。德系的相机品质极佳，其机械装置几乎全部为金属材料（日系相机目前已大量采用工程塑料代替，包括机身），成像色彩纯正浓厚，有着油画般的效果，但价格太高，一部单反套机的价格足以抵得上一台中高级汽车。目前索尼和宾得的单反照相机也占据一定的市场份额，但与佳能、尼康相比，仍然相去甚远。因此这里只介绍佳能和尼康的部分相机类型和型号。

根据画幅的类型，单反照相机可以分为大画幅、中画幅和 135 相机。常见的单反照相机是最后一种。大、中画幅相机由于太过专业这里不做介绍。

135 相机又可以分为全画幅相机和 APS-C 相机。全画幅相机通常价格比较昂贵，都在万元以上，大部分为几万元。比较有代表性的是佳能的 1D．5D 系列和尼康的 D3、D4、D800 等，如图 1-121 和图 1-122 所示。

图 1-121　佳能 1DX

图 1-122　尼康 D3X

常见的单反照相机是 APS-C 系列，又分为入门级、中级机和高端机。

以佳能的相机为例，目前的 700D 为入门级相机，60D 为中级相机，7D 为高端相机，但它们都属于 APS-C 系列，如图 1-123 所示。

以尼康相机为例，目前的 D3200 为入门级相机，D7100 为中级相机，D300 为高端相机。

图 1-123　佳能 700D、60D 和 7D

入门级相机没有肩屏，最高快门速度为 1/4000s，高 ISO 值的表现力相对较弱，由于机身较小，因此某些按键缺失，影响操控速度。和高级相机相比有细节功能缺失，如反光板预升等。

中级机具备肩屏，有较高的快门速度（1/8000s）和较快的连拍速度，相对较好的高感表现力，是目前摄影爱好者和影楼普遍使用的摄影器材，如图 1-124 所示。

高端单反的实际功能通常已经与更高级别的全画幅相机不相上下，甚至一些功能已经超出一些老款的全画幅相机。例如，佳能 7D 的对焦系统和高速连拍就比 5DII 强大很多。但由于其感光元件的尺寸所限，成像效果及高感表现力和全画幅相比仍有一定差距。

全画幅相机最具吸引力的不是上面列举的这些，而是因为在全画幅相机的背后，是强大的镜头群的支持。因为内部结构的不同，决定了在全画幅上使用镜头的焦段，在 APS-C 相机上需要乘以系数 1.5～1.6（佳能乘以系数 1.6，尼康乘以系数 1.5）。

因为和全画幅的传感器相比，它的面积要小一圈，所以画面视角也会产生变化，在使用 APS-C 尺寸的图像感应器时，约 33mm 焦距即可得到相当于在全画幅的相机下使用 50mm 焦距得到的画面视角，如图 1-125 所示。

但由于长年的使用习惯，将焦距换算为使用 35mm 胶片时的焦距更易于理解，因此一般会同时标注换算后的焦距。

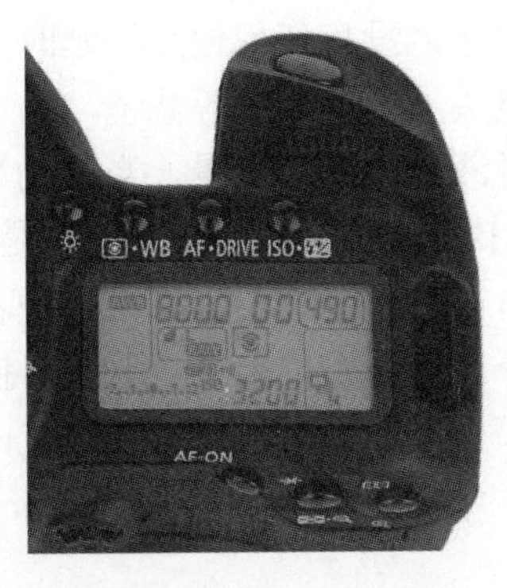

图 1-124　1/8000s 快门

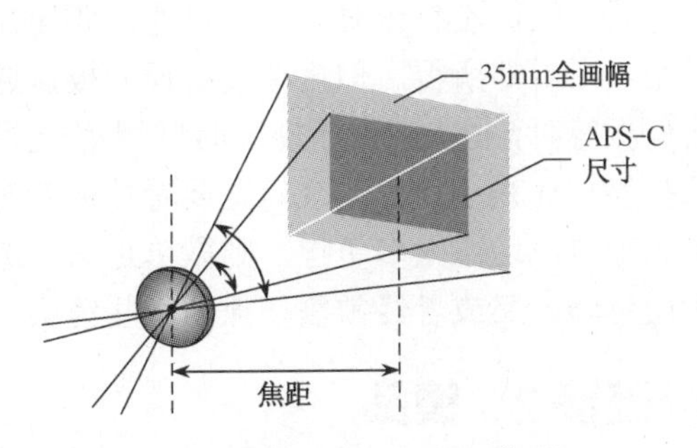

图 1-125　APS-C 焦距

例如，50mm 的标准镜头，在 APS 上是 80mm 的等效焦距。而那些成像优良的镜头，大部分的焦段是为了全画幅相机而设置的。这也就决定了，APS 使用好镜头时会很别扭。

3. 微单相机

2008 年 8 月 5 日，奥林巴斯公司和松下公司共同宣布了一种全新概念的数码照相机格式——Micro 4/3 系统。该系统舍弃了 4/3 系统的镜箱（及其延伸而来的五棱镜、光学观景窗）结构，而采用了电子取景窗或相机屏幕取景的方式。实际上，Micro 4/3 系统相机是不足以概况所有的无反光镜可换镜头式相机的。

后来索尼推出 NEX 系列，命名为“微单”，并推出“单电相机”，使这个概念出现了混乱。索尼对“单电相机”的定义如下：具备全手动操作，采用固定式半透镜技术、电子取景器的相机。其中，固定式半透镜技术对成像影响很大，争议很多，只有索尼独家采用。

这里要介绍的是那种体积很小，但可以更换镜头的微单相机。对于索尼的单电相机，这里不做讨论，感兴趣的读者请自行翻阅相关资料。

微单相机具有便携性、专业性与时尚相结合的特点，如图 1-126 所示。它所针对的客户群主要是那些既想获得非常好的画面表现力，又想获得紧凑型数码照相机的轻便性的客户。由于微单相机取消了五棱镜，取消了反光板，所以体积减小了许多，由于没有了传统的取景光路，微单和小数码照相机一样是通过液晶显示屏来取景的，或者通过位置和单反一样的电子取景器取景，但无论采用哪种方式取景，原理都是传感器接收信息，再把图像变成电子信息反映到电子取景器中。因此用微单仍然比单反相机要耗电，因为单反相机采用光学取景，不需要一直消耗电量。

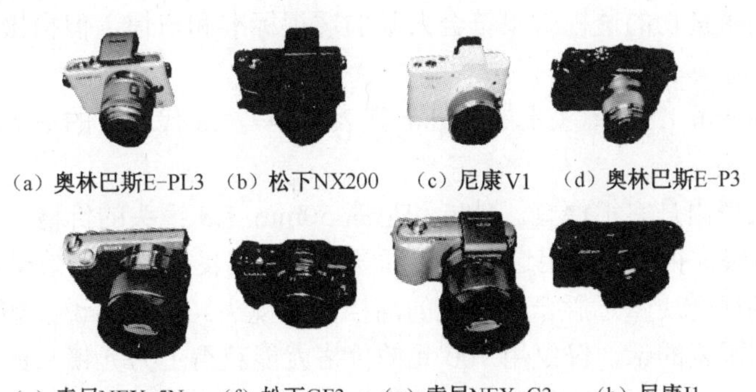

（a）奥林巴斯E-PL3　（b）松下NX200　（c）尼康V1　（d）奥林巴斯E-P3

（e）索尼NEX-5N　（f）松下GF3　（g）索尼NEX-C3　（h）尼康J1

图 1-126　各个型号的微单

基于结构上的特点，单反相机是单镜头通过反光板再通过五棱镜反光取景的，即从取景器看到的景象就是直接通过唯一的镜头看到的第一手信息，没有任何偏差，延时，是最科学成熟的取景方式。快门没有延时，对焦迅速。即便在镜头加了偏振镜等滤镜，仍可以即时掌握偏振的效果，所看即所得。但微单没有反光板，通过液晶显示屏取景，当移动相机过快，或镜头加上偏振等时，拍摄者就不能即时掌握第一手拍摄资料，其看到的亮度都是有补正的。

对于选择微单还是单反，这个问题要看拍摄者对自己摄影的定位。如果拍摄者总是出去旅游，又不想给自己增添太多负担，则微单是第一选择。但如果拍摄者想要练习摄影或者追求完美的画质体验，又或者经常需要抓拍一些镜头，那么单反仍是目前无可取代的。

知识链接 2　镜头

通常大家会认为成像质量是由数码照相机的机身决定的。但实际上，对成像质量起决定性作用的是照相机的镜头。如果用“好马配好鞍”来比喻，那么“马”应当是镜头，而“鞍”才是机身。

这里着重介绍的是单反照相机的镜头。常镜头根据焦距的长短可以分为广角镜头、中焦（标准）镜头、长焦镜头及移轴镜头，而根据焦距是否能够调节则分为变焦镜头和定焦镜头。图 1-127 所示为佳能的镜头群。

图 1-127　佳能的镜头群

焦距的变化会引起成像的变化已经在前面的任务中叙述过了，这里不再赘述。

下面着重介绍的是镜头的选择和配置。

1．标准镜头

标准镜头的视角在 50° 左右，焦距与感光片的对角线长度基本相等；这种镜头的视角与人眼视角相似，拍摄景物的透视效果符合人眼的透视标准和习惯，但拍摄范围不大，只适合普通拍摄。

镜头代表为 50mm 1.8。镜头上的 50mm 代表焦距，1.8 代表它的最大光圈。这是一个标准定焦镜头。

推荐它的最大理由是它很便宜。佳能和尼康 50mm 1.8 镜头的价格均为 700 元左右。虽然很便宜，但其效果却很好。使用这个镜头可以获得极其良好的虚化效果。当光圈为 2.8 时，在 50mm 焦距上的成像质量远胜于上万元的高档变焦镜头。换句话说，如果能忍受“变焦基本靠走”这个不利因素的话，仅仅用 700 元的价格就能获得上万元镜头的成像质量。因此如果初次购买单反照相机又不打算投入太多的资金，那么这个镜头是很合适的。

50mm 1.8 在 APS 上的焦距为 75～80mm，这个焦段已介绍过，其拍出的物体与真实的视角很接近，非常适合用于拍摄人像。拍出的人像效果更是焦内锐利清晰，焦外如同奶油般，如图 1-128 所示。

图 1-128　人像

2．广角镜头

广角镜头就像它的名称一样，是一种可以拍摄出视角范围更广的镜头。这种镜头的优点在于画面显得非常宽广，一张照片中能收入很多信息。由于其焦距很短，所以很容易合焦于整体画面，如果再配合使用适当的光圈，就能拍摄出非常锐利的照片。

我们使用广角变焦镜头的主要目的之一在于将宽广的场景收入一张照片，但它同时具备将近处的物体拍得很大，将远处的物体拍得很小的特点，如图 1-129 所示。如果能够大胆运用这一特点，就能让照片富有风格且极具立体感。

图 1-129　落日扁舟

3．长焦镜头

长焦镜头的特点就在于使用较长的焦距实现多种多样的表现风格。其中最具有代表性的作用就是“将远处的物体拉近拍大”，这种功能被用于体育摄影和动物摄影。它还具有“易虚化背景”这一优点。如前所述，背景虚化的程度和光圈的大小及焦距的长短密切相关，在光圈大小一定的情况下，焦距越长，背景虚化越明显。这一特点也经常被运用于拍摄人像。长焦镜头另一个特征就是具有“压缩效果”，它能够减少近景到远景之间的距离感。使用这一特点拍摄风景照片也颇有乐趣。

当长焦镜头还是一个大光圈镜头时，那种背景的虚化程度就难得一见。图 1-130 是用 Nikon 的 200mm 2.0 的顶级定焦镜头拍摄的。大家可以看到虚化的背景和锐利的人像之间那条明显的分界线。因此它又被摄影爱好者称为空气切割机。

除了这几种常见的镜头之外还有移轴镜头、鱼眼镜头等，这里不再赘述，感兴趣的可自行查阅有关资料。

图 1-130　回眸一笑

 知识链接 3　存储器

存储器是数码照相机和摄像机存储影像数据的部件。

随着数码摄影摄像的普及，与数码摄影摄像息息相关的存储配件也受到众多消费者越来越多的关注。

在购买数码照相机和摄像机时，一般会随机附赠一块容量较小的存储器。该存储器只能存储少量的照片和视频，需要另外配置容量较大的存储器。

对于数码照相机而言，其存储器通常是各种存储卡（也称闪存卡）。而对于数码摄像机，其存储器通常是内置硬盘，但也支持闪存卡。

存储卡按类型分类，通常分为以下几种：CF 卡、MMC、SD 卡、XD 卡、MS 记忆棒。存储容量有 4GB、8GB、16GB、32GB 等。存储卡主要由数码照相机使用。

目前各个企业还推出了 mini 存储卡，其体积只有传统存储卡的几十分之一，其读写速度较慢，只能应用于手机及其他数码产品中，还不能满足 DC 和 DV 高速存储的要求，故而本任务不予介绍。

1．CF 存储卡

CF（Compact Flash，小型闪存）存储卡简称 CF 卡，如图 1-131 所示。

图 1-131　CF 存储卡

CF 卡是 1994 年由 SanDisk 最先推出的。CF 卡具有 PCMCIA-ATA 功能，并与之兼容；CF 卡质量只有 14g，仅纸板火柴般大小（43mm×36mm×3.3mm），是一种固态产品，即工作时没有运动部件。CF 卡采用闪存技术，是一种稳定的存储解决方案，不需要电池来维持其中存储的数据。对所保存的数据来说，CF 卡比传统的磁盘驱动器安全性和保护性都更高；比传统的磁盘驱动器及Ⅲ型 PC 卡的可靠性高 5～10 倍，而且 CF 卡的耗电量仅为小型磁盘驱动器的 5%。这些优异的条件使得大多数数码照相机选择 CF 卡作为其首选存储介质。

图 1-132　SD 存储卡

2．SD 存储卡

SD（Secure Digital，安全数码）存储卡简称 SD 卡，如图 1-132 所示。

SD 存储卡是一个完全开放的标准（系统），多用于数码照相机等器材，尤其被广泛应用在超薄数码照相机上。大小犹如一张邮票的 SD 卡，质量只有 2 克，但却拥有高记忆容量、快速数据传输率、极大的移动灵活性以及很好的安全性。SD 卡为 9 引脚，目的是把传输方式由串行变成并行，以提高传输速度。它的读/写速度比 MMC 要快，安全性也更高。SD 卡最大的特点就是通过了加密，可以保证数据资料的安全保密。

3. TF 卡

TF 卡是一种极细小的快闪存储卡，由 SanDisk 公司发明，如图 1-133 所示。

这种卡主要用于手机，但因它拥有体积极小的优点，随着不断提升的容量，它慢慢开始用于 GPRS 设备、便携式音乐播放器和一些快闪存储器。它的体积为 15mm×11mm×1mm，相当于手指甲的大小，是 2012 年以前最小的存储卡。它亦能够通过转接器来接驳于 SD 卡插槽中使用。

4. 记忆棒

MS（Memory Stick）卡如图 1-134 所示。

图 1-133　TF 存储卡

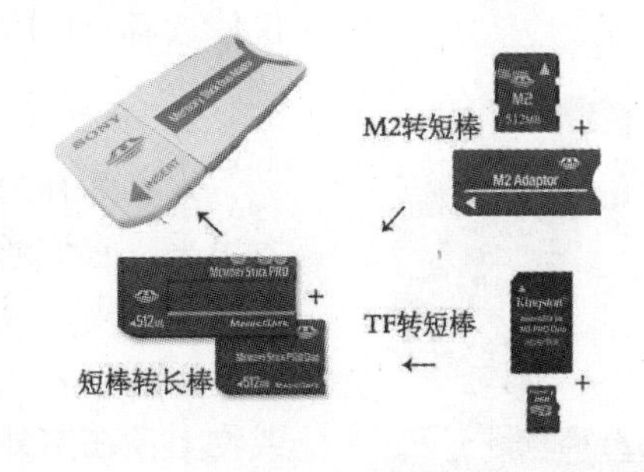

图 1-134　MS 卡

MS 的尺寸为 50 mm×21.5 mm×0.28 mm，质量为 4g；采用精致醒目的蓝色外壳（MG 为白色），并具有写保护开关。MS 规范是非公开的，采用了 Sony 的外形、协议、物理格式和版权保护技术。其带独立针槽的接口易于从插槽中插入或抽出，不轻易损坏；绝不会互相接触，大大减小针与针接触而发生的误差，使资料传送更为可靠；比起插针式存储卡也更容易清洁。目前还有短棒及体积更小的 M2 卡，且可以互相转换。

知识链接 4　闪光灯

闪光灯是最主要的人造光源，也是相机主要的配件之一，用于黑暗环境下的主光拍摄以及在逆光、侧逆光环境下的辅助光的拍摄。它具有发光强烈、携带方便、使用寿命长等优点。

这里需要指出的是，摄像机的闪光灯一般是在“照片”模式下拍摄照片时使用的，但也可用于摄像，如频闪摄像，使图像看上去像一系列的连续快照。闪光灯在摄影中使用得较多。

1. 闪光灯分类

按照闪光灯是否内置于照相机和摄像机，可分为内置式闪光灯和独立式闪光灯。

1）内置式闪光灯

几乎所有的数码照相机和不少数码摄像机都配有嵌入式自动闪光灯，它和机身合为一体，不能拆下，并且和照相机、摄像机的自动曝光系统连接在一起。内置式闪光灯有的是裸露的，有的是隐藏的，启动时会自动弹出，如图 1-135 和图 1-136 所示。

图 1-135　裸露式内置闪光灯的数码照相机

图 1-136　弹出式内置闪光灯的数码照相机

内置闪光灯使用非常方便，在光线不足时，自动开启，自动闪光，且携带方便，但内置闪光灯也存在不足，其通常功率较小，闪光亮度不大，闪光范围有限，一般在 10 英尺以内，不适应较远距离的拍摄。

照相机和摄像机的内置闪光灯属于机器本身的部件，不在配件之列。这里所做的介绍，仅使读者对内置闪光灯有所了解。

图 1-137 独立式闪光灯

2）独立式闪光灯

为了弥补内置式闪光灯的不足，一系列的外置闪光灯陆续被开发出来，它们通过热靴或同步电缆与相机的快门释放、自动曝光系统一起使用，具有操作简便、使用灵活、发光强度大等优点。在室内可以达到补光的目的，也可以让光线更加柔和地洒在被拍摄的人或物上；在室外则可以打亮更远的目标。

独立式闪光灯（图 1-137）种类很多，一般有纯手动型、自动调光型和专用闪光灯等。

2. 闪光灯使用

1）闪光灯的安装

如果照相机和摄像机有热靴插座（四角形装置），则闪光灯可直接插在热靴插座上，如图 1-138 所示。如果照相机需要在离镜头较远的地方闪光，则闪光灯可通过连接架和短连接线与照相机连接，如图 1-139 所示。如果要使闪光灯在离照相机较远的地方闪光，则可使用较长的闪光灯连接架。

图 1-138　热靴插座

图 1-139　连接架

2）正确理解闪光灯指数

闪光灯指数（GN）是衡量闪光灯功率的标准之一，GN 的数值越大，表示功率越大，即在相同的 ISO 和相同的光圈条件下，闪光指数越高，闪光拍摄的距离越远，不同厂家的闪光灯型号通常是根据闪光指数进行划分的。采用手动方式闪光拍摄时，计算闪光灯曝光的光圈大小，可以使用公式：GN 值=光圈×距离（以 ISO 100 为基准）。例如，GN=40 时，与被摄物体距离为 5 米，则光圈设为 F8 曝光正常。当被摄距离改为 10 米时，此时光圈设定为 F4 才能有效曝光。

当所使用的闪光灯功率不够时，可以采用加大光圈和增加 ISO 的方法，但改变光圈会影响景深效果，一般获得更大功率，可使用增加 ISO 的方法。

3）闪光灯模式

闪光灯的模式通常有以下几种：手动模式、自动模式和 TTL 模式。

（1）手动模式：利用公式（GN 值=光圈×距离）进行调整，输出光量根据实际情况人为设定，并进行曝光锁定，再通过调整快门进行环境光的把控，缺点是每次调整都需要时间，不利于抓拍场合。

（2）自动模式：固定闪光灯及调节镜头光圈后，在闪光灯功率的有效范围内，闪光灯会依照自身的感光系统计算补光充足与否，自动控制闪光灯的输出大小，达到准确曝光，此时可以通过光圈调整曝光量。

（3）TTL 模式：也属于自动模式的一种，光线通过镜头进入机身测光装置，测算闪光灯的输出量，比较准确。

4）跳闪

在使用外置式闪光灯时，并不是只能将灯光直对着被摄物拍摄，这样虽然达到了补光的目的，但由于闪光灯发射的光线太强烈反而让照片变得不自然，此种情况下，可将外置闪光灯向上旋转 90 度，对准天花板进行闪光（应选择白色屋顶），光线遇到房顶后会发生漫反射，光线被打散，更加均匀地洒在被摄物上，不会出现强烈的硬光。

5）闪光灯的曝光补偿

闪光灯的曝光补偿是指调整闪光灯的输出功率，保证闪光更亮或稍暗，补偿值可以在相机上调整，也可以在外置闪光灯上调整，方法同相机的曝光补偿类似。

6）闪光灯的包围曝光

在使用闪光灯的情况下，用户可以选择一个特定曝光范围，通常会在不同的闪光补偿下拍摄数张，再合成或者挑选出曝光最合理的一种拍摄效果。

拓展训练　拍摄技巧的练习

在初步认识了数码照相机后，现在正式开始学习如何在不同的条件下选择恰当的拍摄方式来获得精彩的照片。

实训操作 1　摄影基础训练

练习 1：全景深练习。

被摄体：一般风景、花卉、城市建筑等冲击力较强的景物。

要求：画面全部实焦。

建议：使用广角镜头（24～35mm）拍摄，光圈为 f11～f16，采用光圈优先模式。

练习 2：单体对焦练习。

要求：只把焦点定位在主要被摄体上，小景深。

建议：中望远镜头 85mm 以上，光圈 f5.6 或更大，采用光圈优先模式。

练习 3：定格练习。

被摄体：体育运动项目、行驶着的汽车、火车，流动着的水、瀑布等。

要求：将激烈运动着的被摄体的瞬间动作或瞬间表情记录下来。

建议：高速快门 1/1000s 以上，采用快门速度优先模式。

练习 4：动感练习。

被摄体：体育运动项目，动态的人，流动着的水，瀑布等。

要求：运动员和动态人的身体的一部分虚化或动体实、背景虚。流动着的水、瀑布等有流线感。

建议：先从慢速快门 1/30s 开始练习，然后 1/15、1/8、1/4、1/2、1s 逐段练习；使用三脚架。

练习 5：取景练习。

要求：突出主题，画面简练，能传达出被摄场景的气氛。此练习是构图练习的基础。

建议：望远镜头，大光圈。

练习 6：特写练习。

被摄体：花卉、静物、昆虫等。

要求：被摄体占画面的比例尽量大，突出被摄体的形状和有趣的部分，高清晰度。

建议：使用微距镜头或微距功能及近摄接圈，最短摄影距离，镜头与被摄体保持平行；使用三脚架及快门线。

 实训操作 2　摄影构图训练

练习 1：横纵位构图。

被摄体：景物、山河、建筑、人物等。

要求：用横位构图表现稳定感和宽阔感，用纵位构图表现纵深感和高度感，画面不能有无用的空间。

建议：对同一被摄体分别用横、纵位构图法拍摄，比较作品的不同感受；横位构图表现安定感时使用标准焦点以上的镜头，表现宽阔感时使用广角镜头；纵位构图表现纵深感与高度感时使用广角镜头，注意画面中近景与远景的位置配置；构图时应特别注意水平与垂直，使用三脚架。

练习 2：三角形构图。

被摄体：三角形或类似三角形的景物、建筑、人物造型等。

要求：利用三角形在画面中不同的位置配置，表现稳定感、跃动感、高度感和宽阔感。

建议：画面中有容易识别的三角形造型，三角形构成的复数物体焦点要实，要有平衡感；拍摄高楼大厦和道路等高大细长的景物时使用 20mm 以下的广角镜头；使用景深预测功能。

练习 3：对称形构图。

被摄体：所有具有对称构图性质的景物、人物造型、建筑等。

要求：利用上下左右对称构图，表现稳定感和超现实意境。

建议：选择优美的对称形，对称形的两边焦点都要实，每个对称形表现要明显；尽量使用标准焦点以上的镜头，使用广角镜头时注意相机与被摄体要保持平行；拍摄岸边与水中的对称构图景物时使用偏光镜；全景深小光圈时使用三脚架。

练习 4：垂直、水平构图。

被摄体：风景、建筑等。

要求：画面中表现由多条平行或垂直线条构成的单纯美。

建议：画面构成的线条要保持水平或垂直，线条要美，水平或垂直线条造型要布满全画面；使用三脚架。

练习 5：S 形、对角线构图。

被摄物：具有 S 形或对角线构成的道路、河流、山峦、都市内的桥梁和道路等。

要求：用 S 形表现纵深感，用斜线表现外延的广阔感和动感。S 形要通达画面的两端，中途中断的话前面要有空间构成。

建议：S 形及对角线的配置要有平衡感，要仔细感觉作品是否有纵深感和广阔感，被摄体是否清晰；主题要突出。

练习 6：黄金分割法构图。

被摄体：任何物体均可。

要求：被表现的主体要处在分割点、线上或附近，构图要平衡；被摄体要突出；画面中不能有多余的部分存在。

建议：首先按自己的想法构图，然后活用黄金分割法。

实训操作 3　用光训练

练习 1：室内及夜晚灯光摄影。

被摄体：室内灯光下的集会以及城市灯光夜景等。

要求：利用色温在室内及夜灯下制造肉眼见不到的独特（泛红）氛围。

建议：画面内的光线布置尽量均匀，镜头附近最好没有强光源并不能有强光射进镜头，拍静物时使用三脚架，抓拍时最好使用 ISO100；曝光不能过度。

参考色温：白日晴天＝5500K，白日阴天＝6500K，早晚＝4500K，一般灯光＝2800K。

练习 2：朝阳、夕阳、夜景。

被摄体：朝阳、夕阳下的山峦、海岸线、自然风光及夜景。

要求：要充分体现朝夕的氛围，再现朝夕夜景的绚丽景色，不能有多余的物体进入画面，最好没有晕光。

建议：使用手动模式，基本光圈为 f8.0～f11，AE 光圈优先，远景时焦点调整为无限远，10m 以内对点光源等对焦到最容易看清楚的物体上，使用三脚架，可以考虑多次曝光。

练习 3：白色物体。

被摄体：雪景、白色沙滩、白色花卉等。

要求：清晰再现白色物体的质感与色调。

建议：根据实测曝光量适当曝光补偿，补偿量根据白色物体占画面的比例和要表现作品的意图一般为 0.5～1.5EV，画面中黑白物体相间时根据各比例调整。

练习 4：逆光（透射光）的运用。

被摄体：光线从背后照射的人物、风景、花卉、静物及抓拍等。

要求：充分利用逆光的特点制造透明感和立体感。注意被摄体与背景的亮度平衡，不能有创作意图以外的光晕产生。

建议：使用曝光补偿及反光板。曝光补偿量有＋0.5、＋1.0、＋1.5、＋2.0EV 等，补偿越大，被摄主体越亮。如果把握不好曝光补偿量，可以分段补偿各拍一张以保证拍摄成功。

练习 5：光的轨迹。

被摄体：夜间流动的车、船、星空、焰火等。

要求：流畅地表现光的流动，光的流线色彩、形状、大小与周围的气氛要协调，曝光要适当。

建议：利用平均测光与中央部分重点测光模式。也可以把光圈设定为 f4.0 或 f5.6，曝光为 30s～2min（可用 B 门）。焰火一般使用 ISO100，光圈为 f5.6～f11。星空的曝光时间最长可到 1～2h。以上均使用三脚架。

练习 6：有灯光照明的物体。

被摄体：都市内夜间被灯光照亮的建筑及植物等。

要求：取景角度要体现被摄体的魅力，选择能够充分表现气氛的曝光，画面中主体的所占比例要适当。

建议：使用三脚架、快门线，使用手动模式，B 门或 T 门，使用曝光补偿 0.5~1.5EV。注意构图时画面中最亮部分与最暗部分，避免亮度相差悬殊，长时间曝光时注意 ISO 降噪问题，使用广角镜头。

实训操作 4　表现动感与感情的训练

练习 1：动感的表现。

被摄体：体育运动、动物、纪念活动、花草、河流等。

要求：充分记录并表现运动的物体或人，表现出运动的力量感和动态美，合理构图，掌握适合被摄场景的快门和按快门按钮的时机。

建议：如果条件允许，尽量使用快门优先模式，定格高速运动时使用快门速度为 1/1000～1/500s，表现流动感时使用 1/15～1/4s，追拍时可使用 1/15 或 1/30s。

练习 2：寂静感的表现。

被摄体：自然风光。

要求：摄影者自身要宁静安稳，选择最佳的拍摄时间和天气，选择稳定简洁且容易传达静感的构图方式。

建议：拍摄时间最好在黎明、傍晚、明月夜、雨天、雾天、雪天等；选择对称、三角形等增加寂静感，构图要横平竖直，不能有倾斜以强调集中感和稳定感；使用三脚架。

练习 3：感情的表现。

被摄体：人、动物的脸部特写与身体（动作的瞬间抓拍）。

要求：掌握最佳快门时机，做到与被摄人或动物心感相通，除脸部外也要注意其他肢体的表现与主题相吻合，注意构图的各个细节。

建议：先从身边的人特别是孩子和宠物开始练习，平时多多注意他们（它们）的喜怒哀乐，并找出有趣的特点，然后利用望远镜头在被摄人或动物不注意的时候抓拍。开始练习时尽量使用自动模式。

项目自测

一、填空题

1．在物距不变的情况下，透镜焦距的长短与成像的大小成________；在焦距不变的情况下，物距大小与成像大小成________。

2．根据镜头焦距的大小，镜头可分为________、________、________、________等。

3．光圈系数从 f2.8 变化到 f22，中间各级光圈的系数分别是________。

4．光圈系数值越大，光圈越________，通光量越________。

5．影响景深的因素有________、________、________。

6．某一环境下拍摄数据用 f5.6 光圈、1/250s 快门速度、曝光准确，如改为 f11 的光圈，则快门速度应改为________。

7．色光的三原色是红、________、蓝。

8．大口径镜头的优点可归纳为 3 点；便于在暗弱光线下拍摄，便于摄取较小的景深，便于使用________速度。

9．相机聚焦装置的作用是使景物在感光器上________。

10．镜头的种类主要包括标准镜头、广角镜头、________镜头等。

11．遮光罩是________前边的一个附件。

12．焦距________，视角________。

13．快门的主要作用是________。

14．CCD 或 CMOS 是数字相机的________。

15．快门速度优先模式用________来表示。

16．光圈越大，景深越________；光圈越小，景深越________。

17．f/4.0 光圈比 f/5.6 光圈大________级光圈。

18．135 单镜头反光相机主要由________和________两部分组成。

19．前景深________后景深。

20．摄影光源有________和________两种。

21．焦距短，视角________；焦距长，视角________。

22．光圈与景深成反比，光圈大，________；光圈小，________。

23．曝光对影像质量的影响主要表现在影像的密度、影像的清晰度与影像的________。

24．照相机速度调节盘上的 A 挡，是________自动曝光模式挡。

25．照相机主要的附件有________、________、________、________等。

26．手动对焦镜头用________表示。

27．AF 镜头是________对焦镜头。

28．广角镜头焦距________，望远镜头焦距________。

29．感光度标志的国际标准用________表示。

30．防紫外线滤色镜是________镜。

31．在不更换镜头的情况下改变焦距的镜头称为________。

32．相机速度调节盘上的 M 挡，是________曝光模式挡。

33．光圈系数越大，光孔口径________。

34．f/8.0 光圈比 f/5.6 光圈小________级光圈。

35．变焦镜头的优越性是________、________、________。

36．数字相机的存储卡有________、________、________、________、________卡。

37．光圈的作用是________、________、________、________。

38．在光圈不变，物距不变的情况下，镜头________越短，景深越大；________越长，景深越小。

二、选择题

1．对景深没有影响的是（　　）。

A．光圈　B．焦距　C．物距　D．快门

2．关于景深与焦深的说法正确的是（　　）。

A．都用以说明某种镜头可以结成相当清晰影像的物方和像方的纵深范围

B．景深大，焦深也大

C．景深小，焦深也小

D．以上都对

3．要获得较小的景深，使用自动曝光模式最好选择（　　）。

A．快门优先模式　B．自动多级曝光模式

C．程序控制模式　D．光圈优先模式

4．下列说法错误的是（　　）。

A．在拍摄逆光、侧逆光或者顶光的近景人物照片时常用闪光灯补光

B．烛光作为摄影光源会表现出来暖暖的红色基调

C．闪光灯不可以在晴天的时候使用

D．要表现晶莹的露珠，用逆光照明比较好

5．数码照相机中的白平衡作用是（　　）。

A．适应光源的色温变化　B．准确曝光

C．数码照相机对焦清晰　D．使色彩艳丽

6．数码照相机的液晶显示器可以（　　）。

A．做取景器　B．进行拍摄效果的回放

C．进行各种信息的显示　D．以上都对

7．135 相机的广角镜头的焦距是（　　）。

A．50mm　B．105mm　C．28mm　D．35mm

8．引起影像景深大小变化的因素是（　　）。

A．拍摄距离的变化　B．镜头焦距的变化　C．光圈孔径的变化

9．人眼看到的五彩缤纷的世界，均是由三原色组成的，三原色是（　　）。

A．红，黄，蓝　B．黄，品，青　C．红，绿，蓝　D．红，橙，黄

10．液晶显示屏英文缩写是（　　）。

A．COMS　B．CCD　C．LCD　D．MC

11．若 f/2 的光束直径为 50mm，则 f/4 的光束直径为（　　）。

A．100mm　B．7.5mm　C．25mm　D．17mm

12．拍摄剪影要以（　　）曝光为基准。

A．主体　B．前景　C．背景

13．夸大前景时，要用（　　）镜头。
A．标准　B．中焦　C．中长焦　D．超广角
14．成像最好的光圈是（　　）光圈。
A．大　B．中　C．小　D．最小
15．下列光圈最大的是（　　）。
A．f/1.2　B．f/5.6　C．f/8　D．f/16
16．光圈 f/16 比 f/8 少（　　）级曝光。
A．2　B．4　C．6　D． 1
17．镜头焦距越长，视角越（　　）。
A．大　B．小　C．不变
18．镜头口径越大，通光量越（　　）。
A．大　B．小
19．单反照相机的英文标识是（　　）。
A．SLR　B．TLR
20．Tv 是（　　）优先曝光模式。
A．光圈　B．快门速度　C．景深　D．包围式曝光
21．135 相机焦距是 500mm 的镜头是（　　）镜头。
A．广角　B．标准　C．中长焦　D．长焦
22．用 135 相机拍人像最好用（　　）mm 的镜头。
A．17～35　B．28～70　C．105～135　D．200～300
23．光圈优先曝光模式是（　　）。
A．MC　B．Tv　C．Av　D．S
24．想要取得前后都清晰的大景深照片应选用（　　）。
A．大光圈　B．小光圈　C．广角镜头　D．长焦镜头
25．想要取得小景深的照片应选用（　　）。
A．大光圈　B．小光圈　C．广角镜头　D．长焦镜头
26．用 135 相机拍摄标准人像最好选用（　　）镜头。
A．50mm　B．28mm　C．105~135mm
27．“决定瞬间”是（　　）提出的。
A．布列松　B．亚当斯　C．卡帕　D．吴印咸
28．能使主体产生轮廓光的是（　　）。
A．逆光　B．侧光　C．顺光　D．前侧光
29．拍摄角度越（　　），主体离画面的地平线越高。
A．低　B．高
30．光圈越（　　），曝光量越大。
A．大　B．小
31．135 相机标准镜头的视角是（　　）。
A．46 度　B．90 度　C．120 度　D．24 度
32．变焦倍率越大，成像质量越（　　）。
A．差　B．好

33．135 相机焦距是 20mm 的镜头是（　　）镜头。

A．超广角　　B．标准　　C．中焦　　D．广角

三、名词解释

1．焦距　　2．光圈　　3．景深
4．快门速度　　5．感光度　　6．景深

四、简答题

1．什么是感光元件？常用的感光元件有哪几种？它们各有什么优缺点？

2．光圈数值用什么来表示？光圈的数值大小与进光量有什么关系？常用的光圈的数值有哪些？

3．快门速度的数字大小与曝光时间长短有什么关系？

4．什么是安全快门？对于不同画幅的数码照相机和镜头，安全快门怎样计算？

5．简述光圈大小与曝光量、画面的景深和画质的关系。

6．如果说绘画是加法的艺术，那么摄影就是减法的艺术。请谈谈摄影构图中实现减法的手段有哪些。

7．如何拍出精彩的照片？

8．在体育摄影中运用高速连拍有什么意义？如果想把选手运动的速度感在画面中表现得淋漓尽致，摄影师可以采用追随摄影的拍摄手法。请说出追随摄影技法的要点。

9．在风光题材的拍摄中，被称为黄金时段指什么时间？水景拍摄如何拍摄出流动的丝绸效果？

10．构图有哪些方法？分别具有什么样的特点？

项目小结

1）DC、DV 由镜头、感光元件和影像处理器构成。其工作原理就是光-电-数字信号的转换与传输，即通过感光元件将光信号转换成电流，再将模拟电信号转换成数字信号，由专门的芯片进行处理和过滤后得到的信息还原后就是我们看到的画面。

2）DC、DV 常用的配件有存储器、镜头及附加镜、闪光灯、三脚架和遮光罩、读卡器、电池等。

3）相机设定的 3 个重要的参数是光圈、快门、感光度。

4）相机的常用拍摄模式有全自动曝光模式、光圈优先曝光模式、快门优先曝光模式、手动曝光模式等。

项目 2

数码照片的后期处理

1. 项目概述

家庭计算机的普及和种类繁多的图形图像处理软件使越来越多的人喜欢对拍摄的数码照片进行后期处理，尽显个性创意的张扬和涂鸦的乐趣。那么如何操作软件，制作出自己满意的作品呢？本项目使用 Photoshop CS3 来介绍一些常用的数码照片处理技巧。

2. 项目目标

知识目标

1）掌握 Photoshop CS3 基本工具的使用方法。

2）学会几种常用的抠图方法。

3）掌握色彩、图层、文本通道的概念及调整方法。

技能目标

1）根据素材及要求，进行抠图及图片合成操作。

2）利用色彩调整基本方法，进行上色、偏色、校色等基本操作。

3）学会证件照片的排版与打印。

3. 主要任务及学时分配

项目的主要任务、任务要求及学时安排如表 2-1 所示。

表 2-1 任务内容及要求

项　目	主要任务	内容要求	建议学时
数码照片的后期处理	数码照片的合成	1）能熟练操作 Photoshop 基本工具和控制面板。 2）掌握 Photoshop 抠图的基本的基本技法。 3）会使用 Photoshop 中 knockout 进行抠图。 4）会照片拼接、修补和分身合成。 5）上机进行数码照片的合成练习	8
	制作精美 PPT 模板	1）掌握图层的应用。 2）能进行文字的插入、属性修改。 3）掌握图像色彩调整的基本方法。 4）上机制作精美 PPT 模板	4

续表

项　目	主要任务	内容要求	建议学时
数码照片的后期处理	制作精美画框	掌握裁切和变形工具的使用，以及浮雕效果制作的方法和步骤，提高对美的鉴赏能力	4
	给老照片上色	1）掌握通道的应用和颜色模式的更改。 2）上机练习给老照片上色	4
	数码照片的后期处理	1）调整倾斜图片。 2）调整曝光不足和曝光过度的照片。 3）美白人物。 4）突出主体、虚化背景。 5）牙齿美白和闭眼修改。 6）为人物换衣服	4
	1寸、2寸免冠照片的排版与打印	1）了解标准工作照的尺寸标准。 2）能进行版面设计与排版	2

4．验收标准

项目完成后，可按如表2-2所示的项目验收表进行验收。

表2-2　项目验收表

学期：　　　　班级：　　　　考核日期：　年　月　日

项目名称			数码照片的后期处理	项目承接人					
考核内容及分值				项目分值	自我评价	小组评价	教师评价	企业评价	综合评价
专业能力（80%）	工作准备的质量评估	知识准备	1）能熟练操作Photoshop CS3软件。 2）能根据合成要求，选择合适的抠图方法，完成抠图。 3）能对选区和图层进行基本操作。 4）在软件中添加文本，并进行文本调整。 5）能进行图层的叠加与调整。 6）能将做好的模板背景图片导入到PPT中。 7）能正确应用滤镜，进行参数设置。 8）能创建图层蒙版，并在蒙版区进行编辑。 9）能熟练操作画笔工具，并能导入和应用新的画笔。 10）会添加图层样式。 11）能修改通道的颜色模式。 12）能根据已给图片进行图片色彩调整。 13）根据给出的老照片，进行必要的去斑、去坏点修补。 14）熟知常用证件照片的尺寸和相纸尺寸。 15）能进行操作动作录制并设置快捷键。 16）能进行证件照片的批量排版	20					

续表

<table>
<tr><td colspan="3">项 目 名 称</td><td>数码照片的后期处理</td><td colspan="6">项目承接人</td></tr>
<tr><td colspan="4">考核内容及分值</td><td>项目分值</td><td>自我评价</td><td>小组评价</td><td>教师评价</td><td>企业评价</td><td>综合评价</td></tr>
<tr><td rowspan="8">专业能力（80%）</td><td>工作准备的质量评估</td><td>工作准备</td><td>1）软件的安装与注册。
2）知识储备是否充足，渠道是否多元化。
3）工作周围环境布置是否合理、安全</td><td>10</td><td></td><td></td><td></td><td></td><td></td></tr>
<tr><td rowspan="6">工作过程各个环节的质量评估</td><td>数码照片的合成</td><td>1）能够正确领会任务内容。
2）思路是否清晰，顺序是否正确。
3）快捷键应用是否准确快速。
4）根据设计要求完成合成效果图，并输出指定格式</td><td>5</td><td></td><td></td><td></td><td></td><td></td></tr>
<tr><td>制作精美的 PPT 模板</td><td>1）能够正确领会任务内容。
2）软件操作熟练快速。
3）能动手合成契合主题的 PPT 背景模板</td><td>5</td><td></td><td></td><td></td><td></td><td></td></tr>
<tr><td>制作精美画框</td><td>1）会使用图层模板进行编辑。
2）会添加图层样式并进行参数更改。
3）会制作两种以上不同风格的画框</td><td>5</td><td></td><td></td><td></td><td></td><td></td></tr>
<tr><td>给老照片上色</td><td>1）掌握几种色彩校正和调整的方法。
2）能修补破旧老照片并上色成彩色照片</td><td>5</td><td></td><td></td><td></td><td></td><td></td></tr>
<tr><td>数码照片的后期处理</td><td>1）能对倾斜的照片进行构图调整。
2）能调整曝光不足或曝光过度的照片。
3）能对图片进行主体突出、背景虚化效果操作。
4）能进行牙齿美白、皮肤美白、上唇彩等效果操作</td><td>5</td><td></td><td></td><td></td><td></td><td></td></tr>
<tr><td>证件照片的排版与打印</td><td>1）能进行动作录制。
2）能进行证件照的批量排版</td><td>5</td><td></td><td></td><td></td><td></td><td></td></tr>
<tr><td>工作成果的质量评估</td><td colspan="2">1）任务是否达到设计要求。
2）整体效果是否美观。
3）其他物品是否在工作中遭受损坏。
4）环境是否整洁干净</td><td>20</td><td></td><td></td><td></td><td></td><td></td></tr>
<tr><td rowspan="4">综合能力（20%）</td><td>信息收集能力</td><td colspan="2">基础理论、收集和处理信息的能力；独立分析和思考问题的能力</td><td>5</td><td></td><td></td><td></td><td></td><td></td></tr>
<tr><td>交流沟通能力</td><td colspan="2">向教师咨询时的表达能力；与同学的沟通协商能力</td><td>5</td><td></td><td></td><td></td><td></td><td></td></tr>
<tr><td>分析问题能力</td><td colspan="2">任务完成的基本思路、基本方法研讨；
工作过程中的创新意识</td><td>5</td><td></td><td></td><td></td><td></td><td></td></tr>
<tr><td>团结协作能力</td><td colspan="2">小组中分工协作、团结合作能力</td><td>5</td><td></td><td></td><td></td><td></td><td></td></tr>
<tr><td colspan="4">总 评</td><td>100</td><td></td><td></td><td></td><td></td><td></td></tr>
<tr><td colspan="3">承接人签字</td><td>小组长签字</td><td colspan="3">教师签字</td><td colspan="3">企业代表签字</td></tr>
<tr><td colspan="3"></td><td></td><td colspan="3"></td><td colspan="3"></td></tr>
</table>

任务1 数码照片的合成

 知识链接1 Photoshop基本工具和控制面板的使用

Photoshop是Adobe公司开发的图形图像处理软件，该软件功能强大、使用范围广，是世界标准的图像编辑解决软件。Photoshop因其友好的工作界面、强大的图像处理功能、灵活的可扩充性，已成为专业美工、摄影师、平面广告从业人员、电子出版商等必备的工具，被广大计算机爱好者青睐。

1. Photoshop CS3软件界面

1）软件启动方式

方法一：双击桌面图标。

方法二：执行“开始”/“程序”/“Photoshop CS3”命令，进入如图2-1所示界面。

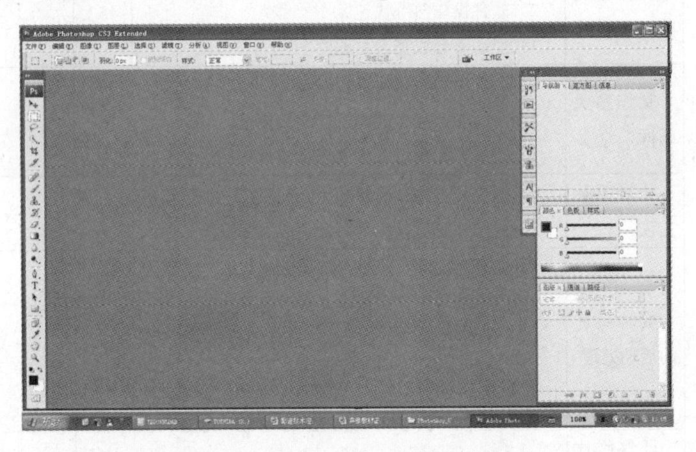

图2-1 Photoshop CS3初始界面

2）认识Photoshop CS3操作界面

所有的图像处理操作都是在界面中完成的。启动Photoshop CS3，执行“文件”/“打开”命令，打开一张照片，进入操作界面，如图2-2所示。熟悉操作界面并了解各个设置栏的功能，是熟练使用Photoshop CS3的前提。

图2-2 Photoshop CS3操作界面

下面就 Photoshop CS3 操作界面的各部分的功能做简单介绍。

（1）菜单栏：菜单栏位于窗口的上方，共包含 9 个菜单，分别是“文件”“编辑”“图像”“图层”“选择”“滤镜”“分析”“视图”“窗口”“帮助”，利用菜单命令可完成对图像的编辑、调整色彩和添加滤镜等操作。

（2）工具箱：默认位于窗口左侧（可长单条和短双条显示），工具箱共有 22 组工具，涵盖了选区制作工具、绘图修图工具、颜色设置工具、控制工作模式和画面显示模式工具等。其可完成绘图、图像编辑等各种操作。凡工具右下角有黑色三角符号表示具有能弹出式的扩展工具，可右击或长按左键展开扩展工具。所有工具的名称如图 2-3 所示。

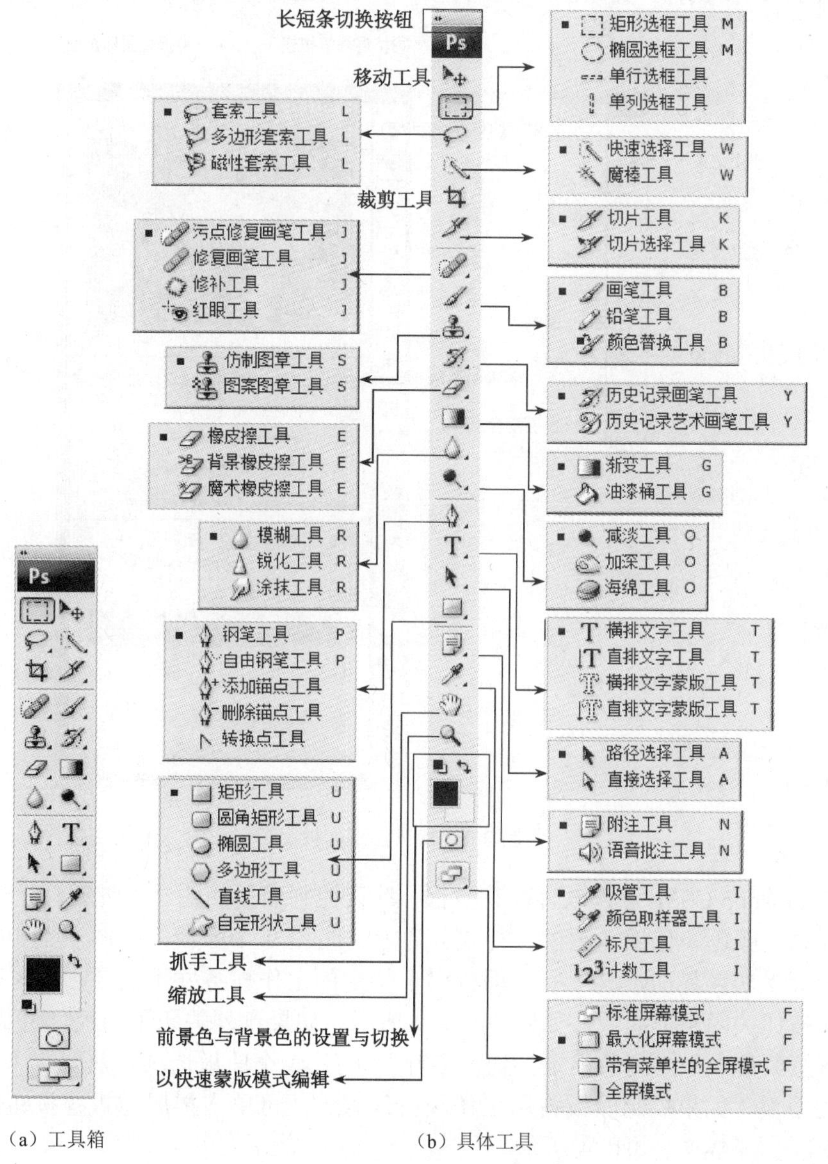

（a）工具箱　　（b）具体工具

图 2-3　工具箱中的具体工具

（3）工具属性栏：位于菜单栏下方，是工具箱各个工具的功能扩展，通过在工具属性栏中设置不同的选项及参数，可快速完成多样化的操作。

（4）控制面板：默认状态下，位于界面右侧。控制面板是 Photoshop 的主要组成部分。

通过不同的功能面板，可以控制图像的颜色、样式等，还可以观察图像的图层、历史记录、路径、动作等相关操作。

（5）文件状态栏：显示当前文件的比例、文件大小等。

3）控制面板的调整与保存

用户可以依据自己的操作习惯和需要自定义工作区，并存储更改的控制面板，以备再次使用，从而有效提高工作效率。

（1）控制面板的调整：如果对已保存的工作区不满意，可恢复默认的工作区，即恢复默认启动界面的布局，执行“窗口”/“工作区”/“默认工作区”命令即可。

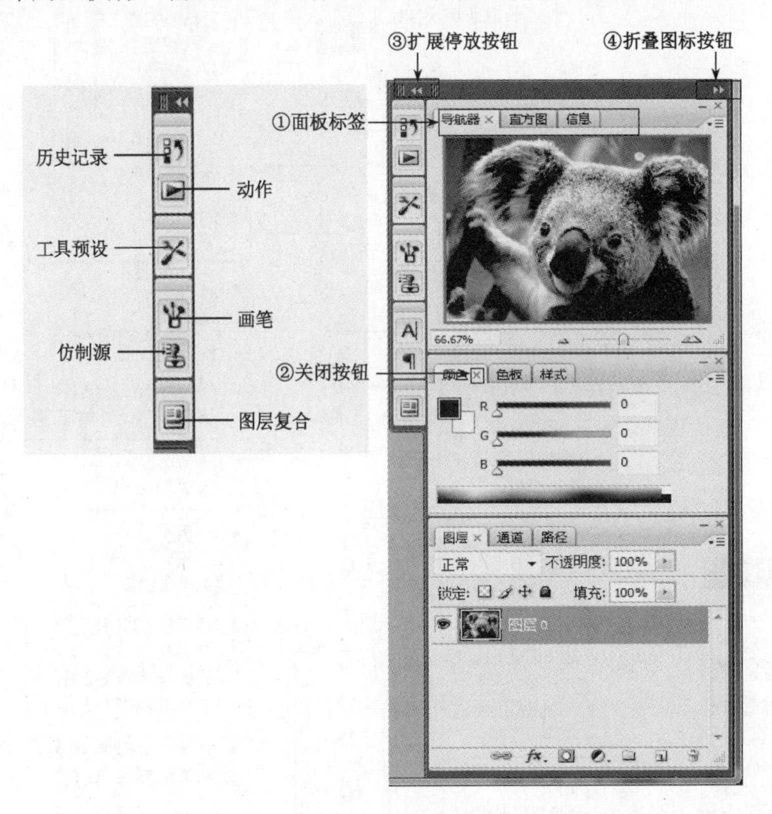

图 2-4 默认控制面板

启动 Photoshop CS3，进入软件默认界面，默认控制面板如图 2-4 所示，出现了导航器、直方图、信息、颜色、色板、图层、样式、通道、路径 9 个面板，如图 2-4 中①所示，可以通过面板标签切换界面，其中有些面板对于特定的工作任务并不需要，此时可通过单击面板的关闭按钮关闭当前面板，如图 2-4 中②所示。如果意外关闭了面板，可执行“窗口”命令，其下拉菜单中从“测量记录”到“字符”共有 21 个面板选项，前面有“√”表示为当前显示的面板，如果控制面板占用工作区窗口太大，可单击扩展与折叠按钮停放或者隐藏控制面板，如图 2-4 中③和④所示。

通过拖动标签，使其变成半透明色，即可将其拖动到合适的位置，有利于界面的重新整合布局和自定义。

（2）自定义工作区：根据需要在窗口中排列所需的面板布局，执行“窗口”/“工作区”/“存储工作区”命令，在弹出的对话框中输入工作区名称，单击“存储”或者按 Enter 键即可保存工作区。

要使用已定义的工作区，可执行“窗口”/“工作区”/已保存的工作区名称。

4）隐藏工具箱及面板

处理图片时，为了在编辑过程中查看整体效果，可以将工具箱、面板和工具属性栏进行隐藏，按 Tab 键可实现此种转化。此外，按快捷键 Shift+Tab，可以单独对控制面板进行隐藏控制。

2. Photoshop 的基本操作

1）文件基本操作

（1）新建文件：执行“文件”/“新建”命令或者按快捷键 Ctrl+N，弹出如图 2-5 所示的“新建”对话框。修改设置参数后，单击“确定”按钮或直接按 Enter 键，即可以新建一个文件。

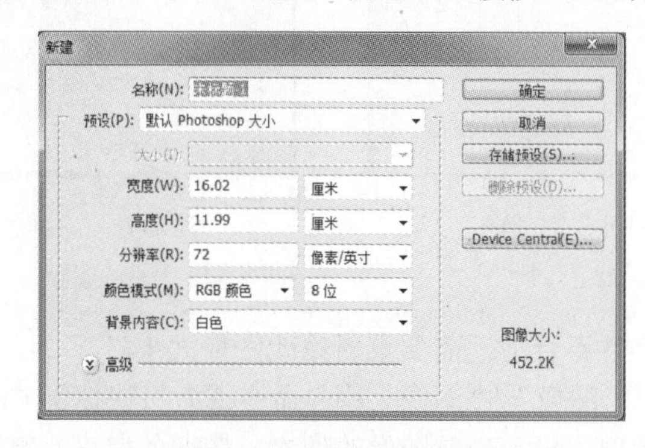

图 2-5　“新建”对话框

在参数设置中，宽度和高度指图像沿图像的横向和纵向测量出的大小，基本单位有厘米、像素、英寸、毫米等。高度与宽度相乘即为新建图像的大小；分辨率基本单位有像素/英寸和像素/厘米两种，分辨率越高，图像越清晰，文件所占的内存也越大。背景内容为新建图像的底色，有白色、背景色和透明 3 种，其中透明为灰白的棋盘格状。

（2）打开文件：文件打开方式有多种，执行“文件”/“打开”命令；按快捷键 Ctrl+O；双击 Photoshop 工作区，弹出如图 2-6 所示的“打开”对话框，在“查找范围”下拉列表中，选择图像存放的位置；在“文件类型”下拉列表中选择要打开的图像文件格式，如果选择“所有格式”选项，那么所有格式的文件都会显示在对话框中。双击要打开的文件或者单击“打开”按钮，即可打开图像。

如果要一次打开多个连续文件，可以单击第一个文件，然后按住 Shift 键，再单击要打开的最后一个文件；如果要打开多个不连续文件，可按住 Ctrl 键，单击要打开的文件，这和 Windows 的基本操作是一样的。

（3）保存文件：对图像文件的任何编辑处理操作都应及时保存，以免丢失和再处理。

第一次存储文件时，可执行“文件”/“存储”命令或者按快捷键 Ctrl+S，弹出如图 2-7 所示的“存储为”对话框。在对话框中设置保存文件的名称、保存位置以及保存格式等。执行“文件”/“存储为”命令或者按快捷键 Ctrl+Shift+S，也可以弹出“存储为”对话框，根据需要可将文件存储在不同位置或不同格式等。

（4）关闭文件：在 Photoshop CS3 中，对图像进行处理保存以后，可以放心地将其关闭。执行“文件”/“关闭”命令或者按快捷键 Ctrl+W 或者直接单击窗口右上角的“关闭”按钮，都可以关闭文件。用户也可以按快捷键 Ctrl+F4，关闭当前窗口。如果用户打开了多个窗口，想把它们全部关闭，可执行“文件”/“全部关闭”命令或者按快捷键 Alt+Ctrl+W。而按快捷键 Ctrl+Q，既可以关闭文件，又可以关闭程序。

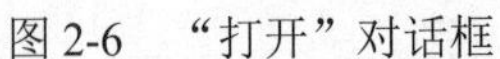
图 2-6 “打开”对话框

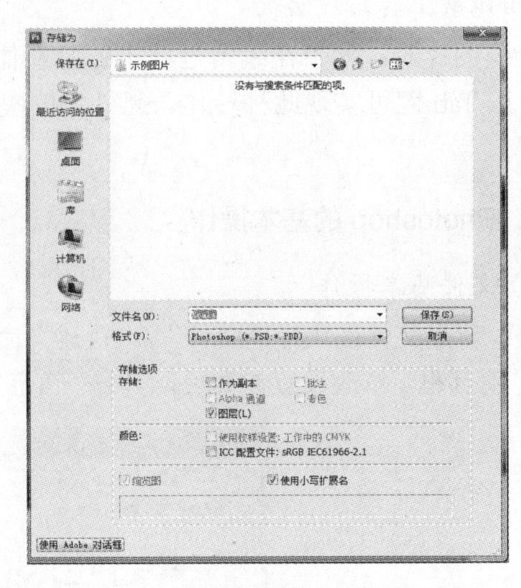

图 2-7 “存储为”对话框

2）调整图像大小

通常原有图像的大小并不合适，需要重新修改图像大小。

打开一张图片，执行“图像”/“图像大小”命令或者按快捷键 Ctrl+Alt+I，弹出如图 2-8 所示的“图像大小”对话框，显示当前图像的像素，图像的宽度、高度和分辨率等。当勾选“约束比例”复选框时，任意更改一项设置，其余设置也会随之改变。这样右侧会出现曲别针式样的连接符号。如果改变比例设置，则可勾选“约束比例”复选框。只有勾选“约束比例”复选框，“缩放样式”复选框才可选，它指的是图层样式的效果会随着图像大小的缩放而调节。当勾选“重定图像像素”复选框时，可以改变图像的大小。无论变大变小都需要系统采用一定的算法，如图 2-8 中①所示。变小图像，就是减少图像中的像素数量；变大图像，或者提高文档分辨率，即增加图像中的像素数量。

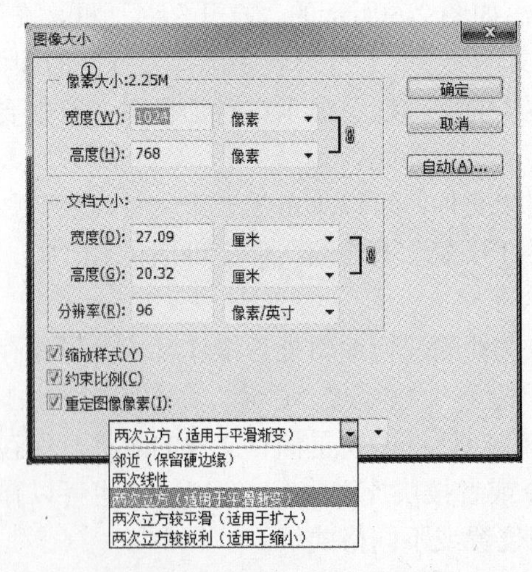

图 2-8 “图像大小”对话框

3）调整图像显示大小

熟练快捷更改图像的显示比例是熟练操作 Photoshop 的基本技能，可以通过窗口中的快捷按钮、工具箱缩放工具等进行调整。

方法一：使用缩放工具。

单击工具箱中的缩放工具进行调节，在图像上单击可将图像放大，此时光标显示为，若同时按住 Alt 键，则在图像上单击可将图像缩小，此时光标显示为，释放 Alt 键，光标会变成；同时工具属性工具栏中的、按钮也可以快速放大或缩小图像。每单击一次，图像就会相应地放大或缩小一倍。单击工具箱中的缩放工具，在需要缩放的图像上用左键拖动选择出缩放区域以填满图像窗口，从而达到放大局部图像的效果。

方法二：使用“导航器”面板。

“导航器”面板如图 2-9 所示，单击面板右下方的“放大”按钮和“缩小”按钮，如图 2-9 中①和②所示，可以逐渐放大或缩小图像；拖动“缩放”滑块，如图 2-9 中③所示，可以自由调整图像的比例；以上操作都会影响左下角的缩放比例框中的数值，如图 2-9 中④所示，也可直接在此例框中输入数值并按 Enter 键调整图像比例。

无论何种操作，当达到一定的放大比例，鼠标在“导航器”面板中出现标志时，如图 2-9 中⑤所示，拖动鼠标可以随意移动红色矩形框，从而放大任何想要的局部图像。

方法三：使用菜单命令和快捷键。

执行“视图”/“放大”命令或“视图”/“缩小”命令，可以和缩放工具起到相同的操作效果，如图 2-10 所示。

图 2-9 “导航器”面板

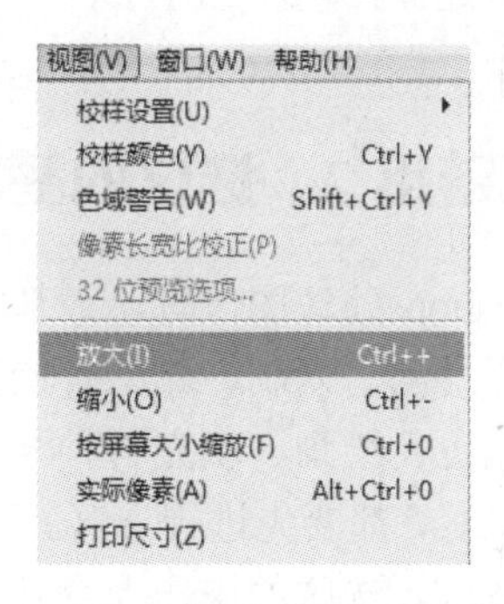

图 2-10 “视图”菜单中的比例显示

常用的“缩放”快捷键如下。

放大：Ctrl++。

缩小：Ctrl+−。

放大到屏幕尺寸：Ctrl+0。

实际像素比例显示（100%）：Alt+Ctrl+0。

快速切换到放大镜工具：Ctrl+Space。

快速切换到缩小镜工具：Alt+Ctrl+Space。

4）撤销与还原

当对图像的操作结果不满意时，经常会使用还原与重做操作，下面是几种常用的方法。

方法一：使用菜单命令。

当对某一步操作不满意时，执行“编辑”/“还原状态更改”命令，如图 2-11（a）所示，即可退回上一步操作状态，如需要反复对比执行某一步骤的效果，则再次执行上面命令，此时“还原状态更改”命令变成“重做状态更改”命令，如图 2-11（b）所示。此时，可重做还原动作，这是一步死循环。

如果需要逐步还原操作步骤，则执行“编辑”/“后退一步”命令；如果需要逐步重做步骤，则执行“编辑”/“前进一步”命令。

（a）还原状态更改　　（b）重做状态更改

图 2-11　【编辑】菜单“还原”和“重做”操作

方法二：使用“历史记录”面板。

执行“窗口”/“历史记录”命令可以弹出“历史记录”面板，如图 2-12 所示，在该面板上可以实现方法一中同样的操作，并且可以更加直观地找到需要还原或者重做的步骤，系统默认最多恢复 20 次。只需单击任意要恢复的操作名称的灰色长条部分，使之成为蓝色选中状态，系统就会退回该操作。

方法三：使用快捷键。

一步还原与重做：Ctrl+Z。

连续多步还原：Alt+ Ctrl+Z。

连续多步重做：Shift+ Ctrl+Z。

图 2-12　“历史记录”面板

知识链接 2　选区的基本操作

用 Photoshop 处理图像时，最基本的操作就是指定操作的图像范围，不论是要对图像的某一区域进行移动、复制、删除等操作，还是要对该区域进行缩放、旋转、扭变形等操作，或对其进行填色、绘画、填充各种渐变、图案、材质等操作，或对该区进行色彩调整、应用特技效果滤镜等，都要先进行选区。无论采用什么方法建立选区，都会出现高亮闪烁的虚线，虚线内即为选区。选区的操作命令几乎都在“选择”菜单中。

1. 选区的基本操作

选区的快捷键如下。

全部选择：Ctrl+A。

取消选择：Ctrl+D。

重新选择：Shift+Ctrl+D。

选区复制与粘贴：Ctrl+C 和 Ctrl+V。

反向（选择当前选区以外的区域）：Shift+Ctrl+I。

自由变换选区：Ctrl+T，出现 8 个节点的方框，拖动鼠标可进行缩放或旋转操作，结束时按 Enter 键确认，退出按 Esc 键。

2．选区的修改

对选区的修改，可执行“选择”/“修改”命令，子菜单中有 5 个选项：边界、平滑、扩展、收缩和羽化，如图 2-13 所示。

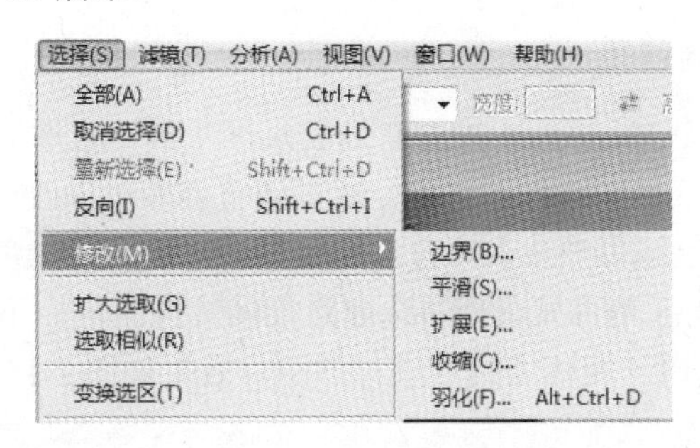

图 2-13　选区修改

（1）边界：通过设置边界宽度值，可在原选区基础上，向外生成环状选区。如果想将它变为边框，可执行“编辑”→“描边”命令，在弹出的描边设置面板中设置描边大小。

（2）平滑：在弹出的对话框中设置取样半径，可将原选区的轮廓修改的平滑一些。

（3）扩展：在弹出的对话框中设置扩展数值，可将原有的选区扩大。

（4）收缩：收缩与扩展操作相对，在弹出的对话框中设置收缩数值，可缩小原有选区。

（5）羽化：对选区羽化的目的是消除选择区域边界的生硬，使其柔化，选区边界产生过渡区域，可在“羽化”对话框中设置羽化半径，其取值为 0～255，羽化值越大，产生的羽化效果越明显。羽化命令的快捷键是 Alt+Ctrl+D。

3．扩大选区和选取像素

它们的选择范围由“容差”来控制。“扩大选取”命令只作用于相邻像素，“选取像素”命令则针对图像中所有颜色相近的像素。

移动工具主要用来将选区、图层、整幅图像移动到新位置，可将选区图像在当前位置移动，也可将其移动到另一图像中。Alt+拖动可在移动时复制，Shift+移动可按 45 度角移动选区。用移动工具拖动可以节省内存，因为不使用剪贴板。

【注意】两个文件的分辨率不同时，移动粘贴的图像大小会变化。

知识链接 3　Photoshop 抠图的基本技巧

抠图指的是把图片或影像的某一部分从原始图片或影像中分离出来，使之成为单独的图层，即对图像做选区或者去底。Photoshop 很多操作都基于选区。建立相应选区是后续图像处理的重要基础。下面介绍几种不同的抠图技巧。

1．使用规则选框工具

规则选框工具是工具箱的第一个工具，是最基本的选区制作工具，它能提供“矩形选框工具”、“椭圆选框工具”、“单行选框工具”、“单列选框工具”。

基本操作：选择任一工具，鼠标指针放在工作区中，会出现十字形光标，按住鼠标左键不放，拖动，在终点释放左键，会形成相应的选区。

特殊选区的操作：选择“矩形选框工具”或“椭圆选框工具”，按Shift键并拖动会创建正方形或正圆形的选区，按 Alt 键并拖动会创建以起点为中心的矩形或椭圆的选区，按Shift+Alt键并拖动会创建以起点为中心的正方形或正圆形。

2．使用魔棒工具更换背景

魔棒工具操作简单，是Photoshop中强有力的选区工具，它选取图像中的某一点，并将与这一点颜色相同或相近的点自动选入选区内。通过调整容差可以改变其精确度：容差越大选取范围越广，与之相近的颜色都可被选入。容差为包容到选区中的颜色的最大相差量。通过勾选“连续”复选框，来决定选区是否只选择与选取点连续的像素区。下面以一副图像为实例，如图2-14所示，说明如何使用“魔棒工具”进行抠图。效果如图2-15所示，背景变成透明色。

图2-14 “魔棒工具”抠图素材

图2-15 “魔棒工具”抠图效果

操作步骤

Step 1：在Photoshop中打开素材图片。

Step 2：选择工具箱中的魔棒工具，在相应工具属性栏中单击“添加到选区”按钮，并设置容差为“150”（经验值，可从小至大逐渐增大，观察效果对比），勾选“消除锯齿”和“连续”复选框，如图2-16所示。

图2-16 魔棒工具属性栏

Step 3：将鼠标指针移动到图像中，在背景中连续单击，直至得到如图2-17所示效果。此时将主体“海星”以外的背景全部选中。

Step 4：按快捷键Ctrl+Shift+I反选，即选中主体“海星”部分选区，如图2-18所示，按快捷键Ctrl+C复制，按快捷键Ctrl+V粘贴，系统会自动显示新图层，背景色为透明，效果如图2-15所示。

【注意】直接用容差150点选主体“海星”，可直接将海星选取出来。

图 2-17　背景选区

图 2-18　主体选区

3．使用套索工具抠图

“套索工具”是一个工具组，包含“套索工具”、“多边形套索工具”、“磁性套索工具”，如图 2-19 所示。

图 2-19　套索工具组

套索工具通过按住鼠标左键拖动的方式使起点到终点重合（起点和终点要重合时会出现一个小圆圈）形成闭合选区。

多边形套索工具使用非常简单，在起点处单击，在下一个拐点再次单击，直至形成一个闭合的多边形，适合比较规则的、棱角比较分明的待选区。

磁性套索工具应用最广，可以快速选择与背景对比强烈且边缘较为复杂的对象，最终会形成一个封闭的选区。下面以实例讲述“磁性套索工具”抠图的方法及过程。图 2-20（a）所示为素材原图。

选择磁性套索工具，将其移动到图像上，出现磁性套索工具的图标，沿着坐着的小和尚的轮廓小心地移动鼠标指针，产生的套索会自动附着到图像中小和尚周围，并且每隔一段距离会有一个方形的定位点产生。如果发现套索偏离了轮廓，则可以使用按 Delete 键操作几次，直到重新附着在轮廓上；如果不能自动附着，可单击人为确定定位点。当套索环游一周回到最初确定的定点时，磁性套索图标附近会出现小圆圈，此时单击，则圈出的选区就会出现，如图 2-20（b）所示，复制粘贴图像，如图 2-20（c）所示。

（a）素材图

（b）套索轮廓

（c）粘贴图像

图 2-20　磁性套索工具抠图

【技巧】Space 键可在线不断的情况下使套索工具临时变为抓手工具，在图像处于放大状态时，快速移动图像；按 Ctrl + +或 Ctrl +-快捷键可随时放大或缩小图像。

4. 使用背景橡皮擦工具抠图

橡皮工具组如图 2-21 所示。大家自然而然地想到它们的擦除功能，其实背景橡皮也可以实现抠图的功能。当图像前景与需要被擦去的背景存在颜色上的明显差异时，可以考虑使用背景橡皮擦工具抠图。

图 2-22 中①为背景橡皮擦图标；②为背景橡皮擦在图像上显示的笔头尺寸；③为连续取样，鼠标拖动到哪里就擦到哪里，经常被用来擦去背景中颜色相近的区域；④为一次取样，意味着仅仅擦除与按下鼠标左键时所在位置颜色相近的区域；⑤为背景色板取样，意味着只擦除颜色与当前背景色相近的区域；⑥为限制类型，有连续、不连续和查找边缘 3 种选择；⑦为容差，其作用与魔术棒工具的“容差”参数非常类似；⑧为保护前景色，勾选该复选框后可防止擦除与前景色匹配的区域。

图 2-21　橡皮擦工具组

图 2-22　背景橡皮擦工具属性栏

下面以实例讲解如何运用橡皮擦来抠图，素材如图 2-23 所示。效果如图 2-24 所示。

图 2-23　“背景橡皮擦”抠图原图

图 2-24　“背景橡皮擦”抠图效果图

操作步骤

Step 1：在 Photoshop 中打开素材图，选择吸管工具，在头发的末梢单击，此时前景色变为如图 2-25 所示的颜色，以同样的方法设置背景色，单击“设置背景色”按钮，弹出如图 2-26 所示的“拾色器（背景色）”对话框，用吸管工具在背景上单击，单击“确定”按钮，背景色即设置完毕。

Step 2：选择背景橡皮擦工具，其属性设置如图 2-22 所示，勾选“保护前景色”复选框，保持刚才设置的前景色和背景色，在图像上随意涂抹，最终效果如图 2-24 所示。

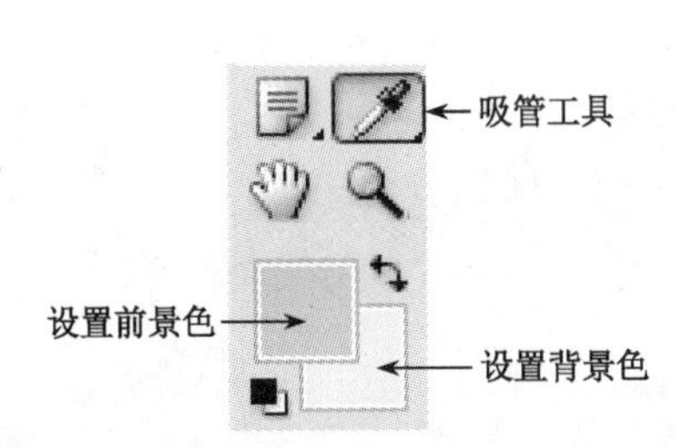

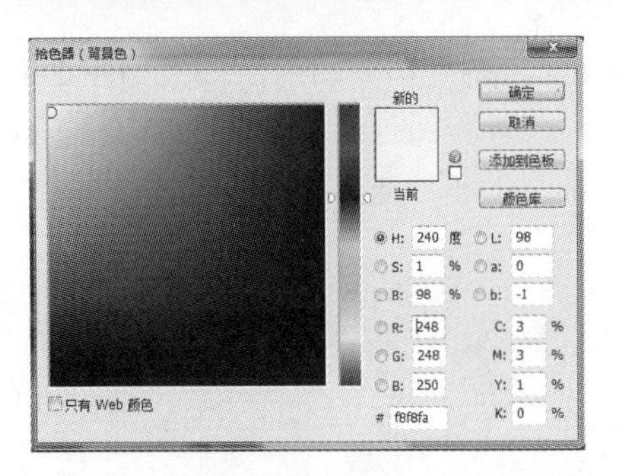

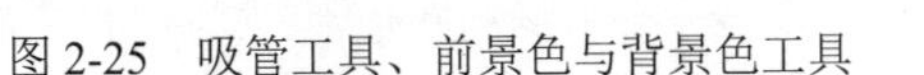

图 2-25　吸管工具、前景色与背景色工具　　图 2-26　“拾色器（背景色）”对话框

5. 使用通道抠图

通道中的所有编辑都是在“通道”面板中进行的，当图像为 RGB 模式时，通道包括 3 个原色通道（“红”通道、“绿”通道和“蓝”通道）和 1 个复合通道（RGB 通道），如图 2-27 所示。通道不仅可以存储颜色信息，还可以对图像的颜色通道进行描绘与编辑。

使用通道抠图，主要是利用图像的色相差别或者明度差别，配合不同的方法给需要的图像建立选区。下面以具体实例来讲述“通道”抠图的方法与步骤，素材如图 2-28 所示。

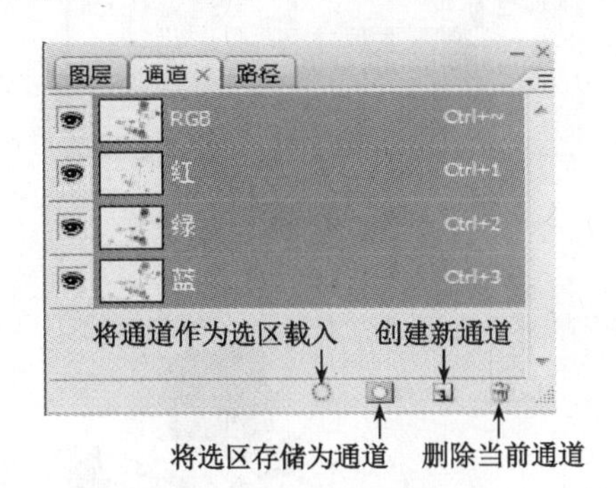

图 2-27　“通道”面板

图 2-28　通道抠图原图

操作步骤

Step 1：在 Photoshop 中打开素材图片，选择“通道”面板。

Step 2：通过单击“红”、“绿”、“蓝”三色通道，观察各通道主体与背景的色差对比，如图 2-29 所示，“蓝”通道反差最大，在此通道上右击，弹出快捷菜单，执行“复制通道”命令，弹出“蓝副本”通道，按 Enter 键确定，如图 2-30 所示。

Step 3：选中“蓝副本”通道，执行“图像”/“调整”/“曲线”命令，或直接按快捷键 Ctrl+M，弹出“曲线”对话框，如图 2-31 所示，拖动曲线，如图 2-32 所示，按 Enter 键确定。通道图像如图 2-33 所示。

Step 4：使用画笔工具，前景色为“黑色”，将图 2-34 中花朵“露白”的区域涂黑，如图 2-35 所示。

Step 5：在“通道”面板中单击按钮，将通道作为选区载入，如图 2-35 所示。按快捷键 Ctrl+Shift+I 反选选区，返回“图层”，此时会发现花朵部分已成为一部分选区，如图 2-36 所示。

Step 6：复制并粘贴图片，效果如图 2-37 所示。

图 2-29　三通道色差对比

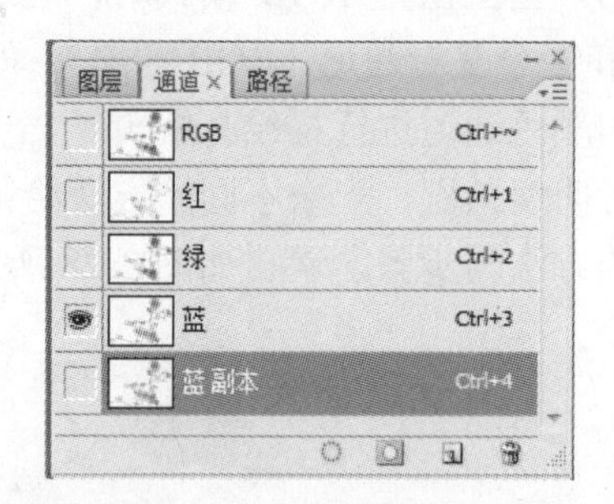

图 2-30　复制“通道”

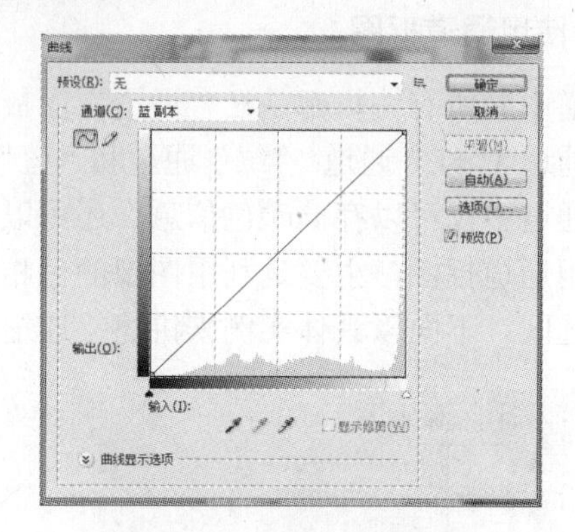

图 2-31　“曲线”对话框

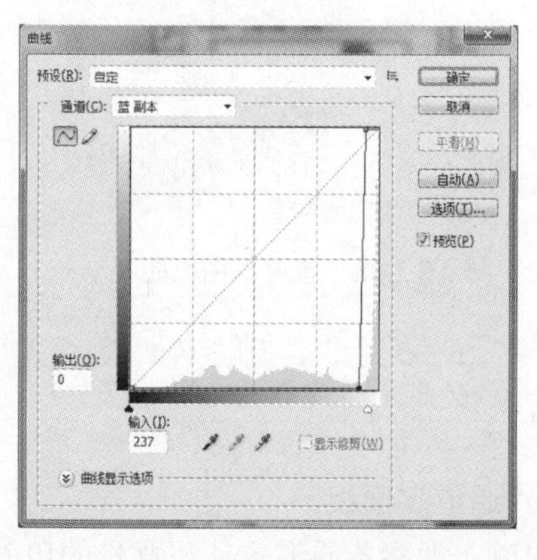

图 2-32　调整曲线

图 2-33　曲线调整后“蓝副本”通道图像

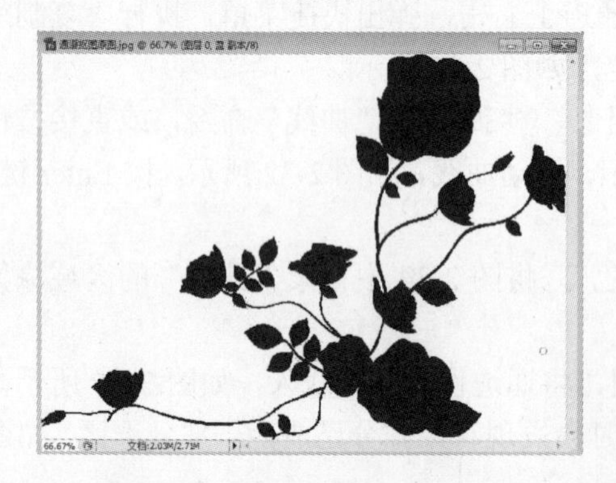

图 2-34　使用“画笔”工具完善

图 2-35　载入选区后的通道

图 2-36　载入选区后的图层

图 2-37　最终效果图

6. 利用钢笔工具抠图

钢笔工具抠图的精髓是利用钢笔工具建立路径，并转换为选区，从而将图像主体选取出来。下面以具体实例来描述如果运用钢笔工具抠图。钢笔工具组及钢笔工具属性栏如图 2-38 所示。

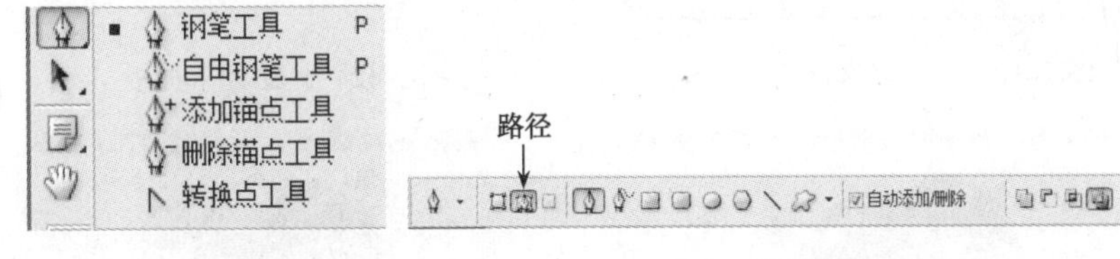

（a）钢笔工具组　　（b）钢笔工具属性栏

图 2-38　钢笔工具组及钢笔工具属性栏

操作步骤

Step 1：在 Photoshop 中打开素材图片，素材原图如图 2-39 所示。

Step 2：在工具箱中选择钢笔工具（快捷键为 P），如图 2-38 所示。在其属性栏中选择第二种绘图方式，即“路径”，并取消橡皮擦功能。

Step 3：鼠标指针移动到图像上，会出现符号，在画面中单击，会看到击打的点之间有线段相连，如图 2-40 所示。

图 2-39　钢笔工具抠图原图

图 2-40　钢笔绘图路径

Step 4：当终点与起点重合时，主体图像就被一圈实线包围起来，将此路径转化为选区，有以下 3 种方法。

方法一：直接按快捷键 Ctrl+Enter，出现路径包含的选区。

方法二：在闭合路径中右击，弹出如图 2-41 所示的“建立选区”对话框，可设置“羽化半径”参数，进行“建立新选区”、“添加到选区”、“从选区中减去”和“与选区交叉”4 种选区操作。

方法三：切换到“路径”面板，如图 2-42 所示。单击“将路径作为选区载入”按钮，出现如图 2-43 所示的选区。

Step 5：复制并粘贴图片，效果如图 2-44 所示。

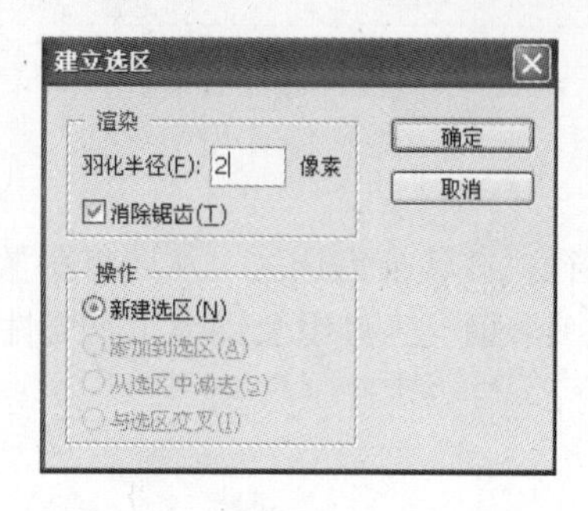

图 2-41 “建立选区”对话框

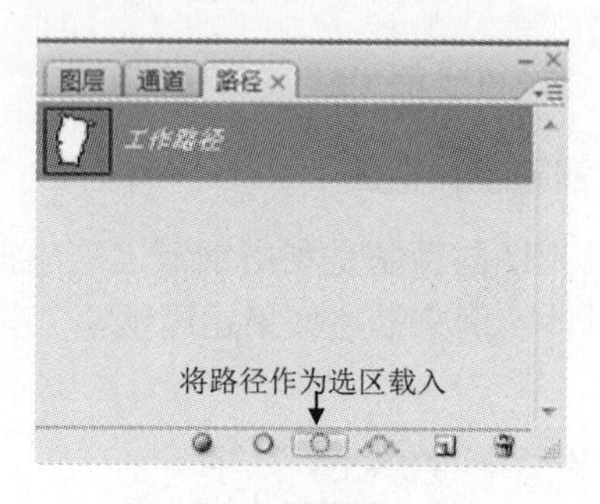

图 2-42 “路径”面板

图 2-43 路径创建的选取

图 2-44 钢笔工具抠图效果图

7. 滤镜抽出抠图

抽出滤镜能轻松把所需的对象从前景对象中取出，该命令对于毛发或边缘复杂的图片的，可以轻松的提取。

1）抽出滤镜功能的调用

执行“滤镜”/“抽出”命令，或者直接按快捷键 Alt+Ctrl+X，弹出如图 2-45 所示的“抽出”对话框。

2）工具及功能介绍

（1）“ ”边缘高光器：用来标记所要保留区域的边缘。高光部分要同时包括人物轮廓的内部和外部，如果物体有一个清晰的内部，则应确保边缘高光器工具所描的边都是封闭的，若物体已经到了图像的边框位置，则无需对边框进行描边。描边越细，抽出的图像越准确。

（2）“ ”填充工具：对边缘高光器标记出的保留区域进行内部填充。

（3）“ ”橡皮擦工具：用于擦除图像。

图 2-45　“抽出”对话框

（4）“”缩放工具：单击或拖过要放大的区域，鼠标指针变成，放大画面；按 Alt 键，鼠标指针变成缩小画面。

（5）“”抓手工具：选择该工具并拖动，以移动图像。

（6）“”清除工具：若要擦掉提取区域中残留的背景痕迹，则可使用该工具，该工具可减去不透明度并具有累积效果，还可填充提取图像中的缝隙。按住 Alt 键时使用该工具，可恢复原来的不透明度。

（7）“”边缘修饰工具：可锐化边缘。如果物体没有清晰的边缘，则利用该工具编辑物体的边缘，可添加物体的不透明度或从背景中减去不透明度。

（8）“智能高光显示”：勾选该复选框，可以非常精确地选取人物与背景色对比较强烈的部分，是一项非常实用选项的功能。

（9）“强制前景”：选项对于复杂物体，选择边缘高光器工具覆盖整个物体，然后勾选“强制前景”复选框，再选择吸管工具，在物体内部吸取前景色，或单击“强制前景”下方的颜色块，在弹出的拾色器中选择前景色。

3）实例讲解

下面以一寸工作照更换背景为例，讲解使用抽出滤镜抠图的方法。

操作步骤

Step 1：在 Photoshop 中打开素材图片，素材原图如图 2-46 所示。

Step 2：在“图层”面板中，复制背景图层。

Step 3：在选择“背景图层副本”的情况下，执行“滤镜”/“抽出”命令，或者直接按快捷键 Alt+Ctrl+X，弹出如图 2-47 所示的“抽出”对话框。

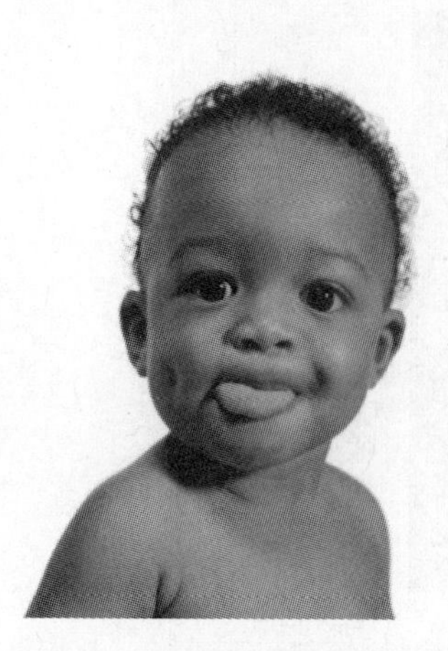

图 2-46　滤镜“抽出”抠图原图

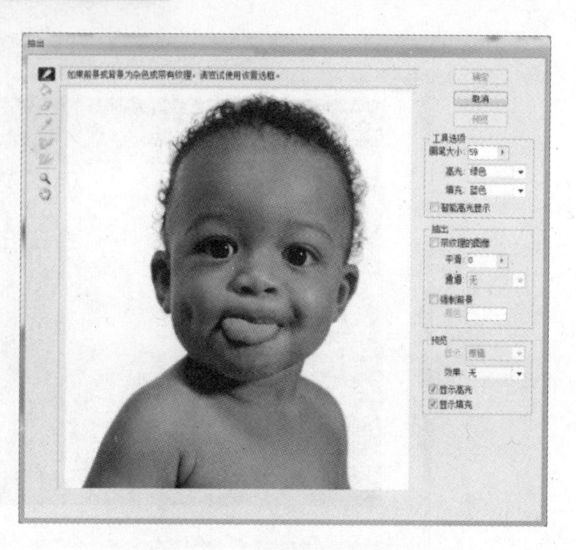

图 2-47　“抽出”对话框

Step 4：单击“边缘高光器”按钮，勾选“智能高光”复选框，鼠标指针变成“⊕”形状，从某一处起，按住鼠标左键，在人物与背景边缘处移动鼠标，形成图 2-48 所示效果（边缘线为绿色，可选），释放鼠标左键。

Step 5：选择填充工具，在描边内部填充颜色，填充色为蓝色，填充后如图 2-49 所示。

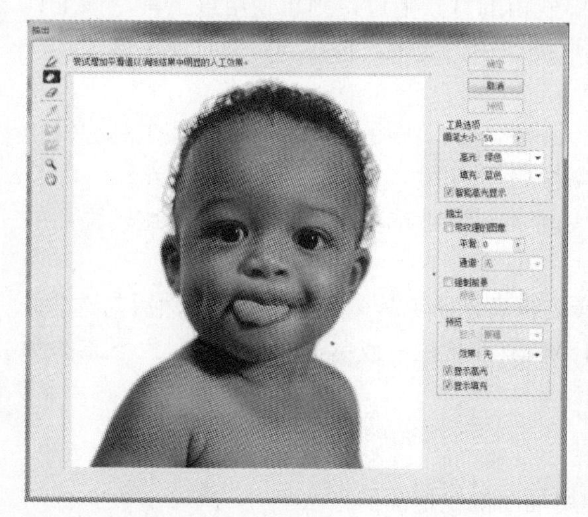

图 2-48　使用“智能高光”边缘描边

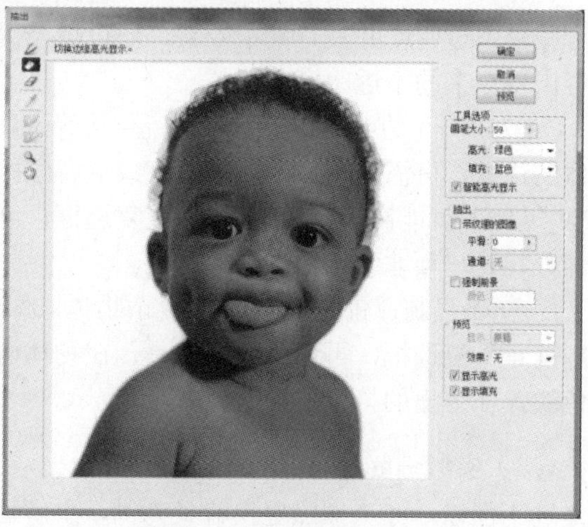

图 2-49　填充后的效果图

Step 6：单击“确认”按钮，此时背景图层副本层的背景色为透明色，效果如图 2-50 所示，使用抽出滤镜抠图制作完毕。

【注意】如果在前面的操作中选取的高光部分过多，就会使想保留的部分被删除了。即使前面没有复制图像也有办法补救，激活橡皮工具后按 Alt 键，使用历史记录就可以对人物或背景的一部分进行恢复。滤镜“抽出”功能练习图如图 2-51 所示。

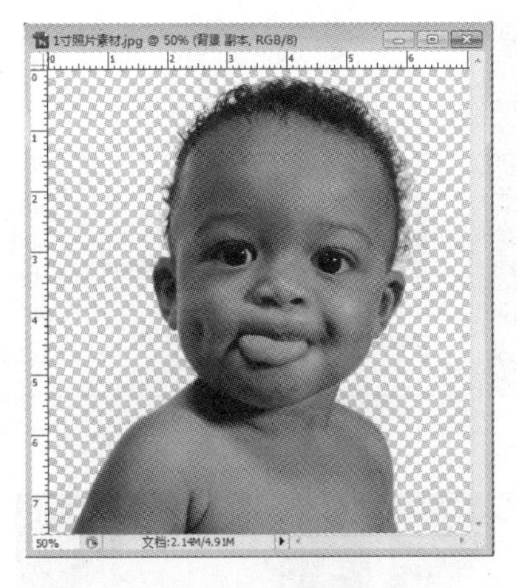

图 2-50　抽出滤镜效果图

图 2-51　抽出滤镜练习图

8．混合方法抠图

在以上几种方法的基础上，对于某些复杂图像，可以采用几种抠图方法的综合。例如，对图 2-52，抠图的具体步骤如下。

Step 1：在 Photoshop 中打开素材图片，素材原图如图 2-52 所示。用钢笔工具把人物的整体抠出来，注意头发要向里圈，不能漏出背景，如图 2-53 所示。

Step 2：在“路径”面板中新建一个路径，将头发部分用钢笔工具抠出，将路径作为选区载入，回到背景图层，复制并粘贴，抠出的头发部分如图 2-54 所示。

图 2-52　素材原图

图 2-53　钢笔抠图效果

图 2-54　头发部分抠图

Step 3：在“通道”面板中选择一个与头发颜色和背景颜色反差比较大的通道并复制，此处选择“蓝通道”，如图 2-55 所示，按快捷键 Ctrl+I 将该通道反选，反选之后的效果如图 2-56 所示。

Step 4：执行“图像”/“调整”/“色阶”命令，弹出“色阶”对话框，如图 2-57 所示。这时用白色的吸管吸头发的部分，用黑色的吸管吸黑色的部分，使颜色反差比较大，黑白分明，如图 2-58（a）所示。使用白色画笔将中间不透明的部分涂成白色，效果如图 2-58（b）所示。此时将通道作为选区载入。

Step 5：在“路径”面板中按快捷键 Ctrl+Shift，单击路径 1，形成一个新的选区，如图 2-58（c）所示。回到“图层”面板，选中背景，执行“图层”/“新建”/“通过拷贝的图层”命令，此时出现图层 1，将其他两个图层隐藏后的效果如图 2-59 所示。

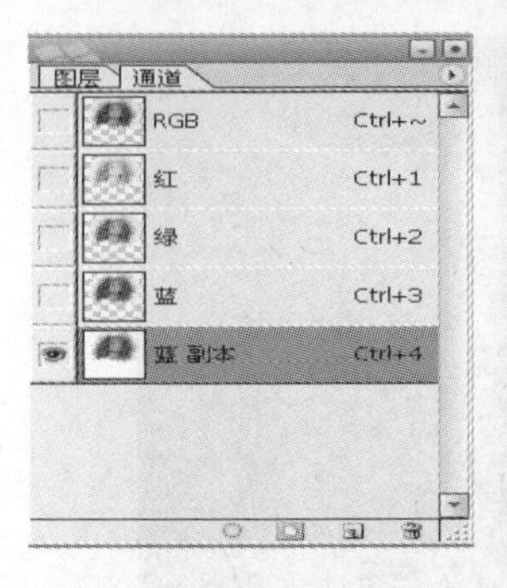

图 2-55 “通道”面板

图 2-56 通道反选效果图

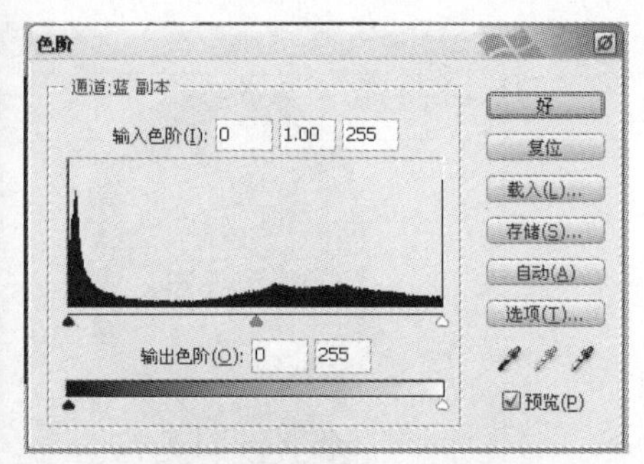

图 2-57 “色阶”对话框

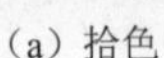

（a）拾色

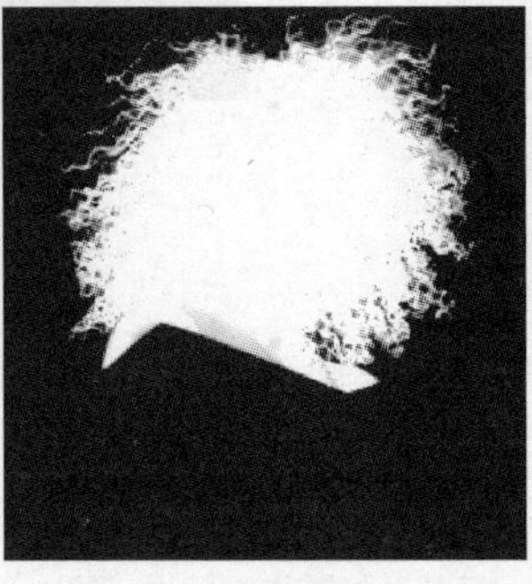

（b）涂色

（c）合并选区

图 2-58 选区的合并

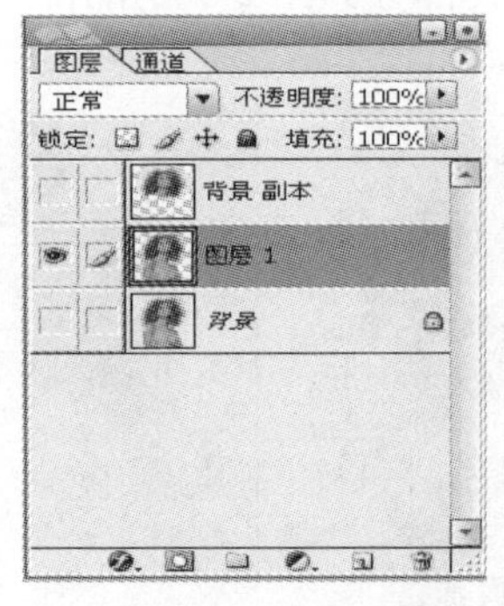

（a）合并后的“图层”面板

（b）最终效果

图 2-59 合并后的“图层”面板及最终效果

知识链接 4 图层的应用

图层是构成图像的重要组成单位，许多效果可以通过对图层的直接操作而得到，用图层来实现效果是一种直观而简便的方法。通常看到的图片效果在制作时是由分布在不同图层的元素彼此互不遮挡、自上而下叠加显示的效果。

1．图层类型

常用的图层有背景图层、普通图层、文字图层、形状图层、调整图层、效果图层、蒙版图层等。这里介绍几种常见图层。

（1）背景图层：用于放置图像的背景，位于所有图层的最底层，在未被转化为普通图层前，背景图层处于锁定状态，不能更改图层混合模式及图层的不透明度。

（2）普通图层：一般是透明的，用户可在其上任意添加、编辑图像。

（3）文本图层：一种特殊的图层，用来专门放置图像中的文字。当在图像中创建文字时，会自动在“图层”面板中生成文本图层，并以输入的文字命名图层。

（4）形状图层：当使用工具箱中的路径绘图工具绘制形状时，在其属性栏中单击“形状图层”按钮，所得到的形状会在“图层”面板中自动生成形状图层。

（5）调整图层：能在不破坏原始图像数据的基础上进行图像的色调、亮度、饱和度和色彩等的调整，相当于在需要调整的图像上新建了一个图层，通过此图层可进行调节，此图层具有色调和色彩的存储作用。

2. “图层”面板及基本操作

“图层”面板及其基本操作如图 2-60 所示。

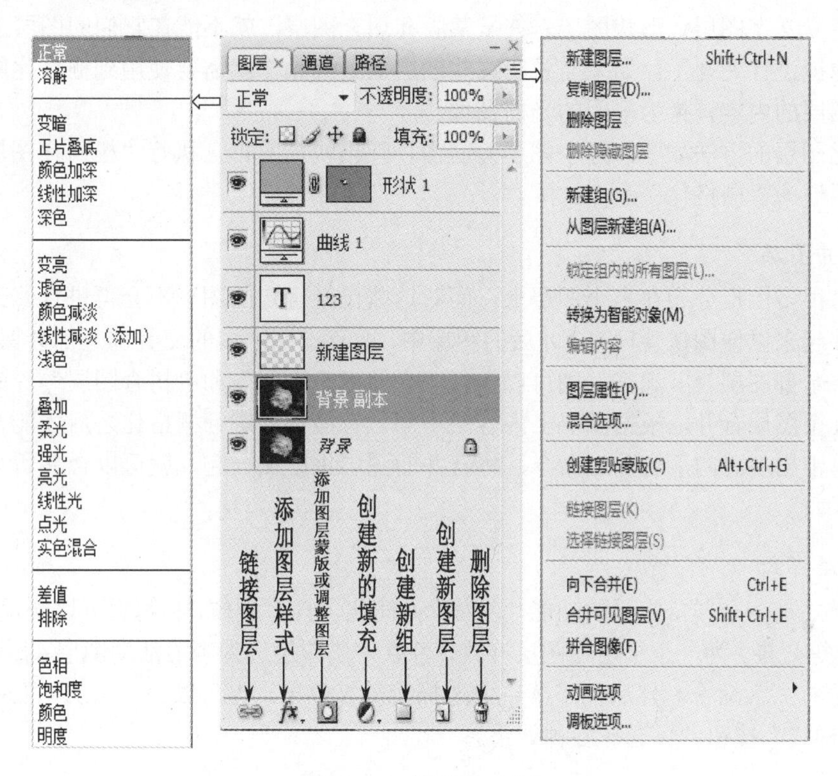

图 2-60 “图层”面板

1）新建图层

执行“图层”/“新建图层”命令或者在“图层”面板下方单击“创建图层”或“创建图层组”按钮。

2）复制图层

我们经常需要制作同样效果的图层，或者为了避免原图层被破坏而需要复制图层，首先在“图层”面板中选中要复制的图层，复制图层有如下几种方法。

（1）执行“图层”/“复制图层”命令，在弹出的对话框中单击“确定”按钮进行图层复制，可在此对话框中更改复制的图层的名称。

（2）在选中图层上右击，弹出快捷菜单，执行“复制图层”命令，弹出对话框，操作如上。

（3）将要复制的图层上拖动到“图层”面板下方的“ ”按钮上，“图层”面板中就会出现新复制的图层。

（4）直接按快捷键 Ctrl+J，“图层”面板中就会出现新复制的图层。

3）图层重命名

在“图层”面板中选中图层，使之处于蓝色选中状态，双击图层的名称部分即可重命名图层，或者右击“图层属性”选项，在弹出的“图层属性”对话框中，也可以修改图层名称。在此对话框中可以给当前图层进行颜色标识，有了颜色标识后在“图层”面板中查找相关图层就会容易一些。

4）栅格化图层

一旦建立文字图层、形状图层、矢量蒙版和填充图层，就不能在它们的图层上再使用绘画工具或滤镜进行处理了。如果需要在这些图层上继续操作就需要使用到栅格化图层，它可以将这些图层的内容转换为平面的光栅图像。

栅格化图层的方法如下：选中图层并右击，弹出快捷菜单，执行“栅格化图层”命令；执行“图层”→“栅格化”命令。

5）合并图层

设计时很多图形分布在多个图层上，而对这些已经确定的图形不会再进行修改了，可以将它们合并起来以便图像管理。合并后的图层中，所有透明区域的交叠部分都会保持为透明。

如果将全部图层合并起来，则可以执行“合并可见图层”和“拼合图层”等命令。如果选择其中几个图层合并，根据图层上内容的不同，有些需要进行栅格化之后才能合并。栅格化之后菜单中出现“向下合并”命令，将合并的图层集中在一起，就可以合并所有图层中的几个图层了。

6）图层样式

图层样式是一个非常实用的功能，它为我们简化了许多操作，利用它可以快速生成阴影、浮雕、发光等效果。为一个层增加图层样式，可以将该图层选为当前活动图层，然后执行“图层”/“图层样式”命令，然后在子菜单中选择投影等效果。也可以在“图层”面板中，单击“添加图层样式”按钮，再选择各种效果。

任务实施　数码照片的合成

操作步骤

Step 1：使用熟悉的方法对图 2-61（a）所示素材进行抠图，建立选区，羽化 1 像素的选区，如图 2-62 所示，复制该图片。另外两张素材如图 2-61（b）、图 2-61（c）所示。

Step 2：打开合成背景素材，如图 2-63（a）所示，粘贴图片，效果如图 2-62（b）所示。

（a）素材（一）

（b）素材（二）

（c）素材（三）

图 2-61　婚纱照素材

图 2-62　抠图

（a）背景素材

（b）效果图

图 2-63　合成背景素材及效果图

Step 3：按快捷键 Ctrl+T 进行自由变化，按住 Shift 键，可进行等比例变换。使用移动工具进行位置调整。将图层的不透明度调整成“88%”，如图 2-64 所示。

Step 4：对两个白色的框进行标尺测定，左侧相框尺寸为“186×214”，角度为“30.5”；右侧相框尺寸为“212 ×247”，角度为“-11”。

图 2-64　移动调整

Step 5：打开第二张婚纱照素材图，更改图像的宽度 186，勾选“约束比例”复选框，再使用裁切工具，更改其属性宽度为 186，高度为 214，如图 2-65 所示，按 Enter 键确认；使用移动工具，将其拖动到背景素材上。按快捷键 Ctrl+T 调用自由变形工具，在其属性角度框中输入“30.5”并进行旋转，如图 2-66 所示。使用同样的方法，将第三张婚纱照素材拖动到右侧相框内。

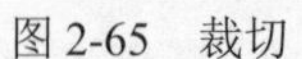

图 2-65　裁切　　　　图 2-66　移动旋转

Step 6：选中背景图层使其处于选中状态，打开“历史记录”面板，如图 2-67 所示。单击“折叠选项”按钮“▾☰”，新建快照，更改名称，在历史记录画笔“🖌”中设置历史记录画笔的源。

Step 7：使用历史记录画笔，在拖动的素材所在图层上，进行边框和前面花朵的涂抹。按快捷键 Ctrl+Z 可撤销一步和 Alt+Ctrl+Z 可撤销多步操作。

Step 8：将修改后的图片另存为 JPEG 格式，效果图如图 2-68 所示。

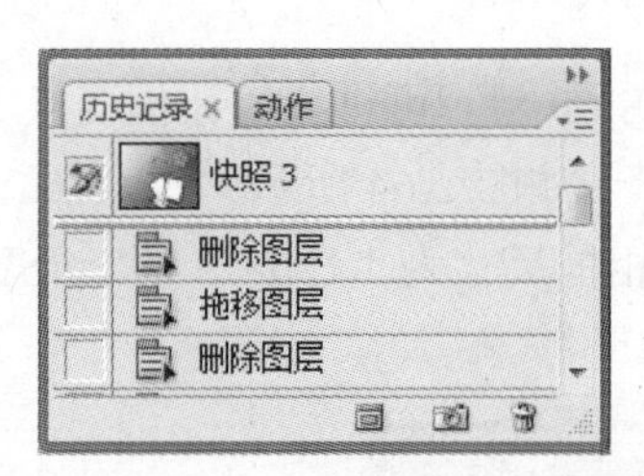

图 2-67　“历史记录”面板　　　　图 2-68　最终效果图

任务 2　数码照片的后期处理

实训操作 1　调整倾斜照片

使用 DC 或 DV 拍摄照片时，经常会觉得画面倾斜了，即画面中水平主体不水平，而拍摄建筑物等有明确参考物的物体时，拍出的照片明显倾斜，影响效果。在拍摄前可以通过打开相机的网格线对照，减少倾斜情况的出现，也可以通过软件的后期处理进行补救。

1. 裁切工具的使用

裁切工具是 Photoshop 应用较多的工具，可对当前图片进行裁切，将不用保留区域裁切掉，该工具是进行快速修改画面构图的重要工具。

裁切图像时可直接选择工具箱中的裁切工具，或者在英文输入状态下按 C 键，其属性栏如图 2-69 所示。此时回到图像工作区，鼠标指针会变为“”，按住鼠标左键在图像工作区进行拖动，释放鼠标左键后，在起点与终点之间会创建矩形裁切区（边线为流动的蚂蚁线），矩形框内高亮显示的是保留部分，矩形框以外变暗显示的是裁切掉的部分，拖动手柄可进行任意变形调整（注意：单击“清除”按钮可清除前面设定的图像比例后，方可进行任意尺寸裁切的操作）。

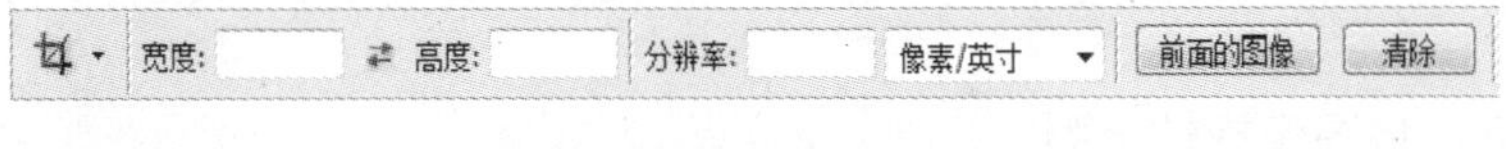

图 2-69　裁切工具属性栏

用户在选定裁切区拖动的同时按 Shift 键会创建正方形的裁切区；按 Alt 键会创建以起点为中心的裁切区；按快捷键 Shift+Alt 会创建以起点为中心的正方形的裁切区。

选好区域后可单击工具属性栏中的“✓”按钮；或者直接按 Enter 键确认裁切。也可单击工具属性栏中的“⊘”按钮；或者直接按 Esc 键清除当前裁切选择，如图 2-70 所示。

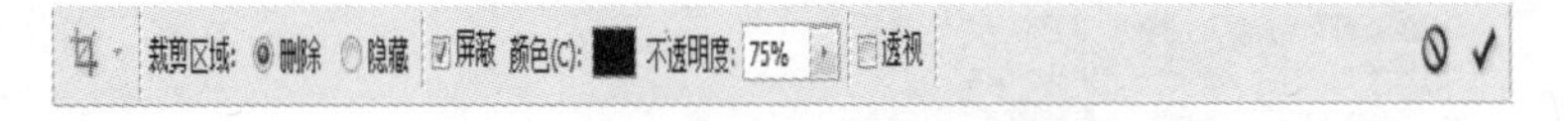

图 2-70　选定裁切区域后的裁切工具属性栏

2. 画布大小和方向的调整

1）画布大小的调整

画布大小指当前图像的工作区间的大小，与改变图像大小不同，改变画布大小不会对图像的质量产生任何影响。

执行“图像”/“画布大小”命令，或者在该文件未最大化的情况下在文件的标题栏上右击，弹出快捷菜单，执行“画布大小”命令，或者直接按快捷键 Alt+Ctrl+C，均可弹出如图 2-71 所示的“画布大小”对话框。

图 2-71　“画布大小”对话框

“画布大小”对话框中的参数介绍如下。

（1）“当前大小”：在此选项组中显示图像当前的大小，即宽度及高度。

（2）“新建大小”：在此选项组中设置图像文件的新尺寸。刚弹出“画布大小”对话框时，此选项组中的数值与“当前大小”选项组中的数值一样。

（3）“相对”：勾选此复选框，在“宽度”及“高度”数值框中显示图像新尺寸与原尺寸的差值。

（4）“定位”：单击“定位”框中的箭头，以设置新画布尺寸相对于原尺寸的位置，其中的空白为缩放的中心点。

（5）“画布扩展颜色”：在该下拉列表中可以选择扩展画布后新画布的颜色（默认有前景、背景、白色、黑色、灰色和其他），也可以直接单击其右侧的色块，在弹出的拾色器对话框中选择一种颜色，作为扩展后的画布的颜色。

当修改后的新建画布大于原图像大小时，画布会进行扩展，对背景图层使用设置颜色填充扩展区域，而其他层的扩展部分将为透明区；当新的画布小于原图像大小时，会弹出如图 2-72 所示的提示对话框，单击“继续”按钮，Photoshop 会对图像进行裁切。

图 2-72 裁切确认对话框

2）画布方向调整

使用“旋转画布”命令可以旋转或翻转整个图像。

执行“图像”/“旋转画布”命令，有如图 2-73 所示的子菜单。

（1）180 度：将图像旋转半圈。

（2） 90 度（顺时针）：将图像顺时针旋转四分之一圈。

（3）90 度（逆时针）：将图像逆时针旋转四分之一圈。

（4）任意角度：按指定的角度旋转图像。执行此命令后，弹出如图 2-74 所示的“旋转画布”对话框，在“角度”文本框中输入一个-359.99 和 359.99 之间的角度，并可以选择按“顺时针”或“逆时针”旋转，选择后单击“确定”按钮，即可按照设置的参数进行旋转。

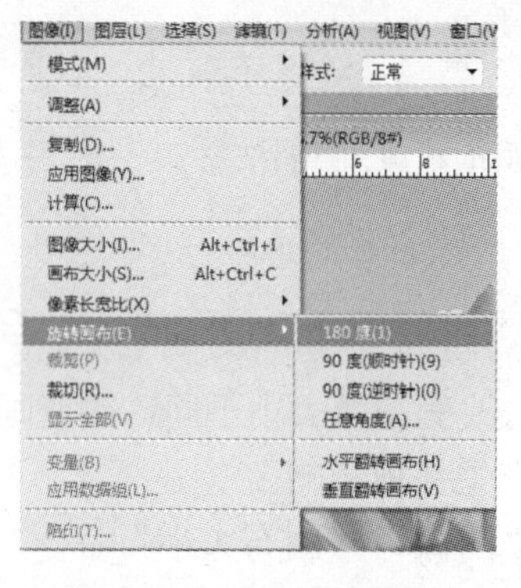

图 2-73 旋转画布命令　　图 2-74 “旋转画布”对话框

（5）水平翻转画布（H）：将图像沿垂直轴水平翻转，如图 2-75 所示，翻转前后左右对称。

图 2-75 水平翻转效果

（6）垂直翻转画布（V）：将图像沿水平轴垂直翻转，翻转前后上下对称。

【注意】画布就如同画画的纸，当对画布进行旋转时，画布上的一切也会跟着旋转，所以这些命令不适用于对单个图层或图层的一部分、路径及选区边界的操作。如果要旋转选区或图层，可使用“变换”或“自由变换”命令。

3．调整倾斜图片

方法要点：“度量工具”+“自由变换”+“裁切”。

操作步骤

Step 1：在 Photoshop 中打开图 2-76，可明显感觉到图中的布达拉宫向左下倾斜，画面中的宫墙和屋顶应该是水平的。

图 2-76　图片素材

Step 2：选择标尺工具，如图 2-77（a）所示，沿着水平的方向画一条线。

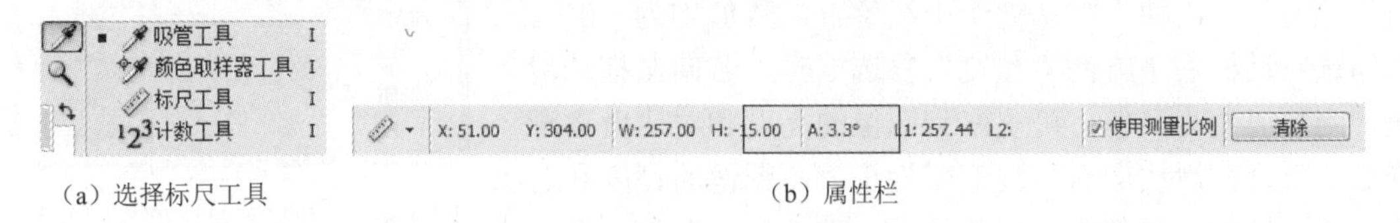

（a）选择标尺工具　　（b）属性栏

图 2-77　标尺工具及其属性栏

Step 3：观察标尺工具属性栏中红色框中的部分，如图 2-77（b）所示。这条线与水平线的夹角，就是图像要旋转的参考角度，本例中为 3.3°。

Step 4：旋转画布任意角度，系统自动给出一个角度，本例为“3.34”，按顺时针旋转，旋转后标尺线消失，效果如图 2-78 所示。

Step 5：使用裁切工具，拖动 4 个顶点，拖动裁切框，使画面不留白，如图 2-79 所示。

Step 6：按 Enter 键确定操作，效果如图 2-80 所示。

图 2-78　旋转后的效果对比图

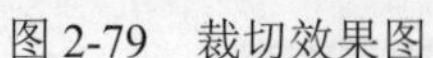

图 2-79　裁切效果图

图 2-80　最终效果图

实训操作 2　调整曝光不足和曝光过度的照片

初学摄影的人往往对曝光和曝光补偿把握不精准，这样就会导致照片曝光不足或者曝光过度，此时可以通过 Photoshop 进行后期处理。

1. 图像色彩调整

1）照片的亮度和对比度调整

执行“图像”/“调整”/“亮度/对比度”命令，弹出如图 2-81 所示“宽度/对比度”对话框，其中“滑块”的位置和“数值”的大小（-150～+150）一一对应。可以选择拖动滑块或者直接在数值框中输入合适的数值。“滑块”默认处于中线位置，数值均为“0”，当勾选对话框右下方的“预览”复选框时，若向左拖动滑块，则数值变为负值，可观察到图像的亮度和对比度逐渐降低；反之，滑块向右，数值变为正值，图像的亮度和对比度逐渐增加。调整为合适数值后，按 Enter 键确认。

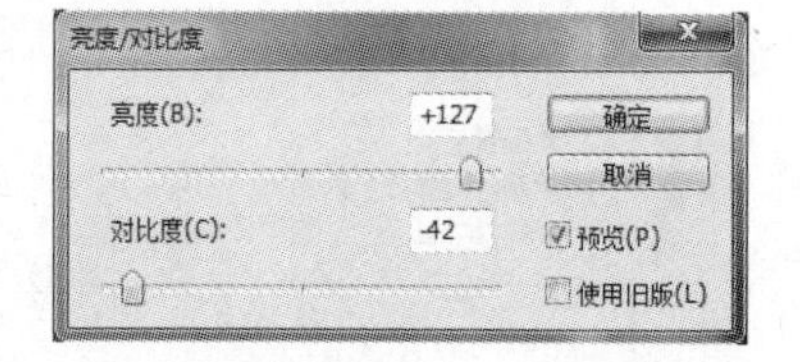

图 2-81　“亮度/对比度”对话框

通过设定如图 2-81 所示的参数，将图 2-82 调整为图 2-83 所示效果。通过两图对比可以看出“亮度/对比度”调节作用于图像中的全部像素（不能做选择性处理，也不能作用于单个通道），并且不适用于高档输出，只能做简单的图像色彩调整。

图 2-82　“亮度/对比度”调整原图

图 2-83　“亮度/对比度”调整效果图

2）照片的色调调整

RGB 模式下的色调一共有 256 个，数值为 0～255，其中 0 代表黑色，128 代表中灰色，255 代表白色，数值为 0～85 时属于暗调，数值为 86～170 时属于中灰调，数值为 171～255 时属于高调。

（1）“曲线”命令。

①“曲线”命令的使用。执行“图像”/“调整”/“曲线”命令，或者直接按快捷键 Ctrl+M，弹出如图 2-84 所示的“曲线”对话框。

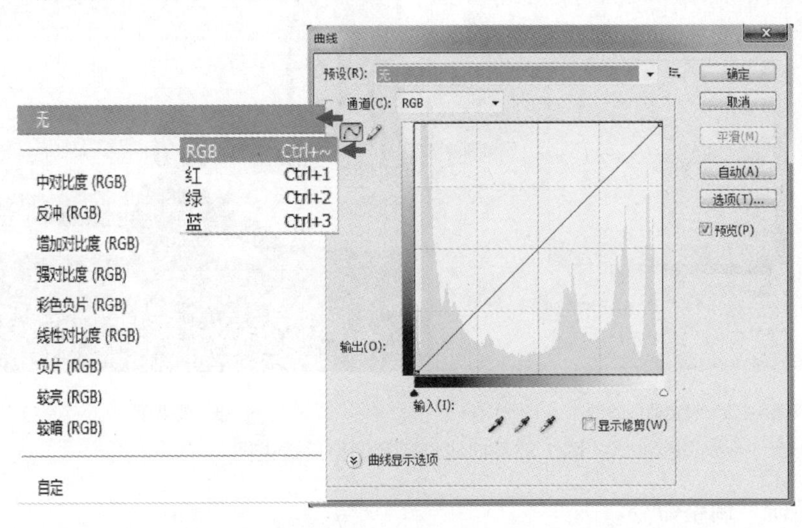

图 2-84 “曲线”对话框

②“曲线”面板。“预设”下拉列表中有一些预设好的曲线形状，当选择某一个预设选项时，曲线图中的曲线形状会随之改变。图 2-84 中的曲线处于默认的“直线”状态。在 RGB 模式下，通道有 3 个选项，可直接对“红”、“绿”、“蓝”3 个通道单独进行调整。

曲线图有水平轴和垂直轴，水平轴表示图像原来的亮度值；垂直轴表示新的亮度值。水平轴和垂直轴之间的关系可以通过调节对角线（曲线）来控制。曲线在调整过程中，“输入”轴和“输出”轴下面将出现数值框，数值在 0～255 变化，其中 0 代表黑色，255 代表白色。通常勾选“预览”复选框，这样“曲线”在调节过程中，可以直接观察效果图。调节完成后可单击“确定”按钮，也单击“取消”按钮。而“平滑”按钮的作用是强制性使曲线平滑。

③ 曲线调整方法。对曲线进行调整的方法很简单，直接在曲线上单击、拖动即可，在曲线上单击，会增加一个调节点（最多可增加 14 个调节点）。拖动调节点，可以调节图像的色彩。将一个调节点拖出图表或选择一个调节点后按 Delete 键可以删除调节点。用鼠标拖动曲线的端点或调节点，直到满意图像效果为止。

④ 曲线调整技巧。将曲线右上角的端点向左移动，增加图像亮部的对比度，并使图像变亮（端点向下移动，所得结果相反）。将曲线左下角的端点向右移动，增加图像暗部的对比度，使图像变暗（端点向上移动，所得结果相反）。

利用调节点控制对角线的中间部分。曲线斜度就是其灰度系数，如果在曲线的中点处添加一个调节点，并向上移动，则会使图像变亮；若向下移动这个调节点，则会使图像变暗。另外，也可以通过 Input 和 Output 的数值框控制亮暗。

如果想调整图像的中间调，并且不希望调节时影响图像亮部和暗部的效果，则要先在曲线的 1/4 和 3/4 处增加调节点，然后对中间调进行调整。

另外，如果想知道图像中某个区域的像素值，则可以先选择某个颜色通道，将鼠标指针定位在图像中要调节的部分，稍稍移动鼠标指针，这时曲线图上会出现一个圆圈（圆圈就是鼠标指针所在区域在 Curves 对话框中的相应位置），并且 Input 和 Output 数值框中会显示鼠标所在区域的像素值。

使用调整曲线的方法调整图的效果，如图 2-85 所示。

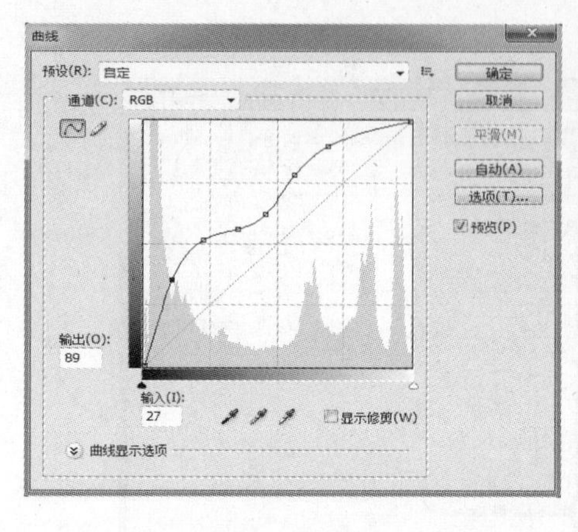

（a）设定曲线参数

（b）效果图

图 2-85　曲线设定及调整后效果图

（2）“色阶”调整命令。

“色阶”和“曲线”一样是 Photoshop 中重要的调色工具，色阶比曲线容易看懂，也比曲线好调整，但没有“曲线”调节的精确。

① “色阶”调用命令。执行“图像”/“调整”/“色阶”命令，或者直接按快捷键 Ctrl+L，弹出如图 2-86 所示的“色阶”对话框。

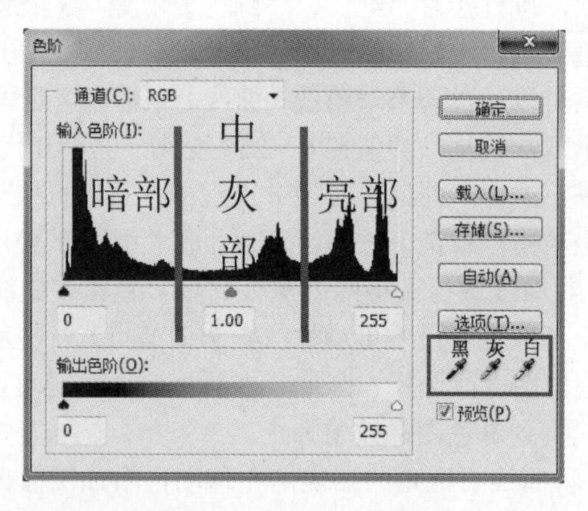

图 2-86　“色阶”对话框

② “色阶”面板。面板分为两个部分：“输入色阶”代表修改前的色阶，“输出色阶”代表修改后的“色阶”。“输入色阶”下面有 3 个小“滑块”，黑色滑块代表“0”，它滑动到哪里，说明那里是“0”；白色滑块代表“255”，它滑到哪里，说明那里是 255；中间滑块是控制中间色调的。左边的滑块往右拖动画面会变亮，右边的滑块往左拖动画面会变暗。

右下角红色框内为 3 个吸管，用来校正颜色。第一个是黑场，代表黑色；第二个是灰场，代表中灰；第三个是白场，代表白色。校正一幅图，就要分别找出这幅图的黑场、白场、灰场。用相应的吸管吸一下，会发现白的地方更白，黑的地方更黑，图像的对比度更大。

如果“色阶”调整完成，可单击“确认”按钮；如果发现调整错误，则可以通过按 Ctrl 键同时单击“取消”按钮来使操作复位。

（3）“色相/饱和度”调整命令。

彩色系的颜色具有 3 个基本属性：色相、饱和度和明度。而色相指的是色彩的外相，是在不同波长的光照下，人眼所感觉到的不同的颜色，如红色、黄色、蓝色等，它是表征色彩的最主要特征。饱和度控制图像色彩的浓淡程度，类似电视机中的色彩调节；明度就是亮度，类似电视机的亮度调整。将明度调至最低会得到黑色，调至最高会得到白色。对黑色和白色改变色相或饱和度都没有效果。

① “色相和饱和度”调用命令。执行“图像”/“调整”/“色相/饱和度”命令，或者直接按快捷键 Ctrl+U，弹出如图 2-87 所示的“色相/饱和度”对话框。

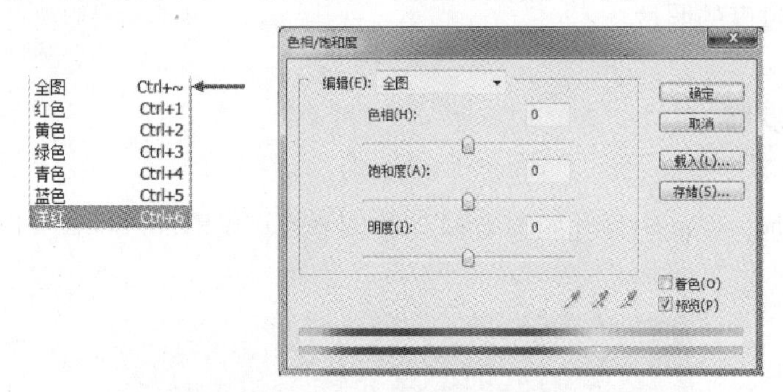

图 2-87 “色相/饱和度”对话框

② “色相/饱和度”面板及调整方法。用户可以在“编辑”下拉列表中选择“全图”、“红色”、“黄色”、“绿色”等。用户也可以选择吸管工具，在图像中确定要调整的颜色范围，用带加号的吸管工具来增加颜色的范围。用带减号的吸管工具来减少颜色的选择范围，设置好颜色范围后，即可拖动滑块来调整色相、饱和度和明度。

以图 2-88 为例，讲述“色相/饱和度”的功能，在 Photoshop 中打开原图，在“编辑”下拉列表中选择“红色”选项，色相调节为以下各值（其他值不变）时效果如图 2-89～图 2-91 所示。

图 2-88 “色相/饱和度”调整原图

图 2-89 色相调整为“+106”时的效果图

图 2-90　色相调整为“-180”时的效果图

图 2-91　色相调整为“-43”时的效果图

2．调整曝光过度的照片

操作步骤

Step 1：在 Photoshop 中打开如图 2-92 所示的曝光过度的照片，在“图层”面板中复制“背景图层”。

图 2-92　“曝光过度”原图

Step 2：将副本图层的混合模式改为“正片叠底”，如图 2-93 所示。通过与背景图层的作用使照片整体效果色彩加深，亮度变暗，如图 2-94 所示。

图 2-93　正片叠底

如图 2-94　混合后效果

Step 3：执行“图像”/“调整”/“亮度/对比度”命令，亮度不变，对比度调整为“+30”。

Step 4：执行“图像”/“调整”/“色阶”命令，参数设置如图 2-95 所示，最终效果如图 2-96 所示。

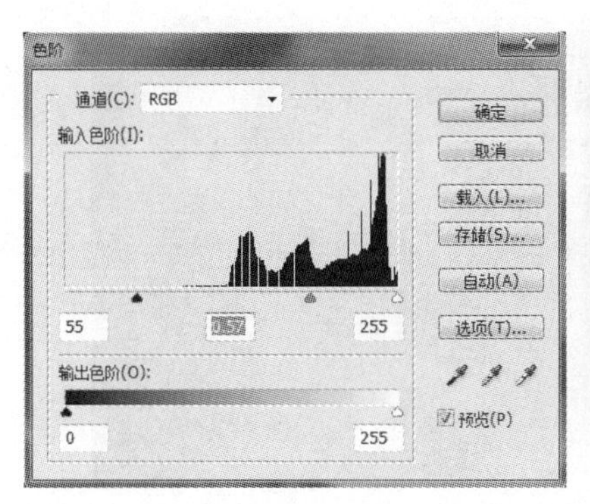

图 2-95　色阶调整

图 2-96　调整后效果

3．虚化背景

处理曝光过度的照片时，通常要实现以下两个目标之一：一个目标是尝试将曝光不足的背景区域变为正常的亮度，从而可能看到高光中的细节，这个目标并非都能实现；另一个目标是让背景保持为曝光过度状态，并让背景在图像中变得模糊，这样可在照片中突出前景对象。

操作步骤

Step 1：在 Photoshop 中打开如图 2-97 所示的待处理的照片，在“图层”面板中复制“背景图层”。

Step 2：采用合适的抠图方法（本例采用的是“磁性套索工具”抠图），将黄色花朵部分选取出来，按快捷键 Ctrl+Shift+I 反选，并羽化 2 像素，如图 2-98 所示。

Step 3：执行“图像”/“调整”/“亮度/对比度”命令，调高亮度，调低对比度。

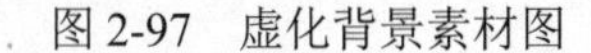

图 2-97　虚化背景素材图

图 2-98　花朵选区

Step 4：执行“滤镜”/“模糊”/“镜头模糊”命令，参数设置如图 2-99 所示（调节模糊半径为“22”，其余参数保持为默认值），单击“确认”按钮，按快捷键 Ctrl+D 取消选区，最终效果如图 2-100 所示。

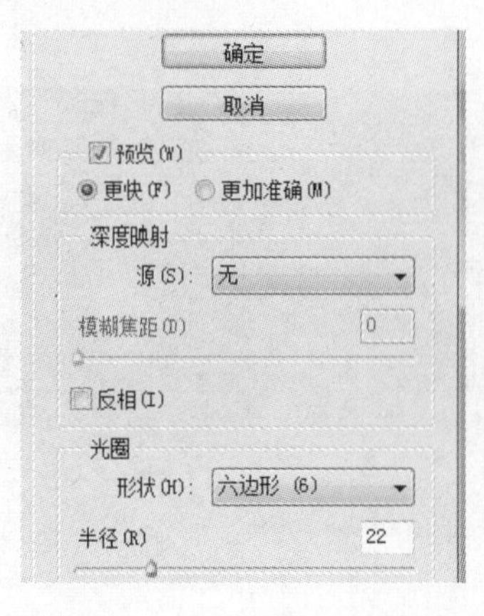

图 2-99　“镜头模糊”参数设置

图 2-100　虚化背景最终效果图

实训操作 3　美容系列

1. 皮肤美白

皮肤美白是最典型的应用色彩调整的例子，有两种方法实现此效果。

方法一：调整“曲线”，操作步骤如下。

Step 1：在 Photoshop 中打开如图 2-101 所示的待处理的照片，在“图层”面板中复制图层。

Step 2：为了保持原图像的明暗反差，按 Ctrl 键的同时选中通道 RGB(得到选区)，如图 2-102 所示。

图 2-101　皮肤美白素材

图 2-102　皮肤高亮选区

Step 3：调整“曲线”，如图 2-103 所示，取消选区或者调整选区的亮度和对比度。

Step 4：合并可见图层并保存文件，效果如图 2-104 所示。

方法二：填充白色图层，操作步骤如下。

Step 1：在 Photoshop 中打开如图 2-101 所示的待处理的照片，在“图层”面板中，新建透明图层，如图 2-105 所示。

Step 2：合并可见图层并保存，效果如图 2-106 所示。

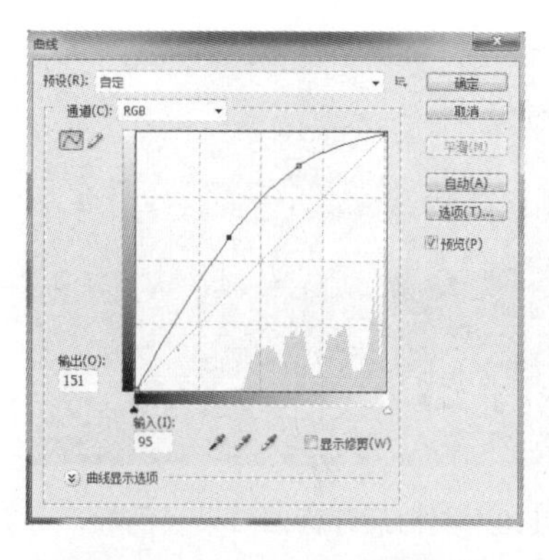

图 2-103 “曲线”调整参数

图 2-104 美白效果图

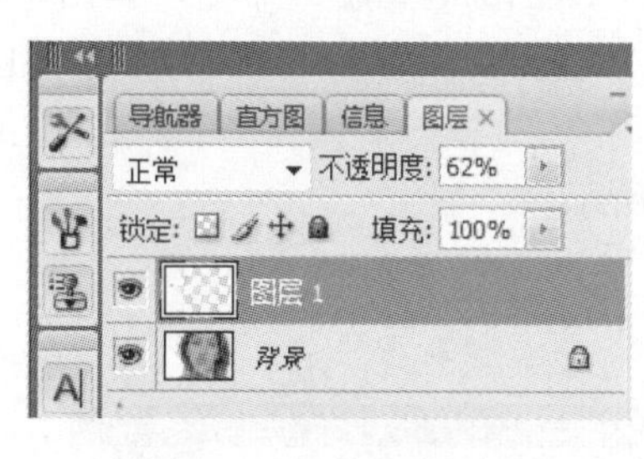

图 2-105 调整白色图层

图 2-106 白色图层美白效果

2. 美白牙齿

操作步骤如下。

Step 1：在 Photoshop 中打开如图 2-107 所示的待处理的照片，在“图层”面板中复制图层。

Step 2：为牙齿做选区，可使用磁性套索或者钢笔工具，羽化 2 像素，如图 2-108 所示。

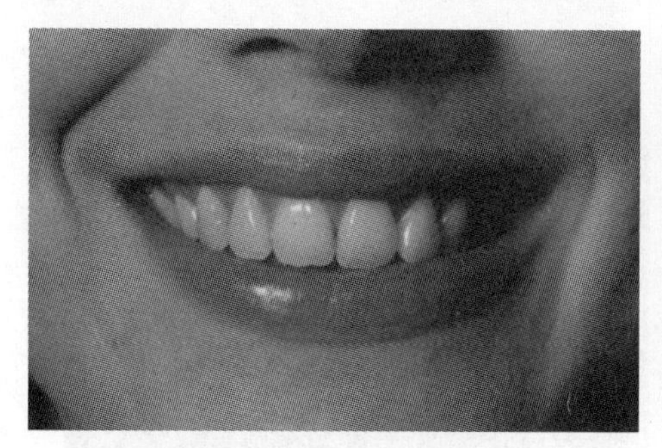

图 2-107 美白牙齿素材图

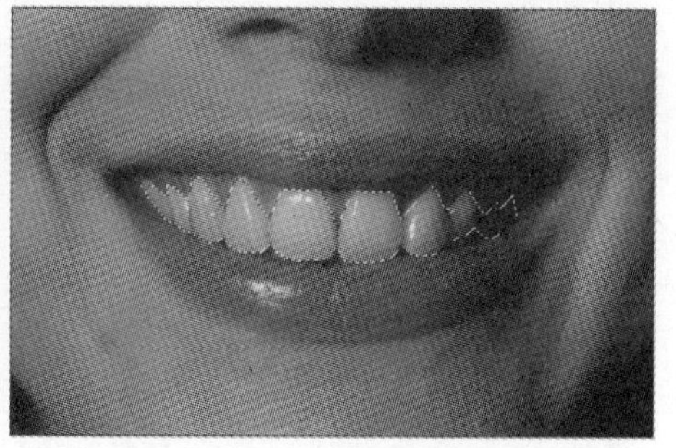

图 2-108 牙齿选区

Step 3：美白牙齿的方法有以下几种。

（1）执行“图像”/“调整”/“去色”命令，牙齿中的黄色部分消失，再执行“图像”/“调整”/“亮度和对比度”命令即可。

（2）执行“图像”/“调整”/“去色”命令，牙齿中的黄色部分消失，再执行“图像”/“调整”/“色阶”命令，其参数设置如图 2-109 所示，效果如图 2-110 所示。

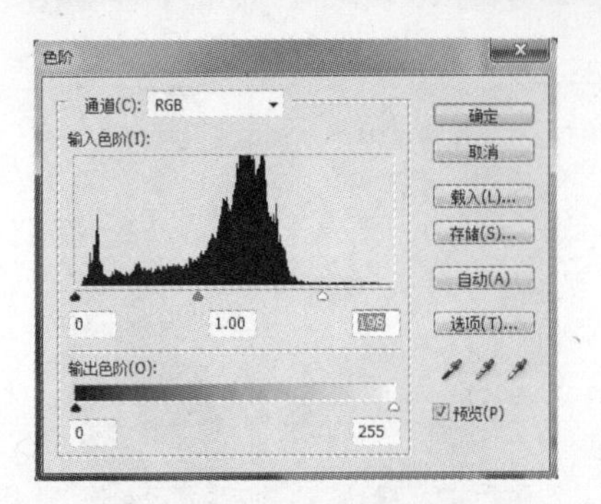

图 2-109　牙齿美白色阶参数设置

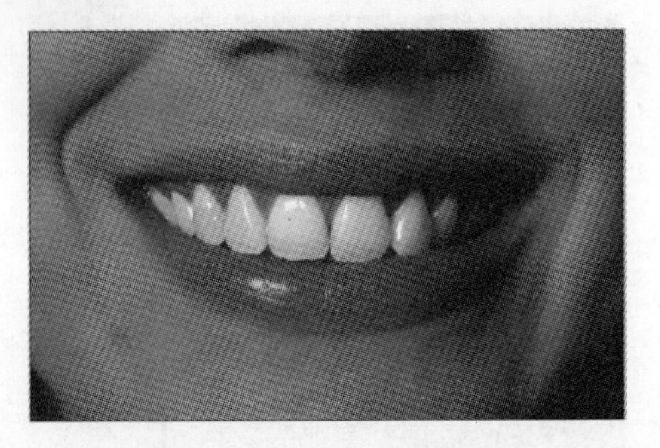

图 2-110　美白后牙齿的效果（色阶）

（3）调整“曲线”和“色相饱和度”。

执行“图像”/“调整”/“曲线”命令或者直接按快捷键 Ctrl+M，弹出“曲线”对话框，参数设置如图 2-111 所示，再执行“图像”/“调整”/“色相/饱和度”命令，弹出“色相/饱和度”对话框，“黄色”通道参数如图 2-112 所示。牙齿部分显示少许红色，对“红色”通道进行调整，如图 2-113 所示。

Step 4：合并可见图层并保存，效果如图 2-114 所示。

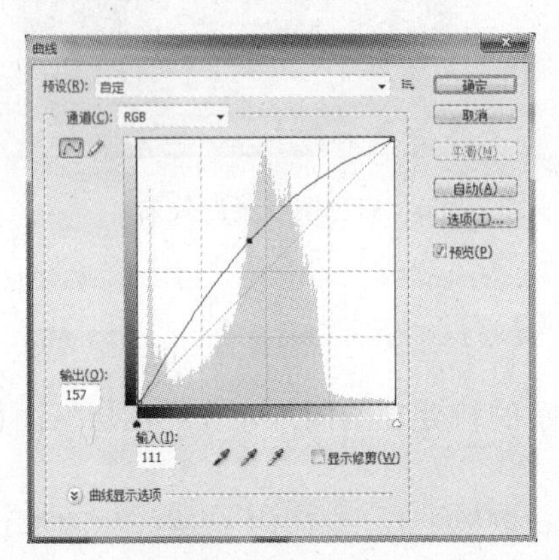

图 2-111　“曲线”对话框

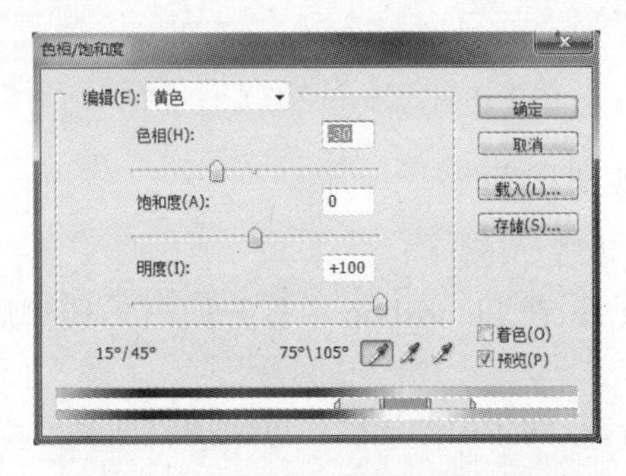

图 2-112　牙齿美白黄色色相调整

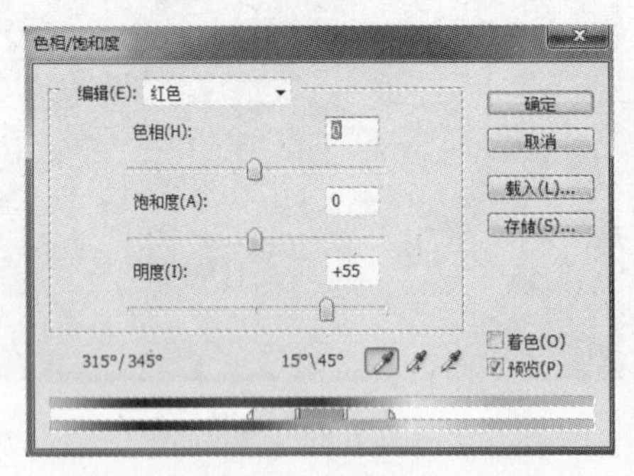

图 2-113　牙齿美白红色色相调整

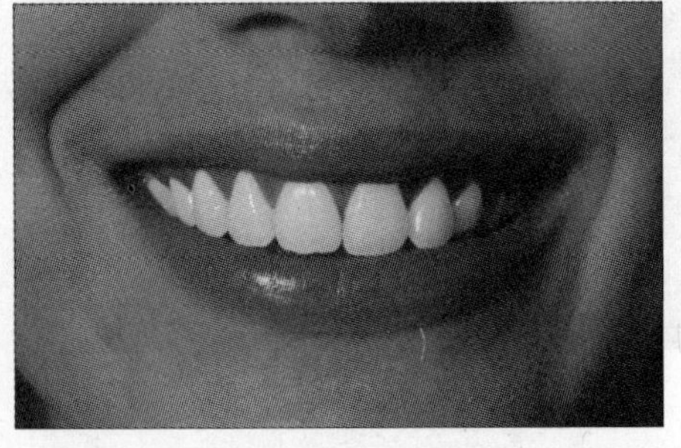

图 2-114　美白后牙齿效果（曲线+色阶）

3. 多变唇彩

有两种方法实现此效果。

方法一的操作步骤如下。

Step1：在 Photoshop 中打开如图 2-115（a）所示的待处理的照片，在“图层”面板中复制图层，并新建一个图层。

Step2：设置前景色为淡粉色，即“#fc0278”或将 RGB 值设置为“252,2,120”，如图 2-116 所示。

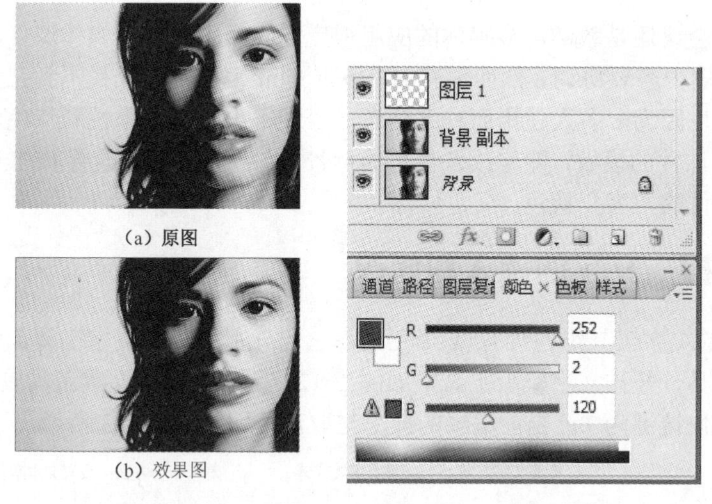

（a）原图

（b）效果图

图 2-115　多变唇彩原图与效果图　　图 2-116　“颜色”面板

Step3：在新建的透明图层上，使用画笔工具，将嘴唇部分涂抹成设置的淡粉色，如图 2-117 所示。

Step 4：将该透明图层的图层混合模式修改为“叠加”，并修改不透明度为 40%，如图 2-118 所示。

图 2-117　嘴唇涂抹淡粉色

图 2-118　设置“叠加”参数

Step 5：合并可见图层并保存，效果如图 2-115（b）所示。

方法二操作步骤如下。

采用钢笔工具或磁性套索工具做出嘴唇选区，如图 2-119 所示。通过调整“色相/饱和度”或“色阶”的方式调整嘴唇颜色，效果如图 2-120 所示。

图 2-119　嘴唇选区

图 2-120　多变唇彩（色相调整）

拓展训练 1 制作精美的 PPT 模板

现在无论是会议还是教学，多媒体的应用很广泛，一个好的多媒体课件，界面应新颖和美观，背景与主题内容要协调。然而现有的 Powerpoint 模板中往往找不到完全适合主题内容的背景，即使有也因为太多人使用而缺乏新意，表现不出自身的个性和特色。此时可以巧用 Photoshop，修改课件的模板，即修改课件里的背景、图片和文字，改善 PPT 课件的外观及演示效果，突出课件的内容和特色。

知识链接 文字的插入和修改

Photoshop 的文字工具组内含有 4 个工具，它们分别是横排文字工具、竖排文字工具、横排文字蒙版工具、竖排文字蒙版工具，如图 2-121 所示。横排文字工具属性栏如图 2-122 所示。该工具的快捷键为 T。当前编辑的提交与取消按钮如图 2-123 所示。

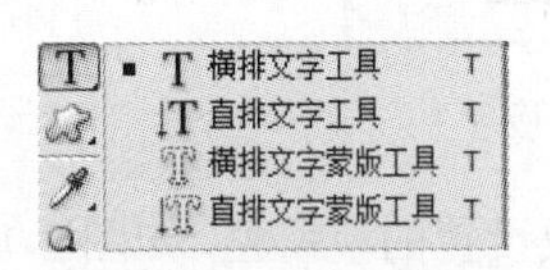

图 2-121 文字工具组

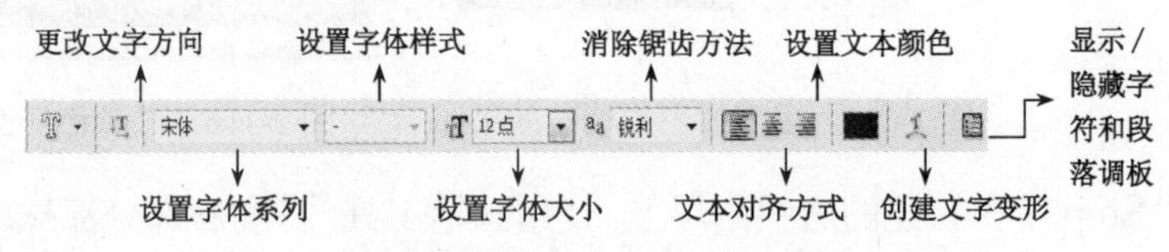

图 2-122 横排文字工具属性栏

取消所有当前编辑 提交所有当前编辑

图 2-123 当前编辑的提交与取消按钮

1. 文本输入方式

文本输入方式有两种：点文本输入形式和段落文本输入方式，如图 2-124 所示。两种输入形式的转换可通过执行“图层”/“文字”/“转换为段落文本”或“转换为点文本”命令来实现。

（a）点文本输入

（b）段落文本输入

图 2-124 点文本输入和段落文本输入

1）点文本输入方式

选择点文本输入方式，进行工具属性的设置，在背景上单击，即可在光标处输入点文本，可按 Enter 键换行。

2）段落文本输入方式

选择段落文本输入方式，进行工具属性的设置，在背景上单击并拖动出合适的文本框，则自动改变每行显示文本的数量，以适应文本框。

这两种方式都会在“图层”面板中建立一个文本图层，输入结束后可单击工具属性栏中的“✔”按钮，可提交当前编辑。使用移动工具，可以移动当前编辑文本的位置。双击该文本图层，可进行二次修改，如颜色、对齐方式、横排或竖排文本等。

2．创建文字选区与选区的修改

如果制作特殊文字效果（文字特效），则需制作文字选区，再针对选区进行处理。

1）创建文字选区

方法一：选择工具箱中的横排文字蒙版工具或直排文字蒙版工具，可以在图像中创建一个文字形状的选区。若选择横排文字蒙版工具，使用点文本在图像中输入所需要的文字，则可在图像中得到一个蒙版，单击工具属性栏中的✔按钮，输入的文字将转变为选区出现在图像中，如图 2-125 所示。直排文字蒙版工具的使用方法与横排文字蒙版工具基本相同。

（a）创建横排文字蒙版　　（b）文字选区

图 2-125　创建横排文字蒙版和得到文字选区

方法二：选择工具箱中的横排文字工具或直排文字工具，按住 Ctrl 键的同时单击新建文字图层的处。此时会将输入的文字转换为选区显示在图像中。

2）文字选区修改

文字选区和普通选区一样，通过执行“选择”/“修改”菜单下的命令实现相关效果，子菜单中有“边界”“平滑”“扩展”“收缩”和“羽化”5 个命令，可对文字选区进行修改，以此增加文字的艺术效果，如添加图层样式、描边等。

3．艺术字体的添加

为了丰富 Photoshop 中的字体，可以采用添加艺术字体库的方式来实现。

操作步骤

Step1：在网上搜索“PS 艺术字体库”并下载。

Step2：解压文件，文件为 TTF 格式。

Step3：将 TTF 格式的文件复制在 C:\Windows\fonts 目录下。

Step4：在 Photoshop 中查看刚下载的字体。

4．文字图层样式的添加

为增加文字的艺术效果，我们往往需要为文字添加投影、内外发光、斜面和浮雕、颜色叠加、渐变叠加、图案叠加、描边等图层样式。具体添加方法如下。

方法一：首先选中文字图层，然后单击图层面板下方的“fx.”添加图层样式按钮，在弹出的选项中，可选择“混合选项”或者某一个具体的图层样式，进行更改。

方法二：选中文字图层，右击，在弹出快捷菜单中选择“混合选项”，在“图层样式”对话框中可以通过勾选复选框添加或者清除样式。双击某个具体的样式，可在右侧进行具体参数的更改。

方法三：直接在选中的文字图层的蓝条空白处双击，即可弹出“图层样式”对话框。

方法四：如果要重复使用一个已经设置好的样式，执行【图层】/【图层样式】/【拷贝图层样式】菜单命令，在需要制作同样图层效果的文字图层上，应用【粘贴图层样式】，可以实现同样的效果。

5．画笔的添加

选中文字图层，执行【图层】/【栅格化】/【文字】菜单命令，该图层变成透明的，使用矩形选框工具“⬚”选择文字部分，执行菜单【编辑】/【定义画笔预设】，在弹出的对话框中，更改画笔名称，即可在画笔面板调用预设的文字式画笔图案了。

实训操作　制作精美 PPT 模板

制作契合主题的 PPT 模板，要有较高的审美、艺术、绘画等功底，可以借助网络中海量的素材库，快捷方便地达到目的。其中一类素材是“PSD 素材”，即此类素材的扩展名为.psd，这类素材在外观上和普通图片一样，但它最大的特点是可以利用 Photoshop 打开，我们看到的图片效果是很多图层叠合在一起实现的，我们可以再次修改图片内容，这样就可以综合利用多个 PSD 素材，再插入合适的文字，拼合成一张需要的 PPT 模板背景图片。下面以“调幅收音机制作与调试”PPT 模板背景图片为例，讲解其具体操作步骤。

Step 1：在 Photoshop 中新建文件，名称为“PPT 模板背景图片”，对于屏幕比例为 4∶3 的普通屏幕，建议图片大小为 960 像素×720 像素（或 25.4 厘米×19.05 厘米），分辨率为 72 像素/英寸；对于 16∶9 的宽屏，建议图片大小为 25.4 厘米×14.29 厘米。

Step 2：将图 2-126 图片、图 2-127 素材在 Photoshop 中打开，使用相应的抠图方法，将收音机抠出，使用移动工具将其拖动到新建文件“PPT 模板背景图片”中。

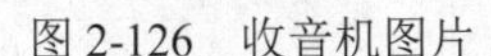

图 2-126　收音机图片

图 2-127　母版素材（一）

Step 3：在 Photoshop 中打开图 1-127 和图 1-128，按图 1-129 所示，分别使用移动工具将其拖动到新建文件中，排列图层叠放次序，并按快捷键 Ctrl+T 调整每个透明图层素材的大小至合适位置，模板背景图片制作完毕。

Step 4：新建文件，大小如前所述，背景色选择“#30347”，如图 2-130 所示。使用雪花画笔，点缀繁星点点。打开图 2-131 所示普通背景素材，将图 2-132 中红色区域从相应图层中拖动出来，并调整位置和尺寸。将已抠出的收音机小图标拖动到此文件的左下角，调整其大小。将文件存储为“背景.psd”和“背景.jpeg”两种格式。

图 2-128　母版素材（二）

图 2-129　PPT 模板母版背景图片

Step 5：使用横排文字工具，添加“综艺简体字库”文字，字体大小设为“260”，消除锯齿方法选择“浑厚”，键入文字“调幅收音机制作与调试”，添加图层样式“颜色叠加”和“图案叠加”，为文字描边，文件存储为“母版背景.psd”和“模板背景.jpeg”两种格式。

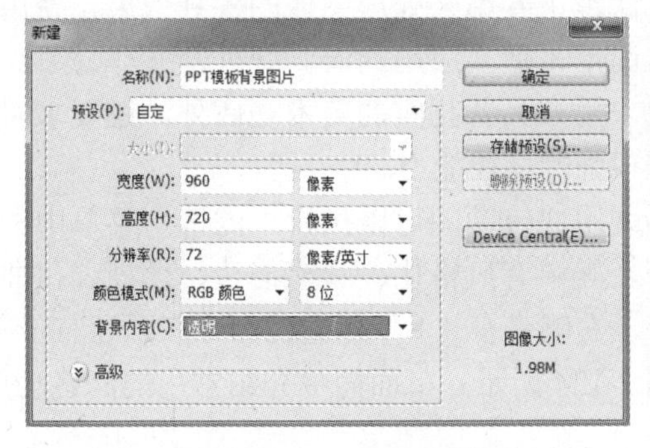

图 2-130　新建 PPT 模板背景图片文件

图 2-131　模板普通背景素材

Step 6：打开 PowerPoint，新建幻灯片，将鼠标指针定位于该幻灯片工作区并右击，弹出快捷菜单，执行“背景”命令，然后在弹出的“背景”对话框的“背景填充”选项组中选择“填充效果”。在“填充效果”对话框中找到“图片”选项，再单击“选择图片”按钮，找到刚才编辑好的图片所在位置，选择图片文件，再单击“确定”按钮，对话框询问是“应用”还是“全部应用”，单击“应用”按钮仅将该图片作为当前幻灯片背景，单击“全部应用”按钮则将该图片作为所有幻灯片的背景。将图 2-129 作为母版背景，将图 2-133 作为普通模板背景。

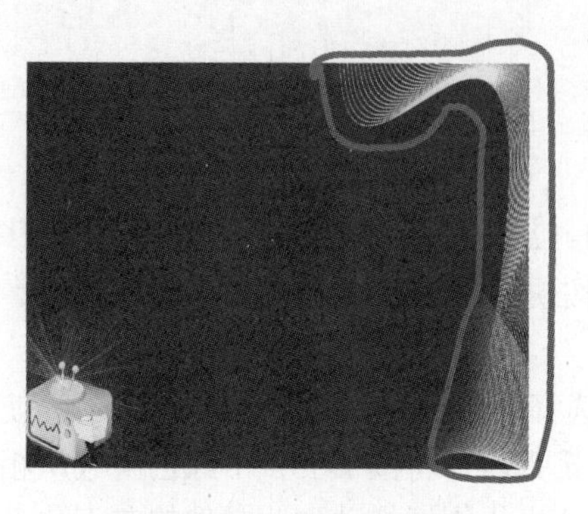

图 2-132　拖动红色部分

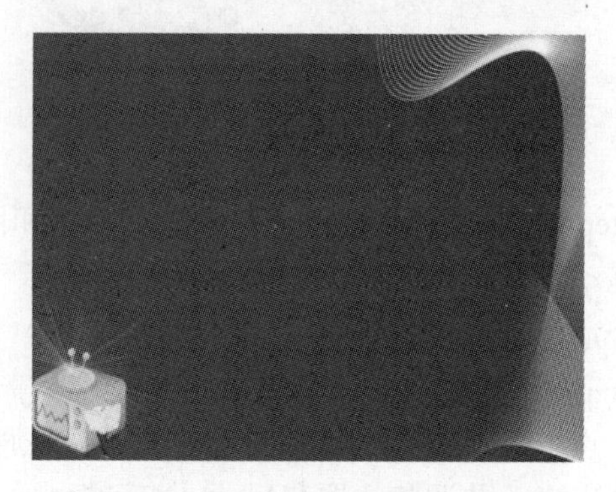

图 2-133　PPT 模板普通模版背景图片

拓展训练 2　制作精美画框

随着数码照相机和智能手机的日益普及，我们可以随时随地拍摄自己喜欢的照片，大部分照片都会被存储在计算机中，下面教大家用 Photoshop 制作自己喜欢的画框，使照片生动起来，不再单调。

知识链接 1　滤镜功能

滤镜功能是 Photoshop 中最奇妙的部分，它能够创建各种各样精彩绝伦的图像。有的仿制现实中的事物，可以以假乱真；有的可以制作出虚幻的景象。滤镜的组合更是能产生千变万化的图像，而且这些图像的产生方便快捷。只要细心研究就能制作出漂亮的画框。

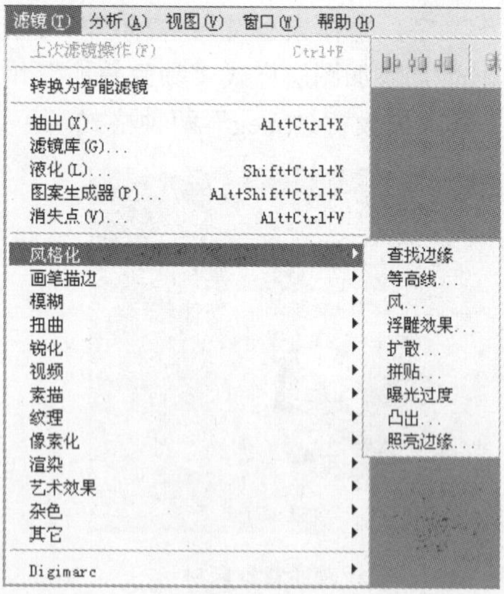

图 2-134　滤镜

滤镜主要用来处理图像的各种效果，使用起来非常简单，但要应用的恰到好处却并非易事。这除了要求用户具备扎实的美术功底外，还要求对滤镜具有很强的操控能力。

调用滤镜功能可以执行“滤镜”菜单中的相关命令，其中有风格化、画笔描边、模糊、扭曲、锐化等，右侧带有“▸”标记的命令表示还有子菜单，如图 2-134 所示。下面简单介绍常用的滤镜功能。

1. 风格化滤镜

风格化滤镜通过置换像素并且查找、增加图像中的对比度，在选区上产生绘画式或印象派艺术效果。

2．画笔描边滤镜

画笔描边滤镜使用不同的画笔和油墨笔触效果产生绘画式或精美艺术的外观。某些滤镜可为图像增加颗粒、绘画、杂色、边缘细节或纹理，以得到种种绘画效果。

3．扭曲滤镜、素描滤镜

扭曲滤镜对图像进行几何变形，创建三维或其他变形效果，如拉伸、扭曲、模拟水波、模拟火光等。这些滤镜会耗用很多内存，操作时应注意。

4．纹理滤镜

纹理滤镜为图像实现深度感或材质感，可增加组织结构的外观。此子菜单中包括“龟裂缝”滤镜、“颗粒”滤镜、“马赛克拼贴”滤镜、“拼缀图”滤镜、“染色玻璃”滤镜和“纹理化”滤镜等。

5．像素化滤镜

“像素化”子菜单中的滤镜可以将图像中相似颜色值的像素结块成单元格，使其平面化。该子菜单中包括彩色半调、晶格化、彩块化、碎片、铜板雕刻、马赛克、点状化 7 个滤镜。

6．艺术效果滤镜

艺术效果滤镜的子菜单中有 15 个滤镜，利用这些滤镜可以得到精美艺术品或商业项目的绘画或特殊效果。另外，这些滤镜可以模仿天然或传统的媒体效果。

7．模糊滤镜

模糊滤镜可使选区或图像柔和，并且对修饰图像非常有用。它们通过将图像中所定义线条和阴影区域的硬边的邻近像素平均化而产生平滑的过渡效果。模糊滤镜包括模糊、进一步模糊、高斯模糊、动感模糊、放射状模糊和灵巧模糊 6 种滤镜。

8．渲染滤镜

渲染滤镜可在图像中创建三维形状、云彩图案、光晕图案和模拟灯光效果。还可以在三维空间中操纵对象、创建三维对象（立方体、球体和圆柱），以及从灰度文件中创建纹理填充以制作类似三维的光照效果。

知识链接 2　画笔工具

画笔工具是最基本的绘图工具，Photoshop 提供的画笔有很多种，可以随便更改画笔笔头的形状，随意刷出任何图案，眼睛、星光、飞雁、小鹿、雪花等，Photoshop 在标准状态下是不会有这些画笔形状的，需要用户自己加载。也可以自定义画笔样式以创建各种图像特效。

1．画笔工具的调用和属性更改

在工具箱中选择画笔工具，如果选中的是铅笔，则按快捷键 Shift＋B 切换为画笔，在其属性栏中单击如图 2-135 中的①部分，展开其选项。其中②代表笔尖的直径，单位为 px（Pixels，像素），即笔刷的粗细。其中执行③的基本操作，可新建画笔预设等。单击④所示图标可“从此画笔创建新的预设”。

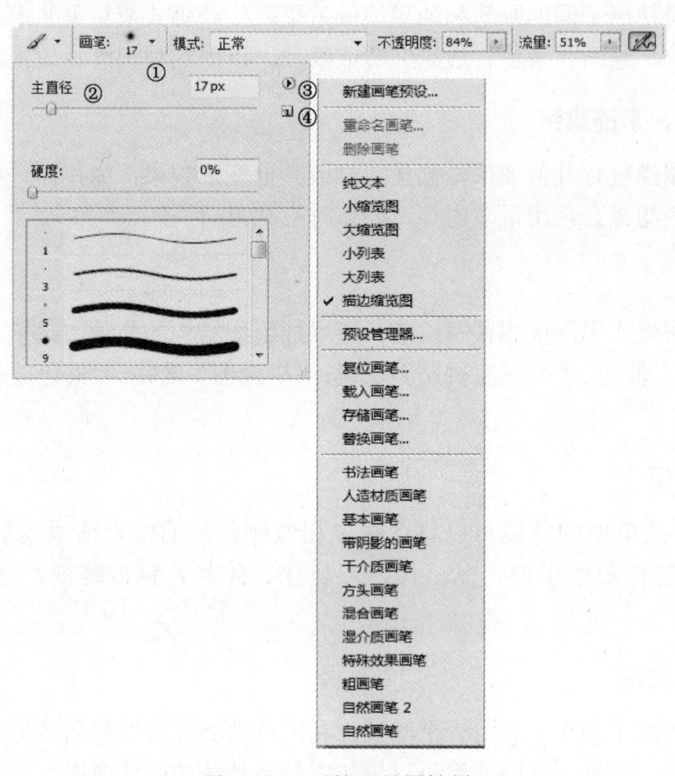

图 2-135　画笔工具属性栏

改变画笔不透明度的方法有 5 种，这 5 种方法适用于 Photoshop 中所有类似数值调整的位置。

（1）将鼠标指针移到不透明度数值上单击，输入数字或者滚动鼠标滚轮，并按 Enter 键确认。

（2）直接按 Enter 键，此时“不透明度”数值将自动被选中，然后输入数字，再次按 Enter 键确认（与第一种方法相比不需要使用鼠标移动）。

（3）单击数字右侧的下拉按钮，在弹出的滑块上拖动，数值会随之改变。

（4）把鼠标指针移动到“不透明度”文字上，此时鼠标指针会变为小手形状，上面有双向箭头，左右拖动即可改变数值。

（5）直接按数字键，如改为 80%就按 8，100%按 0，15%连续按 1 和 5，1%连续按 0 和 1。这种方法最快速也最实用。

2．画笔笔头颜色的更改

更改笔头颜色最常用的方法是使用“拾色器”工具，拾色器可用于执行以下操作：在某些颜色和色调调整命令中用于设置目标颜色；在“渐变编辑器”中设置颜色；在填充图层、某些图层样式和形状图层中设置颜色。

在英文输入法状态下，单击拾色器工具“ ”中的按钮或者按 D 键，可将 Photoshop 中的颜色设置为默认的前景色（黑色）、背景色（白色）。单击拾色器工具中的按钮或者按

X 键，可快速交换前景色和背景色。单击拾色器工具的前景色（默认黑色部分），弹出“拾色器（前景色）”对话框，如图 2-136 所示。

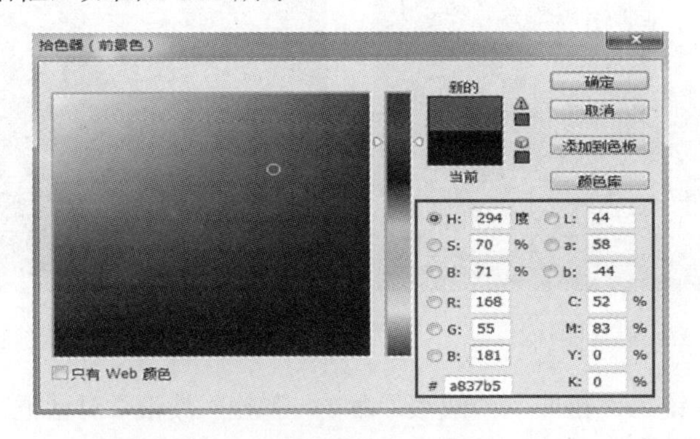

图 2-136　“拾色器（前景色）”对话框

可以直接拖动图 2-136 中颜色滑块 来设定色相，然后移动光圈 来确定饱和度和明度，这种选择方式比较直观、简单。

还可以通过更改图 2-136 中矩形框内的数值参数来实现，对话框中会同时显示 HSB、RGB、LaB、CMYK 和十六进制的数值。当更改 RGB 模式中任意一个数值时，其余几种模式的数值也会随之更改。这对于查看如何用不同的颜色模式描述颜色非常有用。

 知识链接 3　图层蒙版

快速蒙版在工具栏的下方，按 Q 键可快速进入快速蒙版模式，而无需使用“通道”面板，查看图像时也可如此。将选区作为蒙版来编辑的优点是几乎可以使用任何 Photoshop 工具或滤镜修改蒙版。例如，如果用选框工具创建了一个矩形选区，可以进入快速蒙版模式并使用画笔扩展或收缩选区，也可以使用滤镜扭曲选区边缘，还可以使用选区工具，因为快速蒙版不是选区。

从选中区域开始，使用快速蒙版模式在该区域中添加或减少以创建蒙版。另外，也可完全在快速蒙版模式中创建蒙版。受保护区域和未受保护区域以不同颜色进行区分。当离开快速蒙版模式时，未受保护区域就是选区。

当在快速蒙版模式中工作时，“通道”面板中出现临时快速蒙版通道。但是，所有的蒙版编辑都是在图像窗口中完成的。

 实训操作 1　精美艺术边框制作

制作精美艺术边框的操作步骤如下。

Step 1：打开素材图片，如图 2-137 所示。在“图层”面板的背景图层上，按 Alt 键的同时双击小锁图标，将背景图层转化为普通图层。

Step 2：使用矩形选框工具选取一个比图片略小的矩形框，执行“选择”/“变换选区”命令，调整边框宽度至合适，执行“选择”/“反向”命令或者直接按快捷键 Ctrl+Shift+I，做出边框的选区，单击工具栏中的 按钮或者直接按 Q 键，以快速蒙版模式进行编辑，如图 2-138 所示。

图 2-137　素材图片　　　　图 2-138　快速蒙版剪辑下的效果

Step 3：执行“滤镜”/“扭曲”/“波浪”命令，弹出“波浪”对话框。设置参数如图 2-139 所示，单击“确定”按钮。

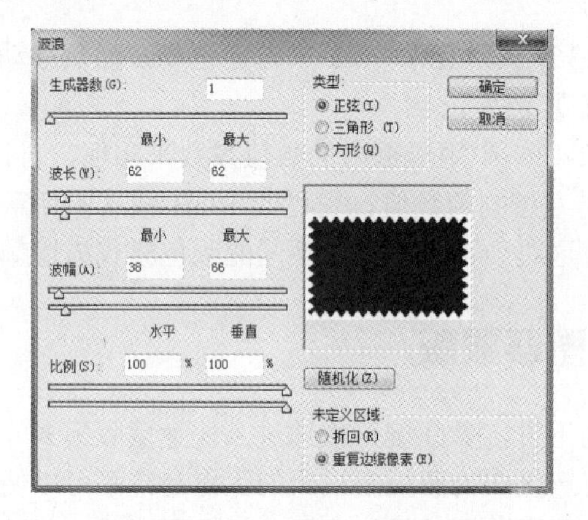

图 2-139　“波浪”设置对话框

Step 4：执行“滤镜”/“纹理”/“染色玻璃”命令，设置参数，单元格大小为“6”，边框粗细为“4”，光照强度为“1”，如图 2-140 所示，单击“确定”按钮，效果如图 2-141 所示。

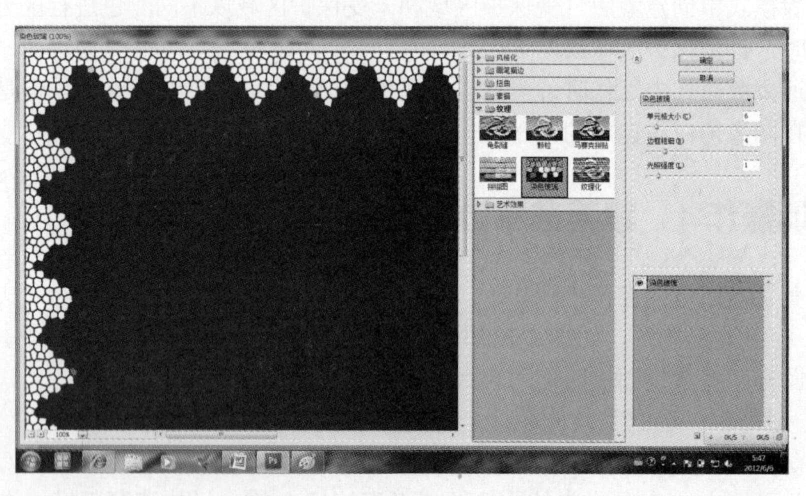

图 2-140　“染色玻璃”参数设置

图 2-141　效果图

Step 5：再次单击工具栏中的按钮或者直接按 Q 键，退出快速蒙版模式。

执行“编辑”/“描边”命令，弹出“描边”对话框，参数设置如图 2-142（a）所示。

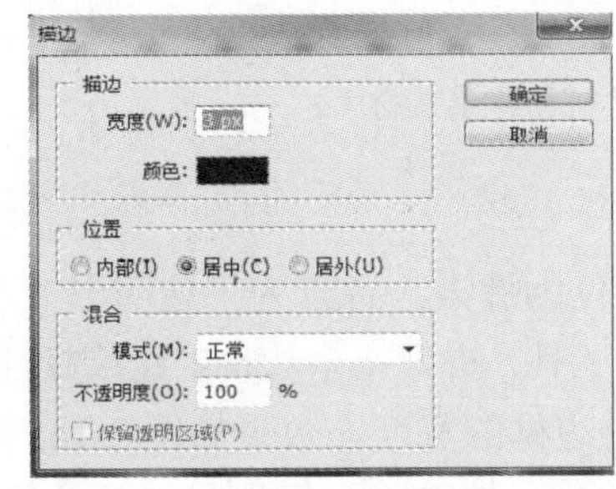

（a）“描边”对话框

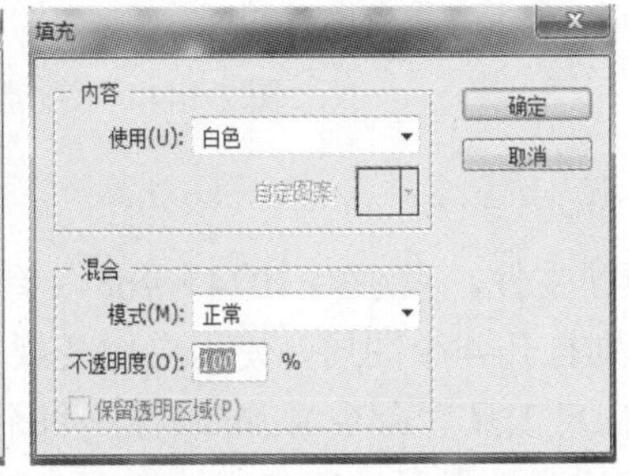

（b）“填充”对话框

图 2-142　“描边”和“填充”对话框

Step 6：执行“编辑”/“填充”命令或者按快捷键 Shift+F5，填充白色，如图 2-142（b）所示。按快捷键 Ctrl+D 取消选区，最终效果如图 2-143 所示（技巧：填充前景的快捷键为 Alt+Delete；填充背景的快捷键为 Ctrl+Delete）。

图 2-143　使用“滤镜”功能制作的简易相框效果图

实训操作 2　制作精美的立体雕花木质花纹相框

制作思路：利用木纹素材[图 2-144（a）]制作 4 个边框，在 4 个边框上勾勒出花纹，使用滤镜制作出花纹浮雕效果，最后随意拖放自己喜欢的图片[图 2-144（b）]调整大小即可。

（a）木纹素材

（b）背景素材

图 2-144　木纹素材和背景素材

1．制作边框

Step 1：新建文件，大小为 1024×768，单位为像素，背景为“透明”。

Step 2：分别打开 4 个图层，使用自由变换工具，拼好 4 个边框，建议打开标尺工具（执行“视图”/“标尺工具”命令），准确控制每个边框的宽度。效果如图 2-145 所示。

Step 3：使用多边形套索工具，选取多余的角，按 Delete 键删除，注意每个边框所在图层。效果如图 2-146 所示。

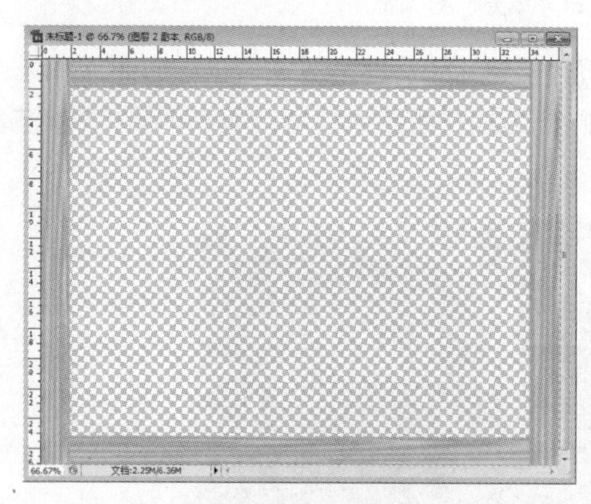

图 2-145　搭接边框

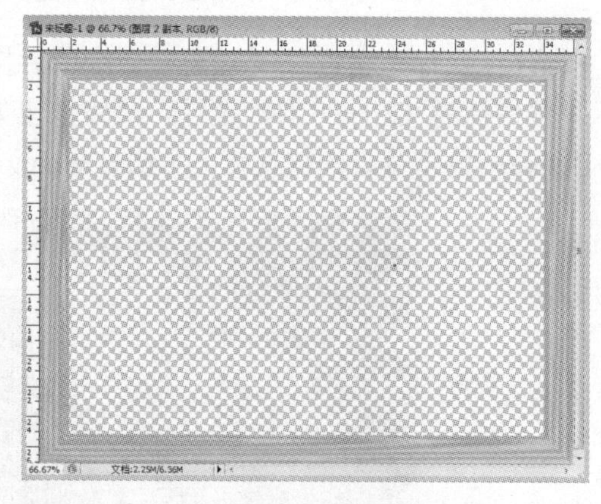

图 2-146　裁切边角

2．制作花纹

Step 1：在制作好边框的基础上，创建新图层。

Step 2：选择画笔工具，在“画笔”面板中选择“载入画笔”，在新建图层上添加花纹画笔，变换其大小使其与边框相适应。使用橡皮擦工具擦去超出边框的部分。

Step 3：按 Ctrl 键的同时单击花纹图层，做出花纹的选区，执行“编辑”/“填充”命令，填充与木纹接近的颜色。

Step 4：取消选区后执行“滤镜”/“风格化”/“浮雕效果”命令，弹出“浮雕效果”对话框，参数设置如图 2-147 所示。

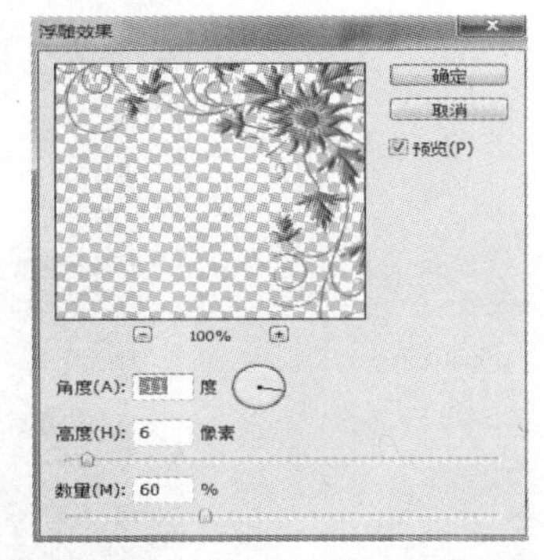

图 2-147 “浮雕效果”参数设置

Step 5：双击花纹图层，添加图层样式，选择投影和斜面与浮雕，数值保持为默认设置，如图 2-148 和图 2-149 所示。单击“确定”按钮后完成最终效果，如图 2-150 所示。

Step 6：单击花纹图层并复制图层 3（或者直接按快捷键 Ctrl+J），执行“编辑”/“变换”/“水平翻转”或“垂直翻转”命令，制作出 4 个角，至此花纹相框制作完毕，如图 2-151 所示。

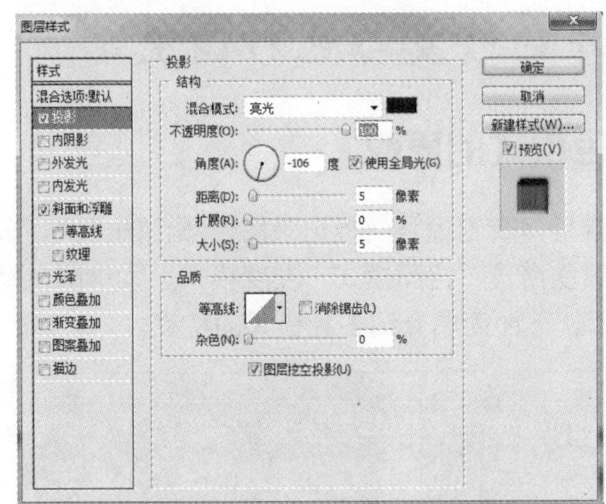

图 2-148 “投影”参数设置

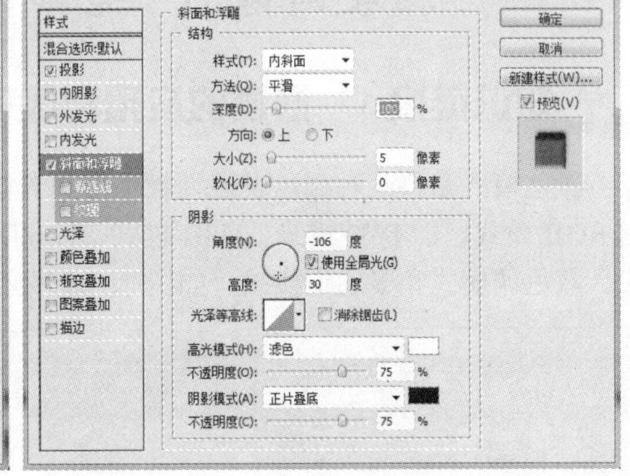

图 2-149 “斜面与浮雕”参数设置

图 2-150 花纹效果（一角）

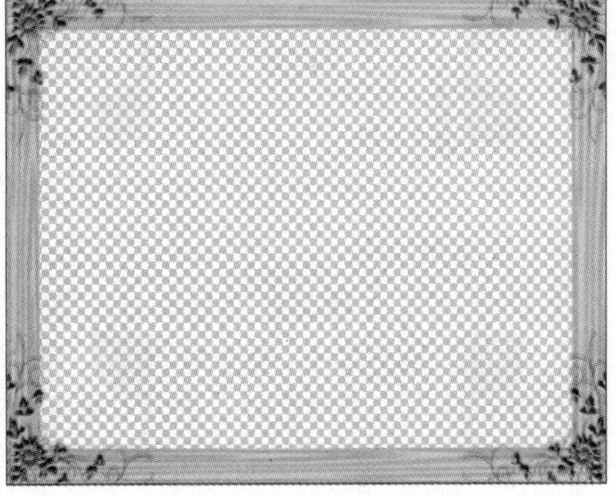
图 2-151 花纹效果（四角）

3. 拖放图片

拖放图片至最底层，并按快捷键 Ctrl+T 调整图像大小，至此精美相框制作完成，如图 2-152 所示。

图 2-152　精美的立体雕花木质花纹相框

拓展训练 3　老照片的修复与色彩调整

知识链接 1　通道的应用和颜色模式的更改

颜色模式是将某种颜色表现为数字形式的模型，或者说是一种记录图像颜色的方式，分为 RGB 模式、CMYK 模式、HSB 模式、Lab 颜色模式、位图模式、灰度模式、索引颜色模式、双色调模式和多通道模式，如图 2-153 所示。下面简单介绍各种模式的特点。

（a）RGB 原图

（b）转换后的灰度图

（c）转换后的位图

图 2-153　颜色模式

1）位图模式

位图模式用两种颜色（黑和白）来表示图像中的像素。位图模式的图像也称为黑白图像。因为其深度为 1，故也称为一位图像。由于位图模式只用黑白色来表示图像的像素，在将图像转换为位图模式时会丢失大量细节，因此 Photoshop 提供了几种算法来模拟图像中丢失的细节。在宽度、高度和分辨率相同的情况下，位图模式的图像尺寸最小，约为灰度模式的 1/7 和 RGB 模式的 1/22。

2）灰度模式

灰度模式可以使用多达 256 级灰度来表现图像，使图像的过渡更加平滑细腻。灰度图像的每个像素有一个 0（黑色）到 255（白色）之间的亮度值。以灰度显示图像，类似黑白照片的效果 。

3）RGB 模式

RGB 模式是工业界的一种颜色标准，是通过对红（R）、绿（G）、蓝（B）3 个颜色通道的变化以及它们之间的叠加来得到各式各样的颜色的。这个标准几乎包括了人类视力所能感知的所有颜色，是目前运用最广的颜色系统之一，如图 2-154（a）所示。它是一种“加色模式”。

4）CMYK 模式

CMYK 模式针对印刷媒介，即基于油墨的光吸收/反射特性，眼睛看到颜色实际上是物体吸收白光中特定频率的光而反射的其余光的颜色。它是一种“减色模式”，如图 2-154（b）所示。在 Photoshop 中，在准备用印刷颜色打印图像时，应使用 CMYK 模式。如果由 RGB 图像开始，最好先编辑，然后转换为 CMYK 模式。如以 RGB 模式输出图片直接打印，则印刷品实际颜色将与 RGB 预览颜色有较大差异。

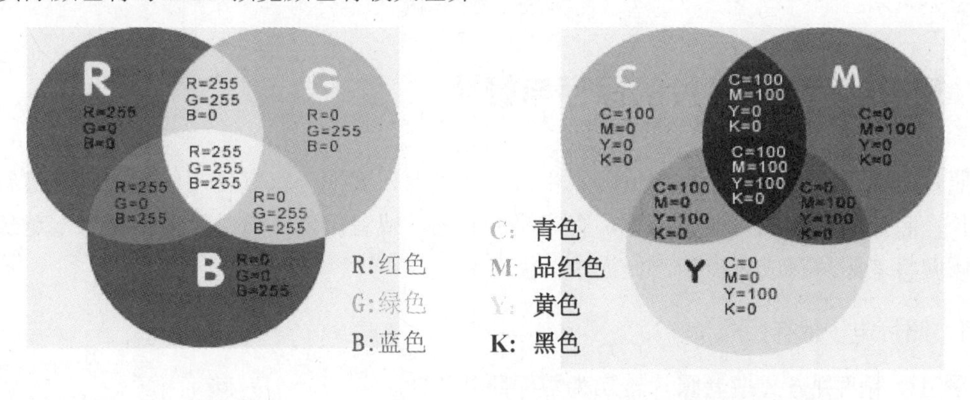

（a）RGB 模式　　　　（b）CMYK 模式

图 2-154　RGB 模式和 CMYK 模式

5）HSB 模式

从心理学的角度来看，颜色有 3 个要素：色相、饱和度和亮度。HSB 模式是基于人对颜色的心理感受的一种颜色模式。基于人对颜色的直觉，将自然颜色转换为计算机创建的颜色。

6）Lab 模式

Lab 颜色是由 RGB 三基色转换而来的，它是由 RGB 模式转换为 HSB 模式和 CMYK 模式的桥梁。该颜色模式由一个发光率和两个颜色轴组成。它是一种具有“独立于设备”的颜色模式，即无论使用哪一种监视器或者打印机，Lab 的颜色不变。a 通道包括的颜色从深绿色到灰色再到亮粉红色；b 通道则从亮蓝色到灰色再到黄色。

7）双色调模式

双色调模式采用 2～4 种彩色油墨来创建由双色调（2 种颜色）、三色调（3 种颜色）和四色调（4 种颜色）混合其色阶以组成图像。在将灰度图像转换为双色调模式的过程中，可以对色调进行编辑，产生特殊的效果，如图 2-155 所示。而使用双色调模式最主要的用途是使用尽量少的颜色表现尽量多的颜色层次，这对于减少印刷成本是很重要的，因为在印刷时，每增加一种色调都需要更大的成本。

图 2-155　双色调模式

知识链接 2　照片的保存与修补

照片可以记录点滴生活，在数码照相机出现以前，大部分家庭使用胶卷相机，随着时间的增长，照片的保存成为很大问题，有些照片丢失，或者出现泛黄甚至破损现象，越来越多的人倾向将老照片存成电子档，作为永久留念。

1．照片电子保存

采用以下两种方式把老照片转换为数码照片。

1）*扫描仪扫描方式*

使用好一些的专业图像扫描仪进行扫描。扫描时，把分辨率设高一些，分辨率为 1280×960 以上的才能保证放大的相片不会严重失真。

2）*用数码照相机翻拍方式*

使用数码照相机翻拍时要注意以下几个问题。

（1）为了消除反射光和偏色的影响，不要使用闪光灯和灯光。

（2）不要在室外强烈的直射光下拍摄，也不要在室内靠窗的位置拍摄。最好在光线充足柔和的室内拍摄，光线应从前侧上方照到待翻拍的照片上。

（3）使用“微距模式”（一般为“花朵”标志），相机与照片的距离最好不要超出 50cm，10～20cm 为宜。

（4）保持相机稳定。可使用三脚架拍照，或放置在一个固定的物体上，让镜头垂直正对要翻拍的照片。使用自拍模式（有 2s 和 10s 的选择，选 2s 即可），按快门后手就要离开相机，排除人手的干扰可以得到更清晰的翻拍照片。

（5）背景选择：采用一张白色的 A4 复印纸作为照片的衬底。

（6）像素和分辨率：将相机的分辨率调整到最大，后期制作和调整有更大的弹性空间。

（7）建议使用程序自动曝光模式，不要使用全自动曝光模式，并用半按快门的方法进行自动测光和自动对焦。

2．基本修复工具

常用的修复工具主要有“污点修复画笔工具”、“修复画笔工具”、“修补工具”、“仿制图章工具”等，它们都隐藏在工具和工具组中，如图 2-156 所示。

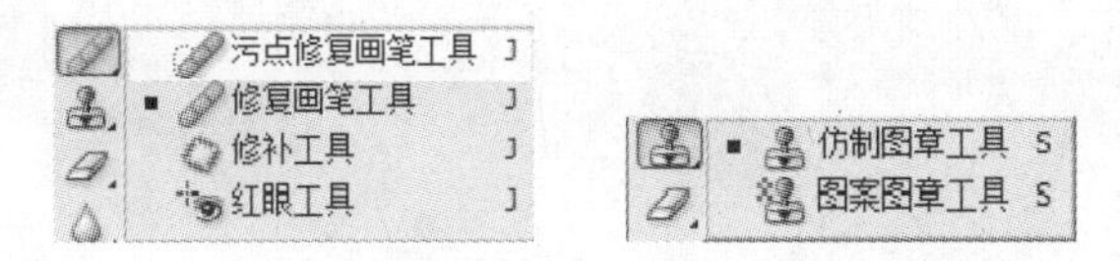

图 2-156 “修复画笔”工具组和“仿制图章”工具组

（1）“”污点修复画笔工具：调整画笔到合适的大小直接在污点上擦拭即可以周围的颜色为准计算出相应的颜色补充。原图和效果图如图 2-157 所示。

（a）原图　　（b）效果图

图 2-157 “污点修复画笔”修复前后对比

（2）“”修复画笔工具：按 Alt 键选取“源”，在需要的部分进行擦拭，软件会根据周围的颜色以“源”为基准进行补充。修复画笔工具属性栏和效果如图 2-158 所示。

（a）修复画笔工具属性栏

（b）效果图

图 2-158 “画笔工具”修复前后对比

（3）“”修补工具：较为精细的修复工具，主要有源和目标两种修补操作。

①“源”：可以直接将圈中去污点的部分拖走，软件会根据周围的颜色运算后进行补充。

②“目标”：可以先选择“目标”部分拖动到污点部分上进行覆盖，软件会根据周围的颜色运算后进行补充。

无论哪种操作都需要将某一部分圈选起来，形成选区，作为源或者目标，再按住鼠标左键拖动即可修复。修补工具属性栏和效果如图 2-159 所示。

修补：◉源 ○目标 □透明

（a）修补工具属性栏

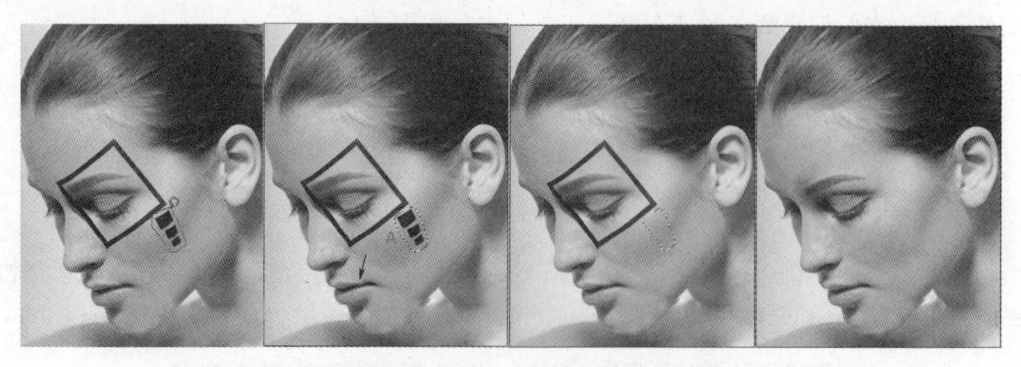

（b）效果图

图 2-159　修补工具属性栏和效果图

（4）“ ”红眼工具：非常有用的一款工具，专门用来消除人物眼睛因灯光或闪光灯照射后瞳孔产生的红点、白点等反射光点，在其属性栏中可设置瞳孔大小及变暗数值，在瞳孔位置单击即可修复，原图和效果图如图 2-160 所示。

（a）原图

（b）效果图

图 2-160　“红眼工具”修复前后对比

（5）“ ”仿制图章工具：按 Alt 键的同时单击图像中某一点即为复制原点，然后将取样点复制到目标点进行覆盖。原图和效果图如图 2-161 所示。

（a）原图

（b）效果图

图 2-161　“仿制图章工具”修复前后对比

【注意】修复画笔工具和仿制图章工具都是针对点进行取样和覆盖的，它们的不同之处是，仿制图章工具将定义点全部照搬，而修复画笔工具会加入目标点的纹理、阴影、光等因素，自动进行颜色匹配与过渡。使用前者时要注意找寻与目标最合适的替代点。而后者比较适宜对皮肤进行处理，因为它能很好地保持皮肤的纹理及光泽的均匀度等。修补工具常用于大面积的修复。

实训操作　老照片的修复与色彩还原

在如图 2-162（a）所示的照片中存在明显的划痕和污损，需要还原老照片的原始面貌，并进行合理色彩还原，使其达到理想的老照片修复效果。图 2-162 所示为修复前后的对比。

（a）老照片

（b）修复后照片

图 2-162　老照片的修复与色彩还原对比图

操作步骤

Step 1：使用标尺工具，沿上端画一条直线，查看其属性栏中的“A”项，其值为“2.4”，代表其与水平轴的夹角为 2.4°，也代表其需要旋转的角度。

Step 2：执行“编辑”/“变换”/“旋转”命令，在其属性栏中，修改“旋转项”为“2.4”度按 Enter 键确定，此时仍然存在标尺线，在标尺线工具属性栏中单击“清除”按钮，清除标尺线。旋转前后后如图 2-163 所示。

（a）旋转前

（b）旋转后

图 2-163　旋转前后对比

Step 3：使用污点修复画笔工具“”或修复画笔工具“”或仿制图章工具“”，修复除脸部以外的区域（注意整体的纹理，选取相近区域作为修复源）。修复前后的对比如图 2-164 所示。

（a）修复前

（b）修复后

图 2-164　脸部以外区域修复

Step 4：采用相似的方法，修复脸部区域（此时要注意受光面与背光面的明暗差异）。

Step 5：采用钢笔工具“”或磁性套索工具“”或者其他选区工具，选出背景区域，按快捷键 Ctrl+M，弹出“曲线”对话框，选择“蓝”通道，调整曲线如图 2-165 所示，效果如图 2-166 所示。按快捷键 Ctrl+D 取消选区。

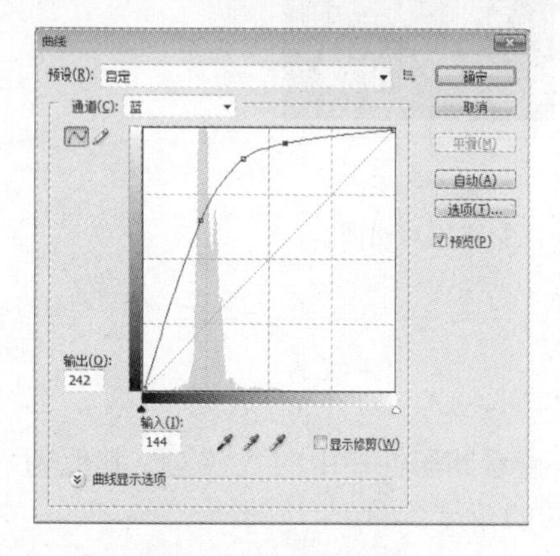

图 2-165　曲线调整

图 2-166　背景调整后效果“曲线调整”

Step 6：选取围巾部分，执行“图像”/“调整”/“色彩平衡”命令，弹出“色彩平衡”对话框，参数设置如图 2-167 所示，将围巾还原成红色，如图 2-168 所示。

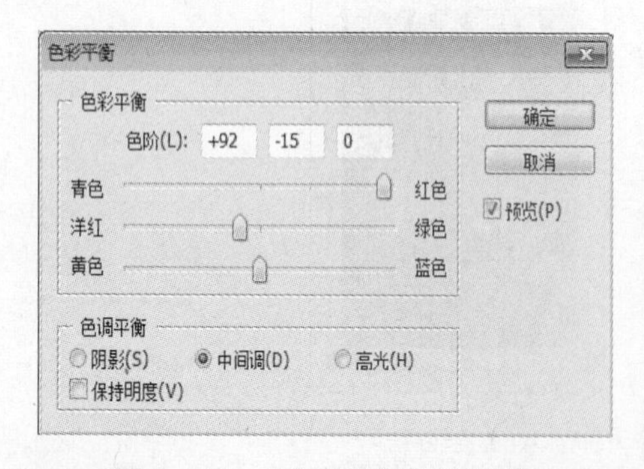

图 2-167　“色彩平衡”参数调整

图 2-168　“围巾”色彩调整效果

Step 7：将原来的 RGB 模式更改为 CMYK 模式，选取女士上衣，执行“图像”/“调整”/“通道混合器”命令，弹出“通道混合器”对话框，参数设置参数如图 2-169 所示，单击确定按钮，按快捷键 Ctrl+D 取消选区。调整后效果如图 2-170 所示。

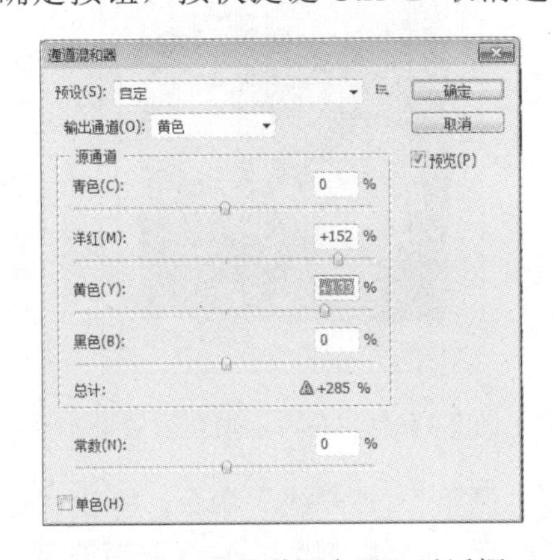

图 2-169　“通道混合器”对话框

图 2-170　“女士上衣”色彩调整后效果

Step 8：选取男士上衣，按快捷键 Ctrl+M，弹出“曲线”对话框，选择“蓝”通道，调整曲线如图 2-171 所示。按快捷键 Ctrl+D 取消选区，效果如图 2-172 所示。

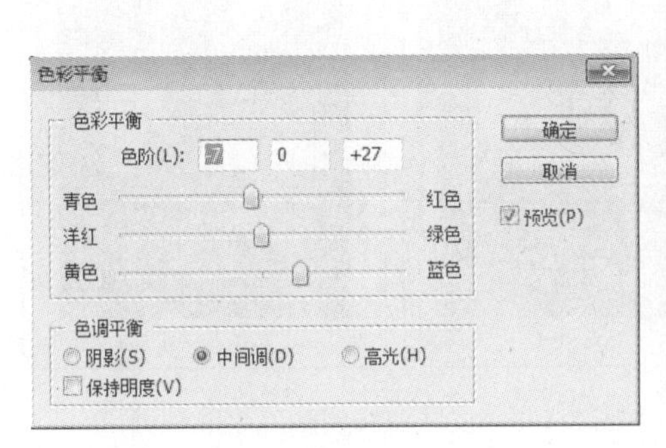

图 2-171　“色彩平衡”参数调整

图 2-172　“男士上衣”色彩调整后效果

Step 9：选取男士内衣领部分（注意有两层，白色部分不必修改），执行“图像”/“调整”/“亮度/对比度”命令，弹出“亮度/对比度”对话框，调整最外层内衣，参数设置如图 2-173 所示。按快捷键 Ctrl+D 取消选区，效果如图 2-174 所示。执行“图像”/“调整”/“色阶”命令，弹出“色阶”对话框，调整内衣领，参数设置如图 2-175 所示，效果如图 2-176 所示。

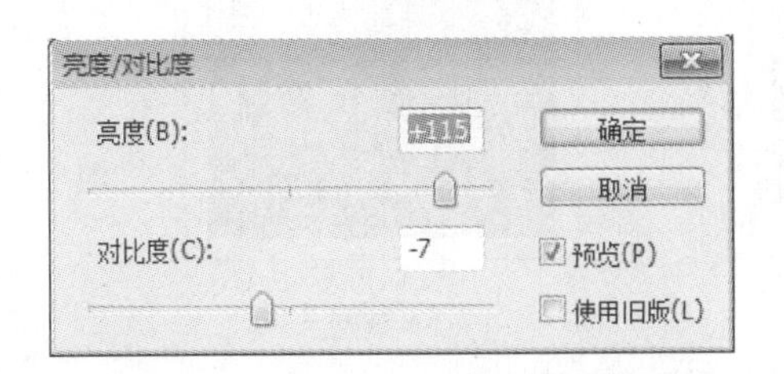

图 2-173　“亮度/对比度”参数调整

图 2-174　“亮度/对比度”调整后效果

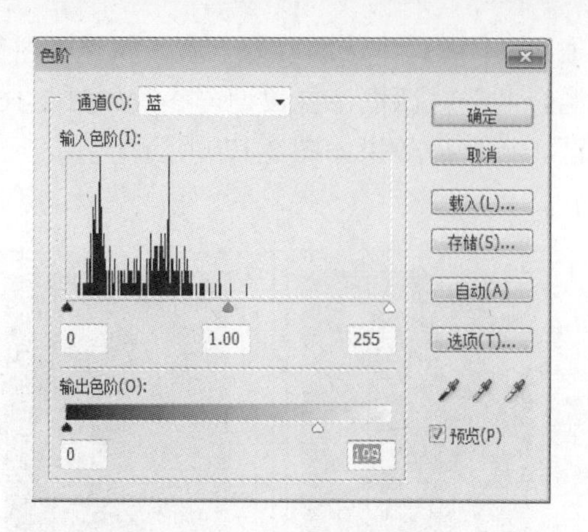

图 2-175 “色阶”参数调整

图 2-176 “色阶”调整后效果

Step 10：选取所有的皮肤部分，执行“图像”/“调整”/“曲线”命令，弹出“曲线”对话框，参数设置如图 2-177 所示，效果如图 2-178 所示。按快捷键 Ctrl+D 取消选区。

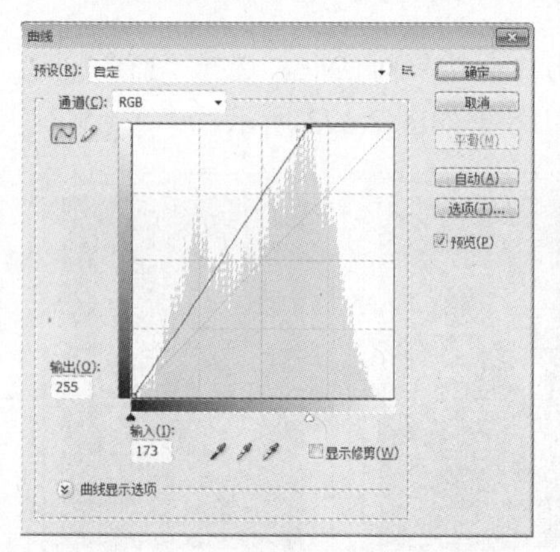

图 2-177 “曲线”对话框

图 2-178 皮肤曲线调整后效果

Step 11：新建一个空白文件，背景色为白色，大小为 280 像素×375 像素，使用矩形选框工具，选取中间部分，复制粘贴到新建文件中，使裁切工具，留出白色区域，最终效果如图 2-179 所示。

（a）调整前

（b）调整后

图 2-179 边框调整前后效果对比

拓展训练 4　证件照的排版制作与打印

 知识链接　证件照的尺寸及背景设置

个人证件照在日常生活中经常用到，随着数码照相机的普及（也可使用相机像素高的手机），我们可以自己照个人证件照并制作排版和打印。

常用证件照的具体尺寸如表 2-3 所示。照片尺寸与打印尺寸对比如表 2-4 所示（分辨率为 300dpi，1in≈2.54cm）。常用证件照背景色对比如表 2-5 所示。

表 2-3　常用证件照对应尺寸

常用证件照	对应尺寸
一寸	25mm×35mm
黑白小一寸	22mm×32mm
彩色小一寸	27mm×38mm
彩色大一寸	40mm×55mm
二寸	35mm×4.9mm
小二寸	35mm×45mm
大二寸	35mm×53mm
港澳通行证	33mm×48mm
赴美签证	50mm×50mm
日本签证	45mm×45mm
大二寸	35mm×45mm
护照	33mm×48mm
毕业生照	33mm×48mm
身份证（驾照）	22mm×32mm
车照	60mm×91mm

表 2-4　相纸、照片和打印尺寸对比

相纸尺寸	照片尺寸/in	打印尺寸/cm
36 寸	24×36	60.69×91.44
30 寸	24×30	60.96×76.20
24 寸	20×24	50.80×60.96
20 寸	16×29	40.64×50.80
18 寸	14×18	35.56×45.72
16 寸	12×16	30.48×40.64
14 寸	12×14	30.48×35.56
12 寸	10.0×12.0	25.40×30.48
10 寸	10.0×8.0	25.40×20.32
8 寸	8.0×6.0	20.32×15.24
8 寸	8.0×5.0	20.32×12.70
7 寸	7.0×5.0	17.78×12.70
6 寸	6.0×4.0	15.24×10.16
5 寸	5.0×3.5	12.70×8.89

表 2-5　颜色模式及应用

背 景 颜 色	RGB 模式	CMYK 模式	备　注
蓝色	R:60，G:140，B:220	C:85，M:40，Y:0，K:0	
红色	R:255，G:0，B:0	C:0，M:100，Y:100，K:0	
深红色	R:220，G:0，B:0		
白色	R:255，G:255，B:255		二代身份证/社保
出入境/护照	R:67，G:142，B:219		蓝色

1．设置前景色和背景色

在 Photoshop 中制作图像时，通常使用前景色绘画、填充或描边选区，使用背景色生成渐变填充，并在图像的抹除区域中填充。一些特殊的滤镜也使用前景色和背景色来生成效果，设置前景色和背景色的方法主要有以下 4 种。

（1）使用拾色器：选择拾色器工具。单击拾色器工具的前景色（默认黑色部分），或者单击工具箱中的切换前景色和背景色按钮，即可将前景色和背景色切换，弹出拾色器对话框，设置方法不再赘述。

（2）使用“吸管工具”：可以在当前图像随意吸取喜欢的颜色作为前景色或背景色。

（3）使用“颜色”面板：通过调整色块可精确调整 RGB 的数值，准确进行颜色设置，如图 2-180 所示。

（4）使用“色板”面板：通过配合吸管工具“”，可吸取色板中任一种颜色作为前景色，如图 2-181 所示。

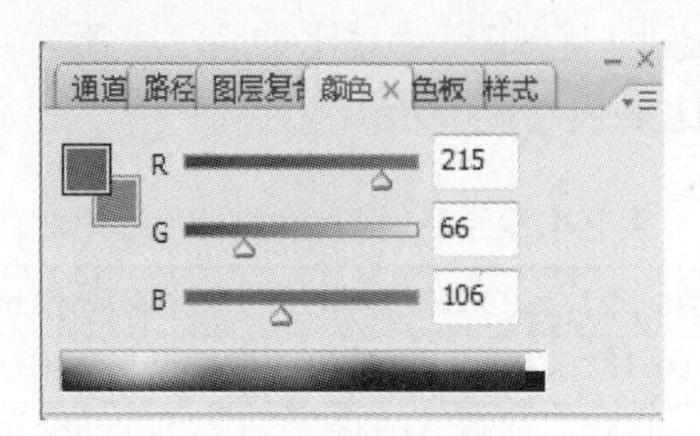

图 2-180　“颜色”面板

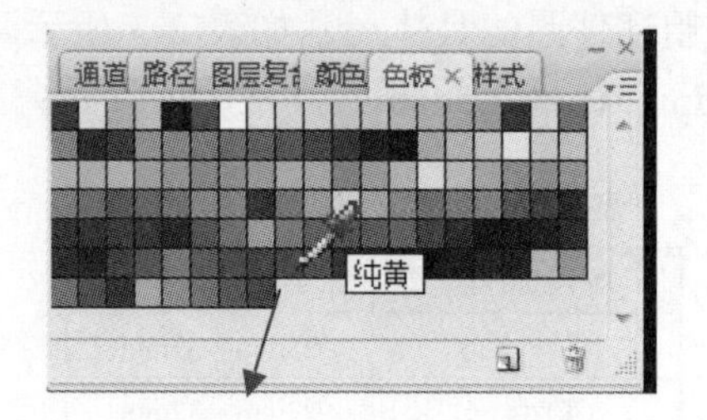

图 2-181　“色板”面板

2. 填充

执行“编辑”/“填充”命令，或者按快捷键 Shift+F5，弹出“填充”对话框，可选择“前景色”、“背景色”、“白色”、“黑色”、“颜色”和“图案”等方式。

【注意】填充颜色可用快捷键实现。填充前景快捷键为 Alt+Delete 或者快捷键为 Alt+Backspace；填充背景快捷键为 Ctrl+Delete 或者快捷键为 Ctrl+Backspace。

3. 填充图案

执行“编辑”/“填充”命令，弹出“填充”对话框，如图 2-182 所示。在“使用”下拉列表中选择“图案”，单击“自定图案”下拉按钮，选择“自然图案”选项，选择一种图案进行填充，如图 2-183 所示。单击“确定”按钮，可将此图案填充到整个文件中。

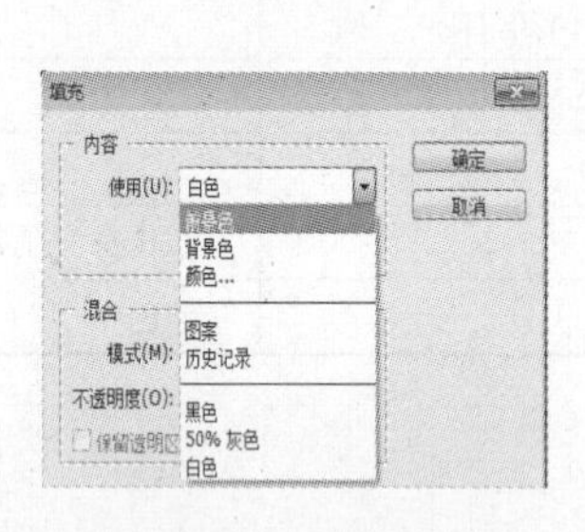

图 2-182　填充图案

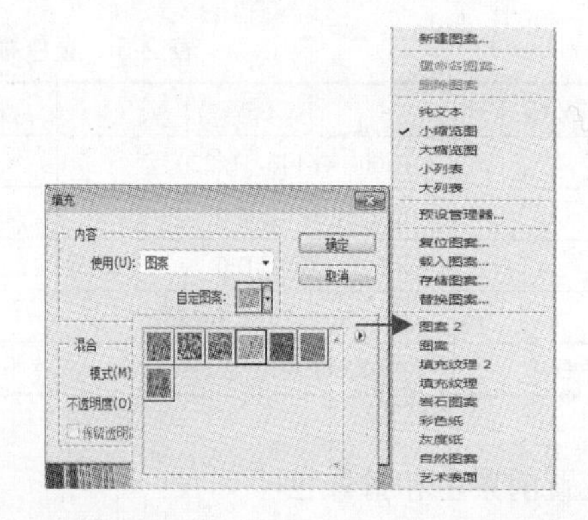

图 2-183　“填充”自定义图案

一般情况下，库里的图案素材有限，可以在网络中下载各种图案素材，通过执行“载入图案”命令，可将其添加到库中。

实训操作　1 寸证件照的排版制作

以 1 寸证件照为例，以 5 寸相纸作为打印尺寸，版面为一版八张。

方法一的操作步骤如下。

Step 1：打开素材图片“花朵”，如图 2-184 所示。使用裁切工具进行裁图，在图片中用鼠标选取需保留的范围，按 Enter 键确认。

Step 2：执行“图像”/“图像大小”命令或者直接按快捷键 Alt+Ctrl+I，弹出“图像大小”对话框，取消勾选“约束比例”对话框，在“文档大小”选项组中输入宽度为“2.5”，高度为“3.5”，单位均为“厘米”，分辨率设定为“300”，单位为“像素/英寸”。单击“确定”按钮，修改为 1 寸照片大小，如图 2-185 所示。

图 2-184　一寸照片素材图片

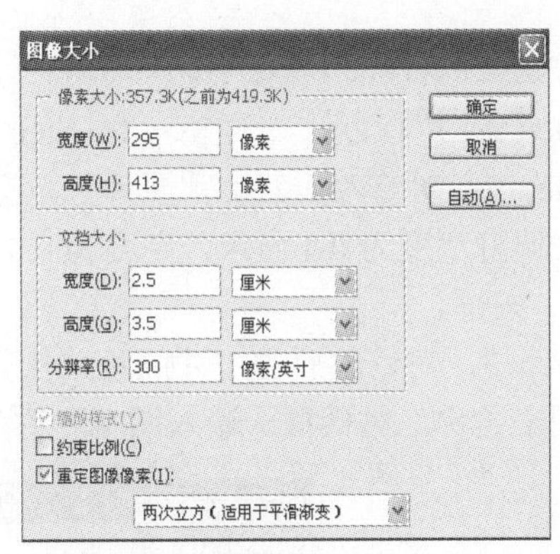

图 2-185　“图像大小”对话框

Step 3：对该图像进行必要的修改、调整，如更换背景、调整色调、对比度，修复脸部瑕疵等。

Step 4：执行“文件”/“新建”命令或者直接按快捷键 Ctrl+N，弹出“新建”对话框，新建一个文件，宽度设为 12.70 厘米，高度设为 8.89 厘米，分辨率设定为“300”，单位为“像素/英寸”，如图 2-186 所示，单击“确定”按钮。

Step 5：将修改后的素材文件使用移动工具拖动到“5 寸相纸”文件背景中，如图 2-187 所示。

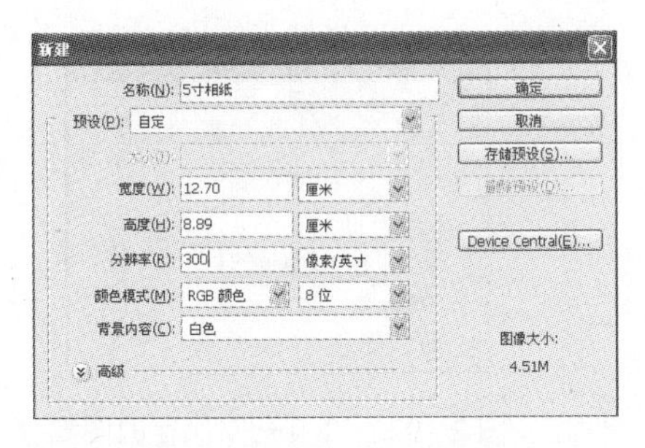

图 2-186　“新建”对话框

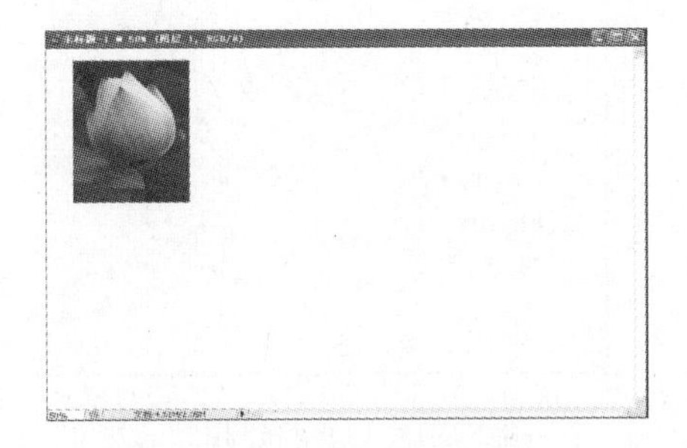

图 2-187　“5 寸相纸”大小

Step 6：将图像多次粘贴到新建的文件中，每粘贴一次，会产生一个新的图层，适当调整每个图层，直到排满为止，执行“图层”/“合并可见图层”命令，这样就在一张 5 寸相纸上排好了 8 张小 1 寸的标准照，如图 2-188 所示。这样就可以直接用打印机打印、网上冲印或者送数码冲印店冲印。

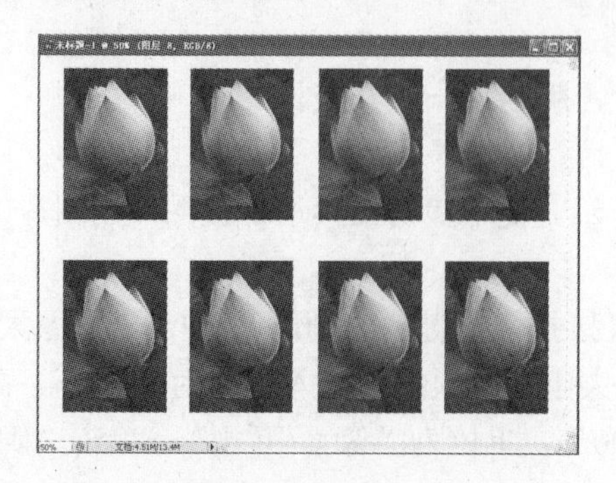

图 2-188　排版效果图

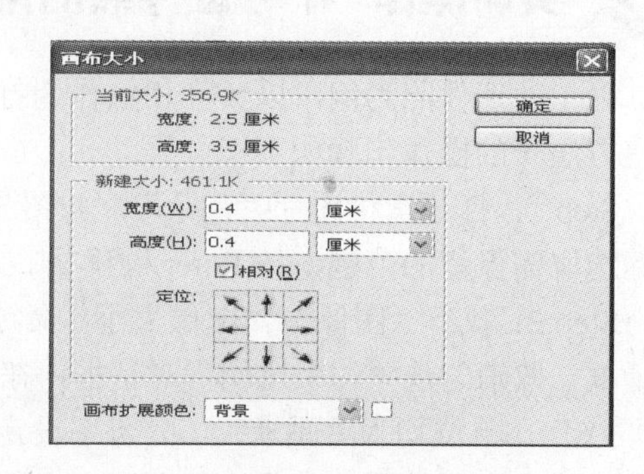

图 2-189　画布调整

方法二的操作步骤如下。

Step 1：执行方法一的 Step 1～Step 3。

Step 2：对修改后的 1 寸照片，执行“图像”/“画布大小”命令，弹出“画布大小”对话框，调整宽度为 0.4 厘米，高度为 0.4 厘米，勾选“相对”复选框，如图 2-189 所示，单击“确定”按钮。

Step 3：对修改后的 1 寸照片，执行“编辑”/“定义图案”命令，弹出如图 2-190 所示的“图案名称”对话框，输入图案名称为“1 寸照片”，单击“确定”按钮。

图 2-190　“图案名称”对话框

Step 4：执行“文件”/“新建”命令或者直接按快捷键 Ctrl+N，弹出“新建”对话框，新建一个文件，宽度设为 11.6 厘米，高度设为 7.8 厘米，分辨率设为 300 像素/英寸，如图 2-191 所示，单击“确定”按钮。

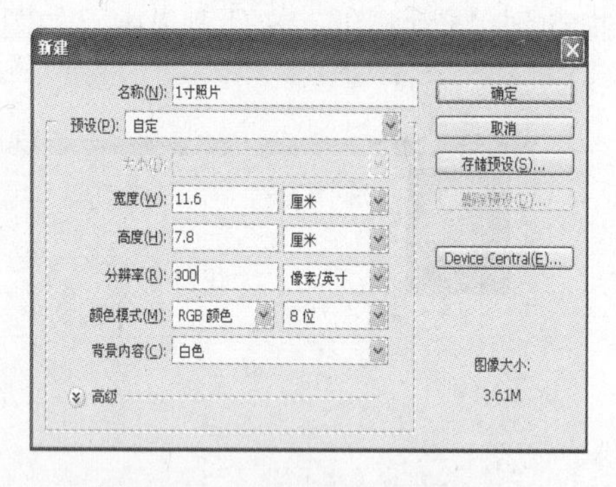

图 2-191　设置新建相纸的尺寸

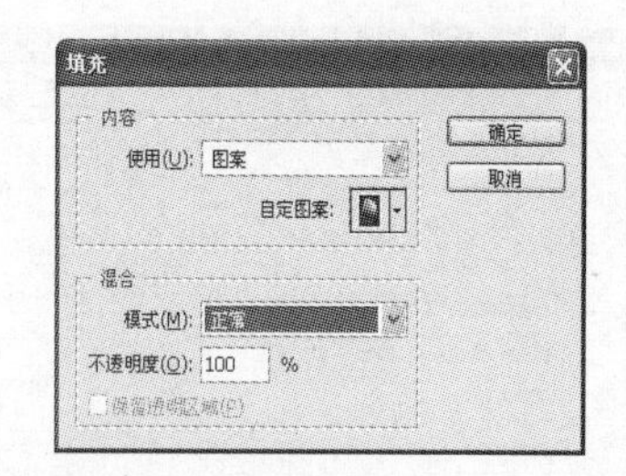

图 2-192　“填充”保存的图案

Step 5：执行“编辑”/“填充”命令，弹出“填充”对话框，内容使用“图案”，在下拉列表中选择刚保存的照片图案，如图 2-191 所示，单击“确定”按钮，则出现如图 2-193 所示的效果。

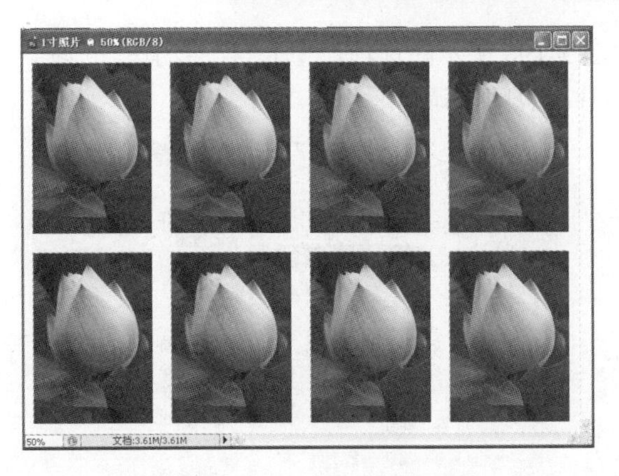

图 2-193　1 寸照片排版效果图

方法三的操作步骤如下。

Step 1：执行方法一中 Step 1～Step 5。

Step 2：执行"窗口"/"动作"命令，或者按 F9 键或者按快捷键 Alt+F9，均可打开"动作"面板，单击面板底部的"新建组"按钮，弹出"新建组"对话框，名称为"1 寸照片排版"，如图 2-194 所示，单击"确定"按钮。

Step3：在"动作"面板底部单击"新建动作"按钮，如图 2-195 所示，弹出"新建动作"对话框，名称为"排版动作"，功能键选择"F2"，如图 2-196 所示，单击"记录"按钮，此时动作开始被记录，标志是"录制"按钮变为红色，如图 2-197 所示。

图 2-194　"新建组"对话框

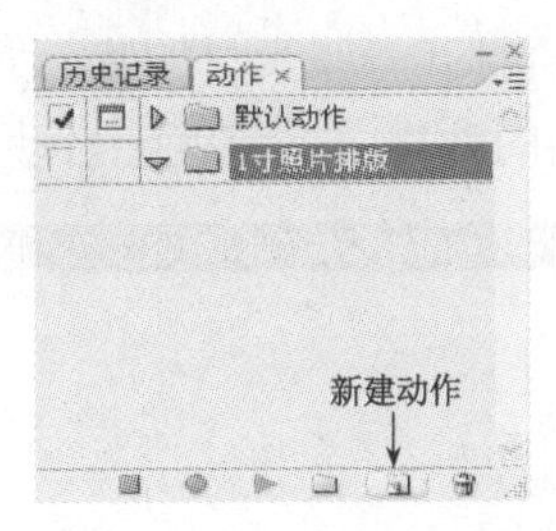

图 2-195　"新建动作"按钮

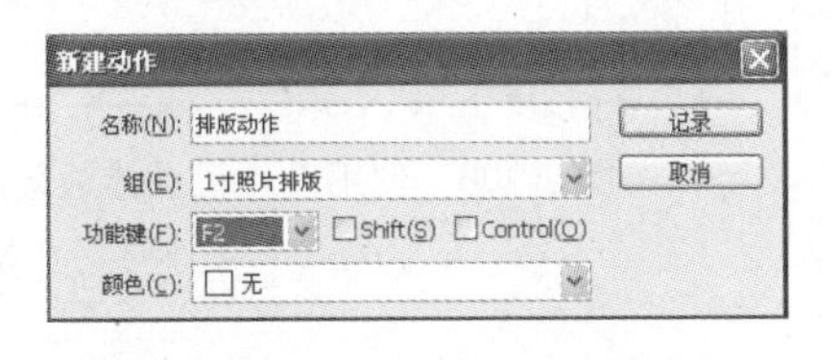

图 2-196　"新建动作"对话框

图 2-197　"录制"与"停止"按钮

Step 4：使用移动工具，将修改后的素材拖动到画布上，按 Ctrl 键的同时点选刚生成的透明图层，复制粘贴该图层，并将其移动到合适位置，生成两张照片，按快捷键 Ctrl+E 向下合并可见图层。按 Ctrl 键点选刚才合并的图层，复制粘贴该图层，并将其移动到合适位置，生成 4 张照片，执行同样的操作，生成 8 张照片（这种方法对于批量复制和排版特别适用）。

Step 5：单击"动作"面板底部的"停止"按钮，动作记录完毕，单击"动作"面板右侧的下拉按钮，弹出如图 2-198 所示的选项，选择“存储动作”选项，生成“1 寸照片排版.atn”文件。以后制作 1 寸照片可以随时调用。

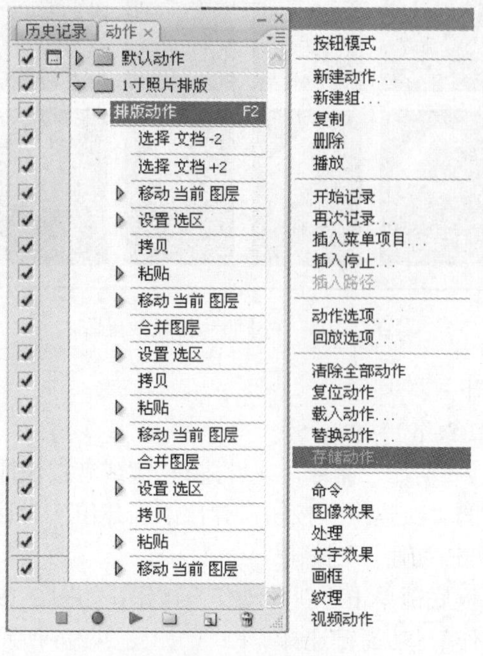

图 2-198　动作存储

Step 6：再打开一张素材图片，如图 2-199 重新执行方法一中的 Step 1～Step 5，按 F2 键播放刚才存储的动作，系统就会自动排版，排版效果如图 2-200 所示。

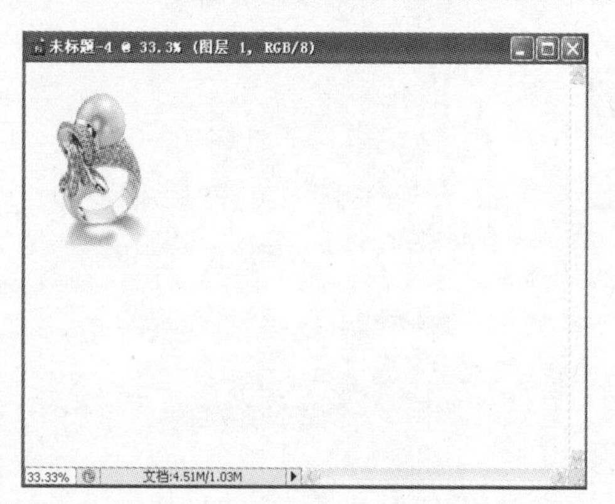

图 2-199　使用动作记录功能素材

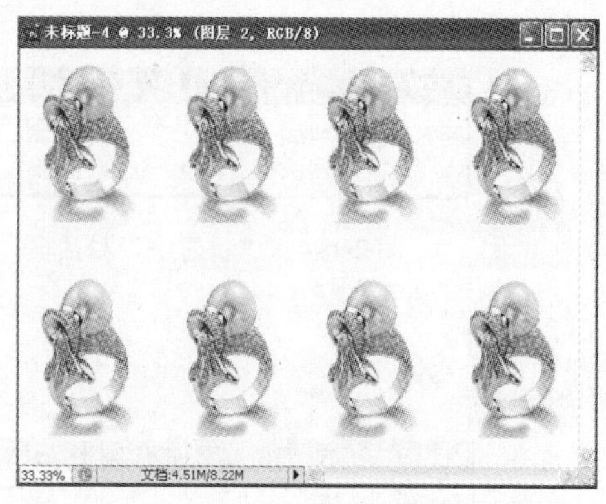

图 2-200　使用动作记录排版效果

项目自测

一、选择题

1．Photoshop 图像最基本的组成单元是（　　）。

A．节点　　B．色彩空间　　C．像素　　D．路径

2．图像分辨率的单位是（　　）。

A．dpi　　B．ppi　　C．lpi　　D．pixel

3．在 Photoshop 中将前景色和背景色恢复为默认颜色的快捷键是（　　）。

A．D　　B．X　　C．Tab　　D．Alt

4．在 Photoshop 中，当使用各种绘图工具时，可暂时切换到吸管工具的是（　　）。

A．按住 Alt 键　　B．按住 Ctrl 键　　C．按住 Shift 键　　D．按住 Tab 键

5．在 Photoshop 中使用仿制图章工具按住（　　）键并单击可以确定取样点。

A．Alt　　B．Ctrl　　C．Shift　　D．Alt+Shift

6．在 Photoshop 中使用变换命令中的缩放命令时，按住（　　）可以保证等比例缩放。

A．Alt　　B．Ctrl　　C．Shift　　D．Ctrl+Shift

7．在 Photoshop 中执行操作（　　），能够最快在同一幅图像中选取不连续的、不规则颜色区域。

A．全选图像后，按 Alt 键用套索工具减去不需要的被选区域

B．用钢笔工具进行选取

C．使用魔棒工具单击需要选择的颜色区域，并且取消勾选“连续的”复选框

D．没有合适的方法

8．Photoshop 中使用矩形选框工具和椭圆选框工具时，可做出正方形选区的方法是（　　）。

A．按住 Alt 键并拖动鼠标　　B．按住 Ctrl 键并拖动鼠标

C．按住 Shift 键并拖动鼠标　　D．按住 Shift+Ctrl 键并拖动鼠标

9．Photoshop 中使用矩形选框工具和椭圆选框工具时，可以鼠标落点为中心做选区的方法是（　　）。

A．按住 Alt 键并拖动鼠标　　B．按住 Ctrl 键并拖动鼠标

C．按住 Shift 键并拖动鼠标　　D．按住 Shift+Ctrl 键并拖动鼠标

10．Photoshop 中为了确定磁性套索工具对图像边缘的敏感程度，应调整的数值是（　　）。

A．Tolerance（容差）　　B．EdgeContrast（边对比度）

C．Frequency（频率）　　D．Width（宽度）

11．Photoshop 中按住（　　）键可保证椭圆选框工具绘出的是正圆形。

A．Shift　　B．Alt　　C．Ctrl　　D．Tab

12．下面对多边形套索工具的描述，正确的是（　　）。

A．多边形套索工具属于绘图工具

B．可以形成直线型的多边形选择区域

C．多边形套索工具属于规则选框工具

D．按住鼠标左键进行拖动，就可以形成选择区域

13．Photoshop 中利用背景橡皮擦工具擦除图像背景层时，被擦除的区域填充的颜色是（　　）。

A．黑色　　B．透明　　C．前景色　　D．背景色

14．Photoshop 中在使用矩形选框工具的情况下，按住（　　）键可以创建一个以落点为中心的正方形的选区。

A．Ctrl+Alt　　B．Ctrl+Shift　　C．Alt+Shift　　D．Shift

15．Photoshop 中当使用魔棒工具选择图像时，在“容差”数值框中输入的数值时，下列（　　）选择的范围相对最大。

A．5　　B．10　　C．15　　D．25

二、实训操作题

1．给出素材如图 2-201 所示，要求使用图层调整及抠图合成，效果如图 2-201 所示。

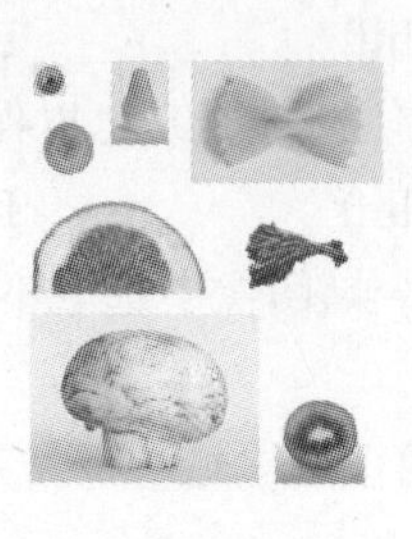

（a）素材图

（b）效果图

图 2-201　素材图和效果图

2．给出素材如图 2-202 所示，要求使用图层调整及抠图合成，效果如图 2-203 所示。

图 2-202　素材图

图 2-203　效果图

项目小结

1）Photoshop 图像处理实际上是对各种工具和菜单的综合应用。

2）常用的图像抠图方法有规则选区工具、魔棒工具、套索工具、钢笔工具、通道抠图和滤镜抽出抠图等。

3）图像合成是在抠图的基础上，进行图层叠放、图像大小调整、羽化等操作。

4）图像色彩调整的基本手段有色阶调整、亮度/对比度调整、曲线调整、色相/饱和度调整、色彩平衡调整等。

5）在掌握基本证件照的尺寸和相纸尺寸的基础上，使用基本移动排列、图案填充、批量照片动作记录 3 种方式完成证件照的排版制作。

项目 3

制作《浪漫牵手》婚庆 DVD

1. 项目概述

所有的视频、音频、图片素材收集处理后，可通过视频编辑软件将它们编辑合并起来，制作成电影或电子相册或刻录成 DVD，使素材不再单调，鲜活生动，永久记忆。

2. 项目目标

知识目标

（1）了解影片编辑的基本过程。

（2）掌握影片编辑的基本技巧和操作方法。

技能目标

（1）掌握会声会影 X3 的基本操作。

（2）能进行捕获、剪辑、分享等一系列操作。

（3）学会使用会声会影 X3 完成本项目的制作。

3. 主要任务及学时分配

项目的主要任务、任务要求及学时安排如表 3-1 所示。

表 3-1　任务内容及要求

任务名称	主 要 任 务	内 容 要 求	建议学时
制作《浪漫牵手》婚庆 DVD	素材捕获与导入	掌握视频编辑系统的传输设备、DV 带、DVD 摄像机、硬盘式摄像机与计算机进行视频捕获的方法	4
	视频的剪辑与修整	1）掌握视频剪辑和修整的基本方法。 2）能进行视频的精细加工	4
	添加转场效果和滤镜效果	1）了解转场的类型及特点。 2）掌握添加转场和滤镜效果的方法	4
	制作片头、片尾和字幕	1）掌握片头片尾的制作方法。 2）能对字幕添加、修改和涂鸦动画	4
	音频编辑与应用	1）掌握音频添加与编辑的基本方法。 2）会添加音频滤镜	4

续表

任务名称	主要任务	内容要求	建议学时
制作《浪漫牵手》婚庆DVD	影片的分享与导出	1）制作符合各标准的视频文件。 2）能用软件进行DVD刻录	4
	项目实施	完成《浪漫牵手》婚庆影片的编辑制作并刻录成DVD	4

4. 验收标准

项目完成后，可按如表3-2所示的项目验收表进行验收。

表3-2 项目验收表

学期： 班级： 考核日期： 年 月 日

项目名称			制作《浪漫牵手》婚庆DVD	项目承接人					
考核内容及分值				项目分值	自我评价	小组评价	教师评价	企业评价	综合评价
专业能力（80%）	工作准备的质量评估	知识准备	1）能利用会声会影进行视频的捕获与导入。 2）能会视频进行剪切、速度控制、轨道叠加等基本剪辑和精加工操作。 3）能添加转场和滤镜效果。 4）能制作片头、片尾和字幕效果。 5）制作符合各标准的视频文件。 6）DVD刻录	25					
		工作准备	1）软件的安装与注册。 2）知识储备是否充足，渠道是否多元化。 3）工作周围环境布置是否合理、安全	5					
	工作过程各个环节的质量评估	素材捕获与导入	1）能将DV拍摄的视频捕获到计算机并导入到会声会影中。 2）将素材分类，重新整理，并重命名	5					
		视频的剪辑与修整	1）掌握视频剪辑和修整的基本方法。 2）能进行视频的精细加工	10					
		添加转场效果和滤镜效果	1）能根据情境合理添加滤镜效果。 2）能根据场景过度合理选择转场效果	10					
		制作片头、片尾和字幕	1）片头、片尾精美、有震撼力。 2）文字效果能较好地反映主题	10					
		影片的分享与导出	将制作完成的婚庆视频进行DVD刻录	5					
	工作成果的质量评估	1）任务是否达到设计要求。 2）整体效果是否美观。 3）其他物品是否在工作中遭到损坏。 4）环境是否整洁干净		10					

续表

项 目 名 称		制作《浪漫牵手》婚庆 DVD	项目承接人					
考核内容及分值			项目分值	自我评价	小组评价	教师评价	企业评价	综合评价
综合能力（20%）	信息收集能力	基础理论、收集和处理信息的能力；独立分析和思考问题的能力	5					
	交流沟通能力	向教师咨询时的表达能力；与同学的沟通协商能力	5					
	分析问题能力	任务完成的基本思路、基本方法研讨； 工作过程中的创新意识	5					
	团结协作能力	小组中分工协作、团结合作能力	5					
总 评			100					
承接人签字		小组长签字	教师签字		企业代表签字			

任务1 素材捕获与导入

知识链接1 会声会影 X3 基本操作和控制面板的使用

会声会影 X3 是 Corel 公司推出的一款适合家庭用户使用的视频编辑软件。其特点是操作简单，模板效果丰富，可充分体验影片编辑的乐趣，制作出具有专业水平的影片。

1．会声会影 X3 软件界面

1）软件启动方式

方法一：双击桌面图标。

方法二：执行“开始”/“所有程序”/“Corel VideoStudio Pro X3”命令，进入如图 3-1 所示的欢迎界面，持续几秒后，进入编辑界面。

图 3-1 初始界面

2）认识会声会影 X3 操作界面

会声会影的操作界面主要由预览窗口、素材库和时间轴等三大区域构成。所有的视频处理操作都是在界面中完成的，如图 3-2 所示。熟悉操作界面并了解各个设置栏的功能，是熟练操作会声会影 X3 的前提。

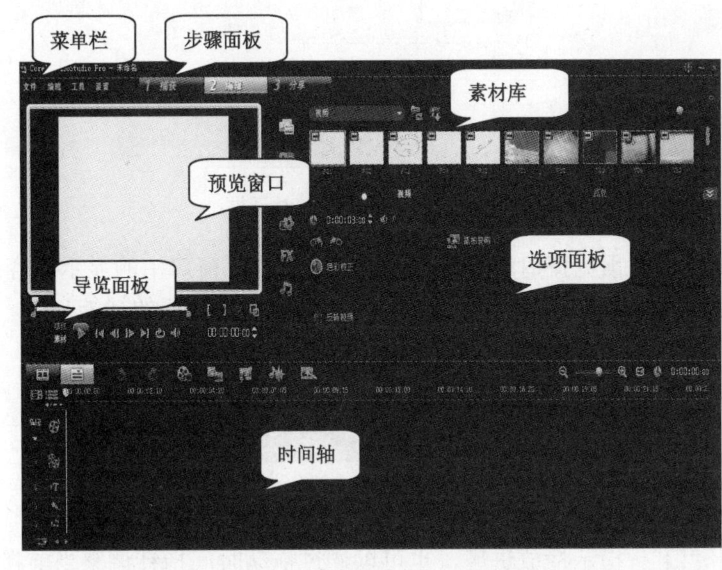

图 3-2　会声会影 X3 操作界面

下面就会声会影 X3 工作界面每部分功能做简单介绍。

（1）菜单栏：位于窗口的左上方，共包含 4 个菜单，分别是“文件”“编辑”“工具”“设置”，利用菜单命令可完成文件的基本操作，对素材的编辑操作和对项目、素材库、影片模板、轨道和章节等进行设置和管理。

（2）步骤面板：会声会影 X3 创建影片的过程被简化为“捕获”、“编辑”和“分享”3 个步骤。可通过单击相应的按钮在各个步骤之间切换。

（3）素材库：用于保存和管理各个媒体素材，包括视频、图像、转场、标题、装饰、音频、flash 动画等。可通过单击左侧的按钮进入不同的媒体素材库，如图 3-3 所示。

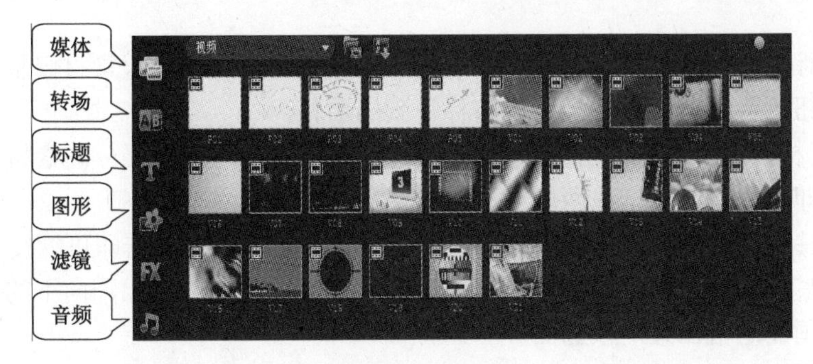

图 3-3　素材库

当单击左侧的按钮，如视频、照片、音频、标题等时，均可在下拉列表中选择 “库创建者”选项，弹出如图 3-4 所示的“库创建者”对话框，可以自己创建一个属于本项目的库。

（4）预览窗口：位于界面的左上方，如图 3-2 中大面积空白的位置，可显示当前项目、素材、滤镜、转场和标题等内容，可以在此编辑标题的内容。

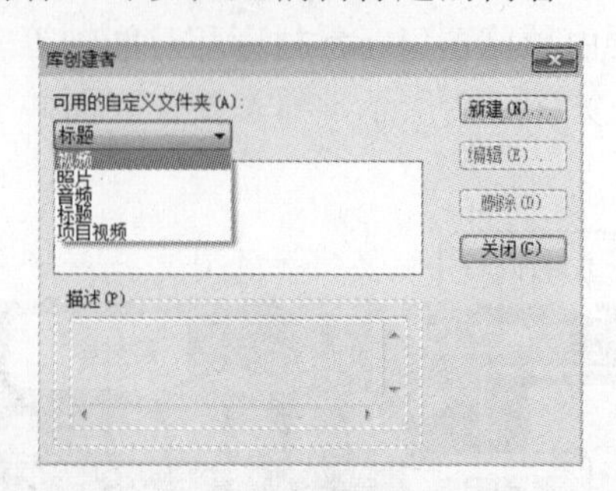

图 3-4 “库创建者”对话框

（5）导览面板：位于预览窗口的下方，主要用于对预览窗口中的显示内容进行播放控制，以及精确修整和裁切等操作，如图 3-5 所示。下面介绍其各按钮的功能。

图 3-5 导览面板

① 时间指针“”：指示播放进度，也可以通过拖动时间指针调整当前播放位置。

② 开始修整标记“”：调整项目的前端预览范围或素材前端修整标记。

③ 结束修整标记“”：调整项目的后端预览范围或素材后端修整标记。

④ 播放按钮“”：播放、暂停或恢复当前项目或所选素材（视频、音频等）。

⑤ 起始按钮“”：单击可返回项目、素材或所选区域的起始位置。

⑥ 结束按钮“”：单击可返回项目、素材或所选区域的结束位置。

⑦ 上一帧按钮“”：单击可显示上一帧的内容。

⑧ 下一帧按钮“”：单击可显示下一帧的内容。

⑨ 循环按钮“”：单击该按钮，可循环播放项目、素材或所选区域。

⑩ 系统音量“”：单击该按钮，可弹出一个音量滑动条，拖动滑块可调整播放时音量的大小。

⑪ 开始标记“”/结束标记“”：在项目中设置预览范围或设置素材修整的开始和结束点。单击该按钮可将移动开始和结束修整标记到当前帧。

⑫ 分割素材按钮“”：分割所选素材，将擦洗器放在用户想要分割素材的位置，然后单击此按钮，即可将素材分割成两段。

⑬ 扩大按钮“”：单击此按钮可全屏显示预览窗口，再次单击即可恢复原来大小。

⑭ 时间码“00:00:01:06”：显示当前帧的时间，也可通过单击向上和向下的箭头，调整合适的时间，使画面定格在某一帧画面。

（6）选项面板：用于显示对选择对象进行的各种编辑和设置，其内容随选择对象不同而变化，选项面板默认处于隐藏状态，可通过单击素材库右下角的“选项”按钮展开选项面板。

（7）时间轴：位于会声会影编辑器窗口下半部分的项目时间轴是编辑影片项目的主要场所。会声会影 X3 有两种类型的视图可显示项目时间轴：故事版视图“”、时间轴视图“”。单击相应按钮，可以在不同的视图间切换。

2．认识会声会影 X3 视图模式

1）故事版视图

单击故事版视图按钮，可切换到故事版视图，如图 3-6 所示。它是视频编辑比较简明快捷的方法。故事板中的每个略图代表影片中的一个事件，事件可以是素材或转场。略图可以按时间顺序显示事件的一些画面。

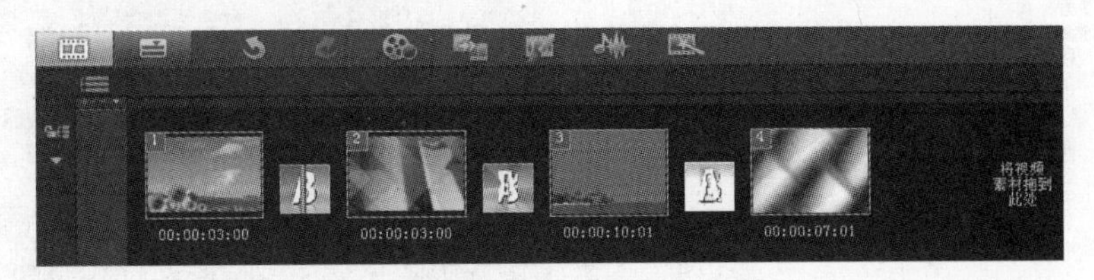

图 3-6　故事版视图

可以通过拖动的方式，来插入或排列素材的顺序。转场效果可以插在两个视频素材之间。所选的视频素材可以在预览窗口中进行修整。

2）时间轴视图

单击时间轴视图按钮，可切换到时间轴视图。它根据视频、覆叠、标题、声音和音乐将项目分割成不同的轨。对各个轨道的编辑互不影响，时间轴视图是最常用到的视图模式，它允许我们对素材执行精确到帧的编辑。

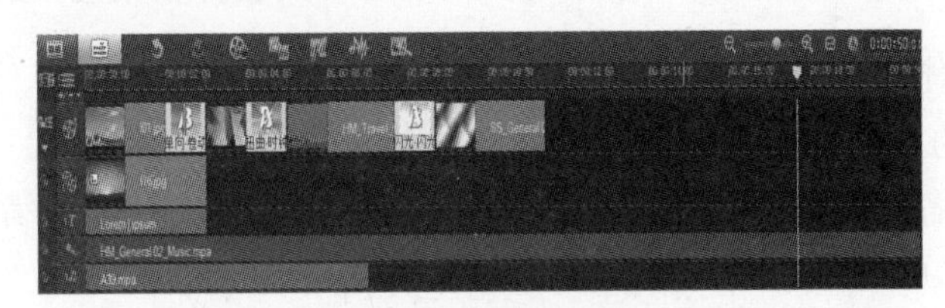

图 3-7　时间轴视图

（1）视频轨“”：单击该按钮，可在视频轨道上编辑视频、图像和色彩等素材，也可在素材间添加转场效果，还可对素材进行修整、编辑及添加滤镜等操作。

（2）覆叠轨“”：单击该按钮，可在覆叠轨道上编辑覆叠素材，包含视频、图像或色彩素材等。

（3）标题轨“”：单击此按钮，可在标题轨上添加文本效果。

（4）声音轨“”：可以在该轨道上添加音频素材，并可对其进行修整、编辑和添加滤镜等操作。一般声音轨道可以采集使用会声会影录制的声音。

（5）音乐轨“”：音频文件中获取的音乐素材可在可此轨道中进行编辑，它与声音轨区别不大。

（6）轨道管理器“”：单击此按钮，或者在任意轨道上右击，弹出快捷菜单，执行“轨道管理器”命令，可弹出如图 3-8 所示的“轨道管理器”对话框。它可以对所有轨道进行使用管理。若想增加视频、图像或者 flash 动画轨道，则勾选“视频轨”或“覆叠轨”复选框，即可根据需求添加显示轨道。覆叠轨最多可以再添加 5 个。如果用户想添加字幕，则勾选“标题轨”复选框。

（7）名称“”：显示全部可视化轨道。

（8）名称“▣”：将整个项目调整到时间轴视图大小。

（9）录制/捕获视频“▣”：单击此按钮，可弹出如图 3-9 所示的“录制/捕获选项”对话框，可录制画外音，可捕获快照，可捕获 DV 或移动设备的视频。

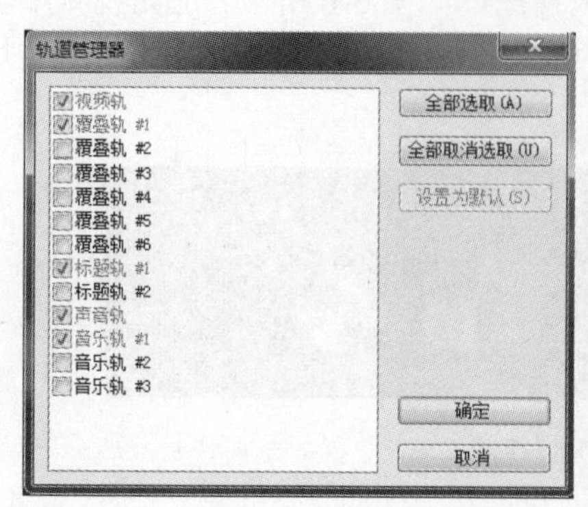

图 3-8　“轨道管理器”对话框

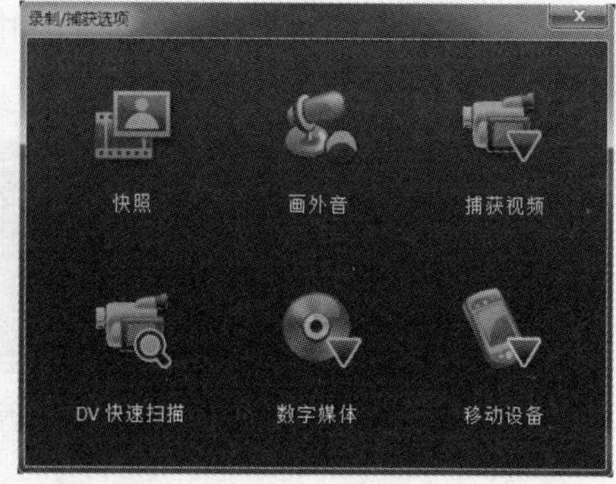

图 3-9　“录制/捕获选项”对话框

（10）缩放控件“▣”：可调节时间轴标尺。

3. 项目文件的基本操作

在会声会影中用户编辑的文件称为项目文件，它本身不是视频文件，使用到的各种素材的链接路径、时间的起止位置编辑是修整的参数信息，其文件格式为 VSP。

1）新建项目文件

启动会声会影的高级编辑模式后，系统会自动新建一个项目文件。也可执行“文件”/“新建项目”命令或者按快捷键 Ctrl+N，手动新建一个项目文件。此时系统会提示是否保存已打开的项目文件，可根据自己的需要进行取舍。

2）保存项目文件

当使用会声会影高级编辑器编辑完视频后，用户可以根据需要保存项目文件，以便日后编辑和查看。

执行“文件”/“保存”命令或者按快捷键 Ctrl+S，对于首次保存的项目文件，当按快捷键 Ctrl+S 时，会弹出如图 3-10 所示提示对话框，设置保存路径及文件名称，即可保存；对于已经保存过的文件，不会弹出对话框。

若不改变原始文件内容，可执行“文件”/“另存为”命令，另选保存路径及名称，备份文件。

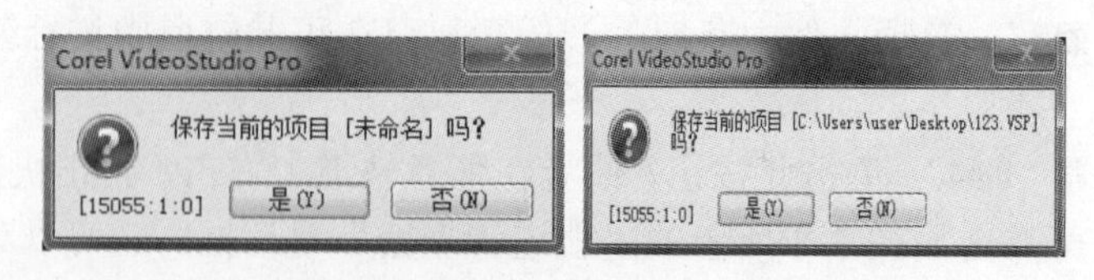

图 3-10　保存选项

3）保存为智能包

智能包和项目文件最大的区别：智能包包含它调用的源文件（包含所有素材文件和效果文件），可以在其他计算机中继续编辑。通俗地讲，它是一个包含很多文件的文件夹。而项目文件只是一个快捷方式，在其他计算机中无法使用。

执行“文件”/“智能包”命令，在未保存项目文件的前提下弹出如图 3-10（a）所示的对话框，单击“是”按钮；否则弹出如图 3-10（b）所示的对话框。这里单击“是”按钮，弹出“智能包”对话框，如图 3-11 所示。选择“文件夹路径”和“项目文件夹名”，单击“确定”按钮，即可保存为“智能包”。

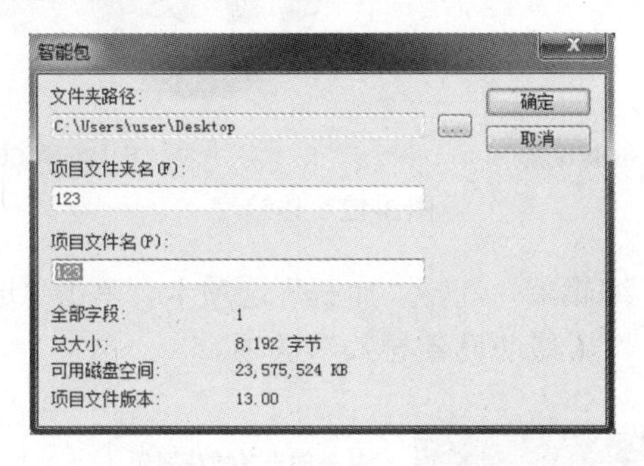

图 3-11　“智能包”对话框

 知识链接 2　素材的捕获与导入

使用会声会影编辑影片，首先需要获取影片素材，这个过程就是“捕获”。可以从数码摄像机、摄像头、电视卡等视频设备中捕获视频和图像，也可以从视频光盘、智能手机、PDA 等移动数码设备中捕获视频和图像素材。

1）捕获前的准备工作

（1）设置工作文件夹：为了避免在捕获视频的过程中出现磁盘空间不足的问题，应当将工作磁盘设置到系统盘（一般为 C 盘）以外的其他空间，以保证有足够的预留空间保存捕获视频。

（2）设置虚拟内存大小：在系统资源消耗过大，内存不足时调用其他磁盘空间作为临时的内存进行数据处理，减少捕获操作时因为内存不足而造成的捕获失败。

① 执行“开始”/“控制面板”/“系统”命令，弹出“系统属性”对话框，在“性能”选项中单击“设置”按钮。

② 弹出“性能选项”对话框，选择“高级”选项卡，在“虚拟内存”选项组中单击“更改”按钮。

③ 弹出“虚拟内存”对话框，选择“D 盘”作为“虚拟内存”的临时开辟区，选中“自定义大小”单选按钮，将初始大小设置为“2028”，最大值设置为初始值的 2 倍，单击“确定”按钮，虚拟内存设置完毕。

④ 建议打开硬盘的 DMA，而且采集时尽量减少后台程序的运行，以减少采集的误差。

2）从硬盘式（或光盘）DV 中捕获视频

在捕获前，需要将 DV 与计算机正确连接，首先从硬件角度来讲，无论是台式计算机还是笔记本式计算机，需具备 IEEE 1394 接口，它是将 DV 中的视频数据复制到计算机中的重要媒介。

（1）正确连接数码摄像机和计算机，保持 DV 电源通，选择 USB 连接线，如图 3-12

所示。

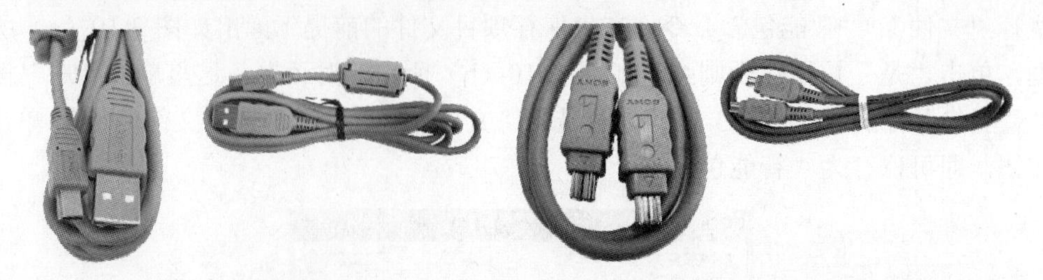

（a）Sony USB 传输线　　　（b）Sony IEEE 1394 传输线

图 3-12　传输线

（2）打开“会声会影”编辑器，选择“捕获”选项卡，单击“选项”按钮，打开如图 3-13 所示的“选项面板”，选择“从移动设备导入”选项。

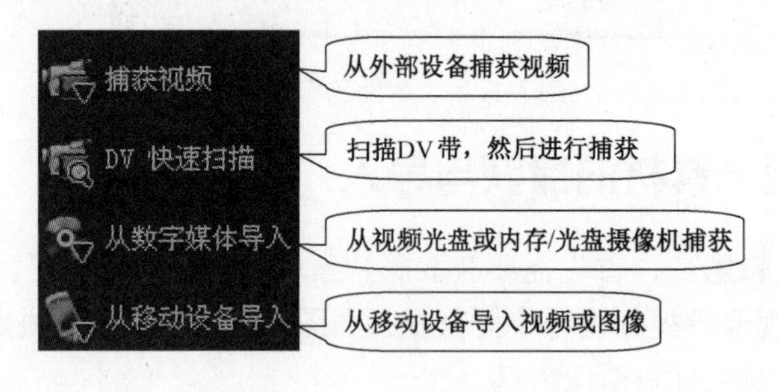

图 3-13　捕获选项面板

（3）弹出“从硬盘/外部设备导入媒体文件”的对话框，如图 3-14 所示。在左侧设备栏单击“I:/Sony Camcoder”按钮（DV 内存在计算机中出现的盘符），则将此 DV 中的视频和图片导入到此对话框中，单击某一个要导入到软件中的视频或图像（可直接在此单击■按钮，扩大播放窗口，也可通过修整手柄改变视频大小），单击“确定”按钮。

（4）弹出此视频或图像导入的进度条，可按 Esc 键退出。弹出“导入设置”对话框，如图 3-15 所示。可直接导入到视频库中，也可新建一个文件夹。若勾选“插入到时间轴”复选框，则此视频或图像将直接出现在时间轴上。

图 3-14　“从硬盘/外部设备导入媒体文件”对话框

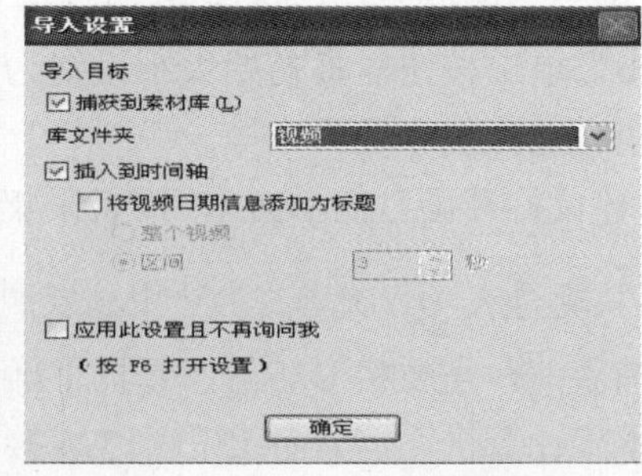

图 3-15　“导入设置“对话框

任务 2　视频的剪辑与修整

知识链接　视频剪辑和修整的基本方法

素材捕获成功后，下面就需要对素材进行加工处理，进行编排和剪辑。在会声会影编辑器的【编辑】步骤面板中，可以整理、编辑和修整项目中使用的视频素材，可以为视频素材中包含的音频素材应用淡入/淡出效果、分割视频和调整素材的回放速度；还可以将色彩、图框和视频滤镜效果应用到素材上，使影片内容更加丰富。

1. 导入素材

方法一：从素材库添加。

首先，选择要添加的素材。在素材库中左侧单击媒体图标，单击右上方的下拉按钮，从中选择“视频”选项，然后单击“添加”按钮，弹出“浏览视频”对话框，从中选择素材并单击“打开”按钮，将素材导入到素材库中。或者执行“文件”/“将媒体文件插入到素材库”/“插入***”命令。

然后，单击素材库中的素材缩略图，按住鼠标左键将素材拖动到故事板视图或轨道中。这种方式比较直观。其特点是需要预先将素材添加到素材库中。也可用这种方式添加转场效果、滤镜效果以及素材排序。

方法二：通过菜单命令添加。

执行“文件”/“将媒体文件插入到时间轴”/“插入***”命令，如图 3-16 所示。“插入视频”命令、“插入照片”命令和“插入音频”命令分别向当前项目中插入视频、图片和音频。执行不同的命令，将会弹出不同的对话框。这种方法需要占用较大的内存。

方法三：快捷菜单命令。

用户在故事版视图或时间轴视图中右击，弹出快捷菜单，添加相应素材（视频、照片、字幕和音频等），如图 3-17 所示。这是一种比较简单的方法。

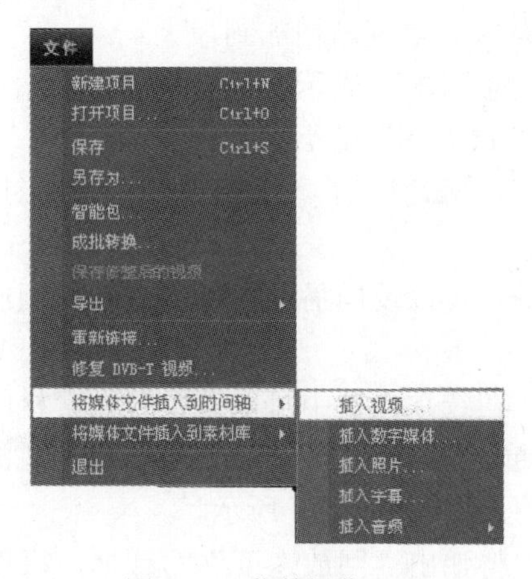

图 3-16　菜单操作

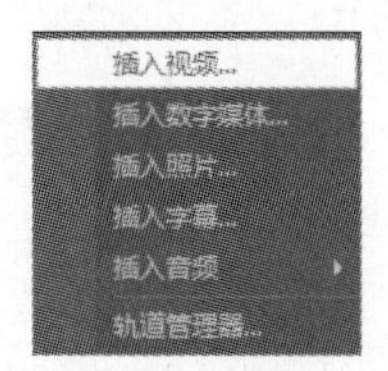

图 3-17　快捷菜单

方法一比较适合提取经常用到的素材，方法二和方法三由于只导入到轨道上，不导入到素材库中，因此适合一次性使用的素材。

2．视频和图像素材编辑的基本方法

下面介绍在会声会影编辑器中编辑视频素材的方法。

在时间轴上选中一个视频素材，单击素材库右下方的“选项”按钮，打开折叠的选项面板，如图3-18所示。通过点选各个按钮和选项可以对选中的素材属性进行调整。通过单击按钮可隐藏选项面板。

图3-18 “视频”选项面板

1）认识“视频”选项面板

“视频”选项面板中的各个按钮、选项的名称和功能如下。

（1）视频区间“0:00:08:20”：显示当前选中的视频素材的长度，时间格中的几组数字分别对应小时、分钟、秒和帧。可以单击时间格上需要更改的数值，然后单击其右侧的上下箭头或者输入新的数值来调整素材的长度，所做的修改将在预览窗口中实时体现出来；也可以拖动预览窗口下方的飞梭栏中的滑块来改变影片的区间。

（2）音量控制“100”：初始音量大小为100，最大值可调节到500，单击其右侧的下拉按钮，在下拉列表中可以拖动滑块以百分比的形式调整视频和音频素材的音量；也可以直接在文本框中输入数值，调整素材的音量。

（3）静音“”：单击该按钮，将把视频素材中的音频转换为静音状态。当需要屏蔽视频素材中的原始声音，而为它添加背景音乐时，此按钮很有用。

（4）淡入“”：单击按钮，按钮变为“”，表示已经将淡入效果添加到当前选中的素材中。淡入效果使素材起始部分的音量从零开始逐渐增加到最大。

（5）淡出“”：单击按钮，按钮变为“”，表示已经将淡出效果添加到当前选中的素材中。谈出效果使素材结束部分的音量从最大逐渐减小到零。

（6）旋转视频素材“”和“”：单击按钮，可将视频素材逆时针旋转90度；单击按钮，可将视频素材顺时针旋转90度。

（7）反转视频“”：勾选该复选框，可以反向播放视频，使影片倒放，建立有趣的视觉效果。

（8）色彩校正“”：单击该按钮，在选项面板中可以调整视频素材的白平衡、色调、饱和度、亮度、对比度和Gamma值。通过此选项面板可以对过暗或偏色的影片进行颜色校正，也能够将影片调成具有艺术效果的色彩，如图3-19所示。

（9）回放速度“”：单击该按钮，将弹出“回放速度”对话框，可以在对话框中调整素材的播放速度。

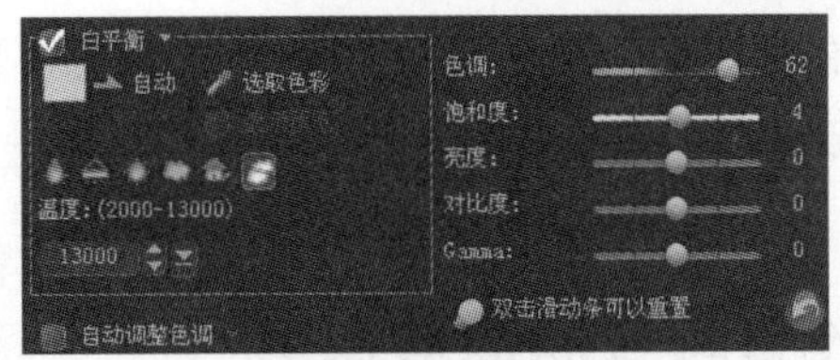

图 3-19　色彩校正

（10）抓拍快照“”：单击该按钮，可以将当前帧保存为图像文件并存储到图像素材库中。将正在预览播放的视频进行“暂停”操作后，才单击此按钮。

（11）分割音频“”：可以将视频文件中的音频分离出来并放到声音轨中。其适合对原有视频进行音频的重新编辑。

（12）按场景分割“”：单击该按钮，在弹出的对话框中可以按照视频录制的日期、时间或视频内容的变化（如动作变化、相机移动、亮度变化等），将捕获的 DV AVI 分割为单独的场景。对于 MPEG 文件，此功能仅可以按照视频内容的变化分割视频。

（13）多重修整视频“”：单击该按钮，在弹出的对话框中允许用户从视频文件中选取需要的片段并提取出来。

当选中视图中的图片素材时，可以更改图片选项，其选项面板如图 3-20 所示。下面介绍其各个按钮、选项的名称和功能。

（1）重新采样选项：这是调整图像大小的方法，选择“保持宽高比”选项，可将图片素材保持原来的宽度和高度比例不变；选择“调到项目大小”选项，可以使当前图像的大小与项目的帧大小相同，如图 3-20（a）所示。

（2）选中“摇动和缩放”单选按钮，如图 3-20（b）所示。可以将摇动和缩放效果应用到当前图像中。它可以模拟摄像时的摇动和缩放效果，让静态的图像变得更具有动感。

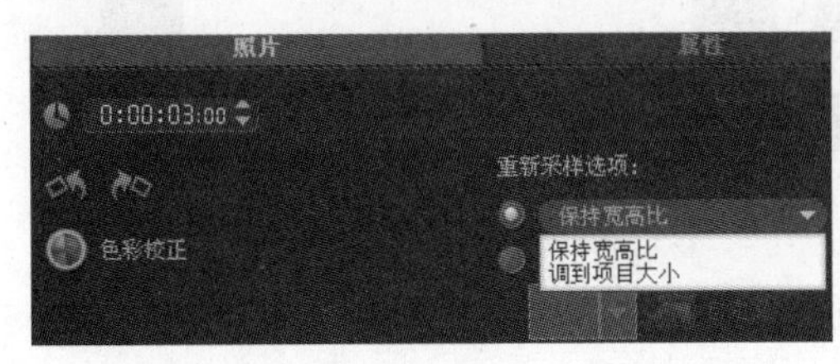

（a）采样

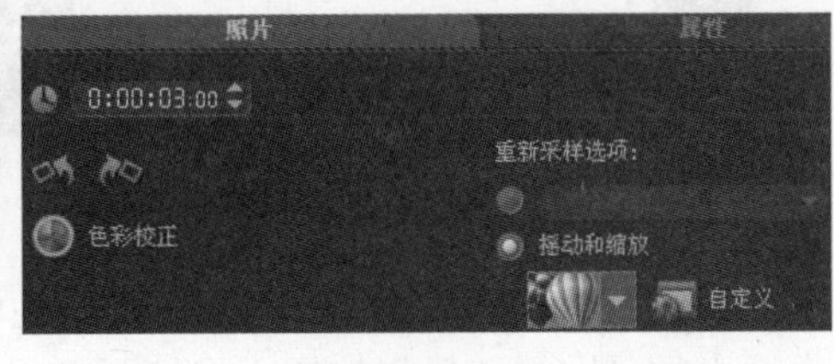

（b）摇动与缩放

图 3-20　采样、摇动与缩放

2）基本操作

（1）删除时间轴上的视频：在时间轴上选中某视频，直接按 Delete 键，也可以在视频上右击，弹出快捷菜单，执行“删除”命令。

（2）调整视频顺序：可以直接使用鼠标左键拖动某一素材至相应的存放位置，释放鼠标左键，即可发现视频已改变了在时间轴上的顺序。

（3）从视频中分割声音。

① 加载视频到素材库并将其拖动到时间轴中。

② 选择时间轴视图中的视频素材，单击素材库右下方的“选项”按钮，打开折叠的选项面板，单击“视频”选项面板中的“分割音频”按钮，即可看到“声音轨”中多了一个音频素材。

③ 分别选择分割出来的视频素材和音频素材，单击预览窗口中的“播放”按钮，对分割出来的视频和音频分别进行播放预览。

④ 保存项目。

实训操作 1　改变视频的播放速度

有时需要快进某视频，如快进某小区的视频监控录像，掠过不重要场景的播放时间，或者让人物动作产生一些夸张的趣味效果；而对某感兴趣的细节部分，或者对镜头进行分析和回放时，又需要慢速播放视频，这就需要掌握视频速度的调节方法。会声会影为我们提供了视频回放速度控制功能。

操作步骤

Step 1：视频剪辑。对一段完整的影片或视频，通常只需要对其中某一段速度进行控制，此时需要对影片或视频进行预览，在需要进行剪辑的视频区间，使用“分割素材”按钮将原有视频分割成 3 段，如图 3-21 所示，中间段视频即为我们预调整的视频段。

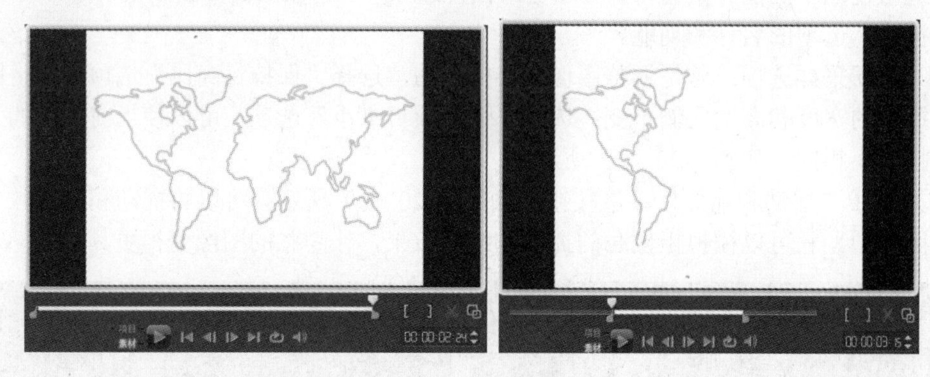

图 3-21　视频剪辑

Step 2：在时间轴视图中选中该视频，其边界呈现醒目的黄条，如图 3-22 所示。单击其选项面板中的“回放速度”按钮，将打开“回放速度”对话框，如图 3-23 所示。可以在此对话框中调整素材的播放速度。

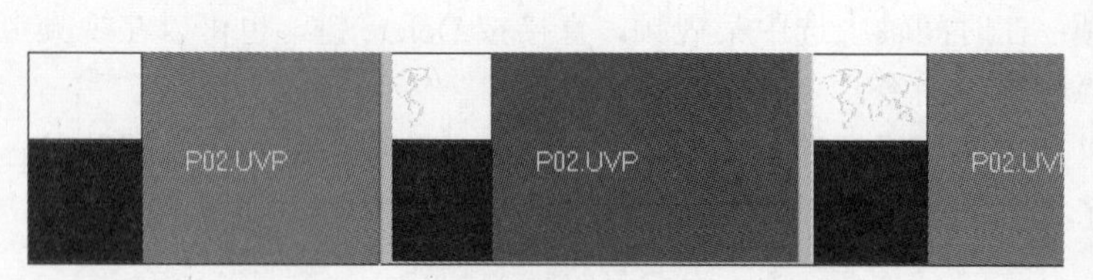

图 3-22　视频选中状态

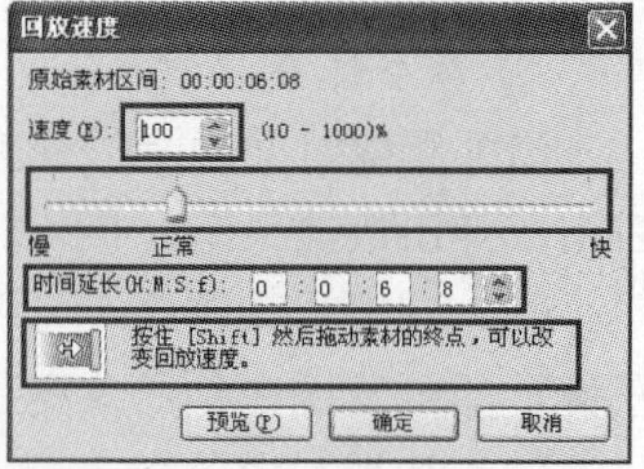

图 3-23　“回放速度”对话框

方法一：在“速度”数值框中，使用鼠标滚轮可改变数值框中的播放速度百分比，初始值为 100%，取值范围为 10%～100%。

方法二：按住鼠标左键拖动滑块。

方法三：在“时间延长”数值栏中改变播放时间，从而改变播放速度。三者变化同步显示。

Step 3：不使用“回放速度”对话框也可以实现同样效果。选中素材，按住 Shift 键，当鼠标指针变成“⊠”时拖动素材到用户想要的长度，时间轴上的时间变长，播放速度变慢；反之，播放速度变快。

Step 4：修改完成后，可在视频预览窗口中进行预览，观察修改后视频的播放速度。

实训操作 2　为影片静像制作摇动和缩放效果

在视频或影片的实际拍摄过程中，经常要通过变焦或者移动等方式，制造画面的摇动效果。同样，可以借助会声会影的“摇动与缩放”效果，使照片鲜活，富有动感。

操作步骤

Step 1：添加相片。进入“编辑”步骤，然后单击左下角的“将媒体文件插入到时间轴”按钮，在下拉菜单中执行“插入图像”命令，在弹出的对话框中，选择想要添加到视频中的文件，单击“打开”按钮即可。或者先将照片导入到媒体库中，再拖动到时间轴上。

Step 2：简单调整。在将图像添加到项目中之前，要先为所有的图像决定需要的尺寸。默认情况下，软件会按照图像的宽高比调整图像大小。还可以在“视频”选项面板对图像进行调整，只需在“视频区间”中输入合适的数字。对于竖拍的相片，还可以用旋转按钮将其校正。

Step 3：单击“预设”右侧的下拉按钮，从下拉列表中可以选择各种摇动和缩放的预设值，如图 3-24（a）所示。单击“自定义”按钮，可以在弹出的如图 3-24（b）所示的对话框中设置摇动和缩放效果。或者使用系统自带的“停靠”工具中的“九宫格”，其中有默认的“摇动与缩放”选项。

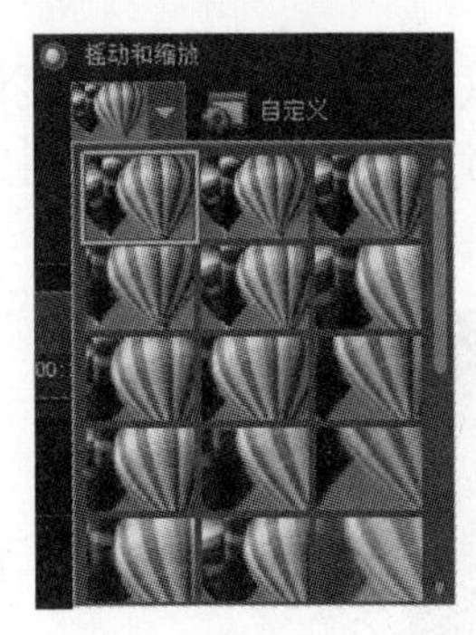

（a）预设　　　（b）自定义

图 3-24　摇动与缩放设定

Step 4：单击灰色时间条上最左侧的“◇”标志（起始关键帧，由图像窗口中左侧的十字表示），可以随意拖动到要聚焦的主题上。然后在“缩放率”数值框中输入合适的数字，确定缩放比例，一般以 300～500 为宜，这样即可放大大理三塔的背景。

Step 5：单击灰色时间条上的游标，单击图中的“+”，添加中间关键帧，此时图中出现第三个加号，可以任意拖动，可以对其参数进行调整，缩放率可以不变。同理，设置“结束关键帧”，由 3 个加号形成一条轨迹线，即为视频摇动的路径线，如图 3-25 所示。

Step 6：预览“摇动和缩放”功能的视觉效果。

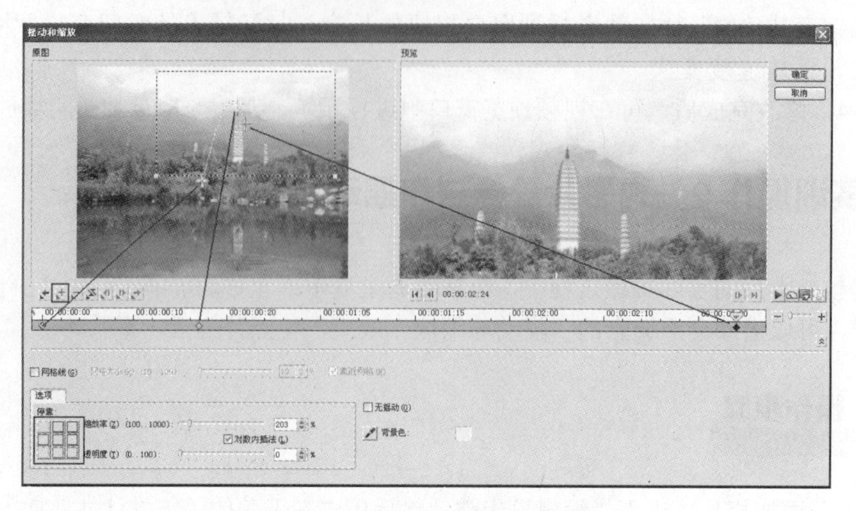

图 3-25　“摇动和缩放”对话框

 实训操作 3　保存电影或视频中的精彩画面

有时需要将影片的精彩画面截取下来，进行后续编辑，如做成一个电子相册。绘声绘影为我们提供了“抓拍快照”功能，即将视频中的某一帧单独抓拍成静态图片保存起来。

 操作步骤

Step 1：首先在媒体库中打开素材文件，并将其插入到时间轴上。单击“预览”按钮，开始播放素材文件。拖动预览滑块到想要保存的那一帧。可以借助“上一帧”按钮和“下一帧”按钮进行精细调整。

Step 2：单击“视频”选项面板中的“抓拍快照”按钮，可以将当前帧保存为扩展名为 *.bmp 的图像文件并存储在系统默认的工作文件夹中，并自动存放到图像素材库中，如图 3-26 所示。

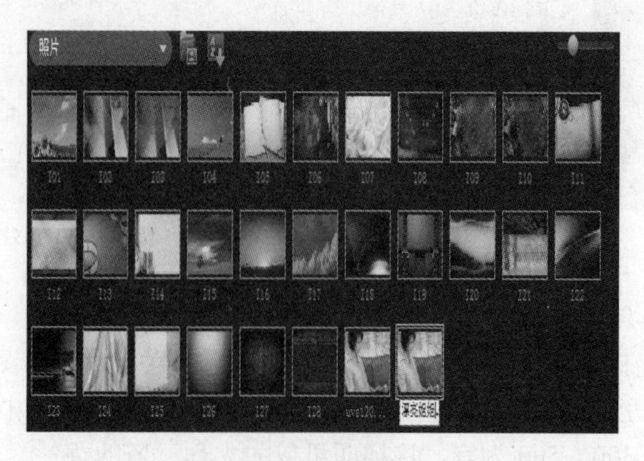

图 3-26　抓拍快照

Step 3：双击图片素材库中刚刚抓拍的图片，可更改图片名称并右击，弹出快捷菜单，执行“属性”命令，弹出图片素材库，在文件名称处有文件默认存放路径通过执行“设置”/“参数选择”命令，弹出“参数选择”对话框，在其中可修改“工作文件夹”的存储路径，如图 3-27 所示。

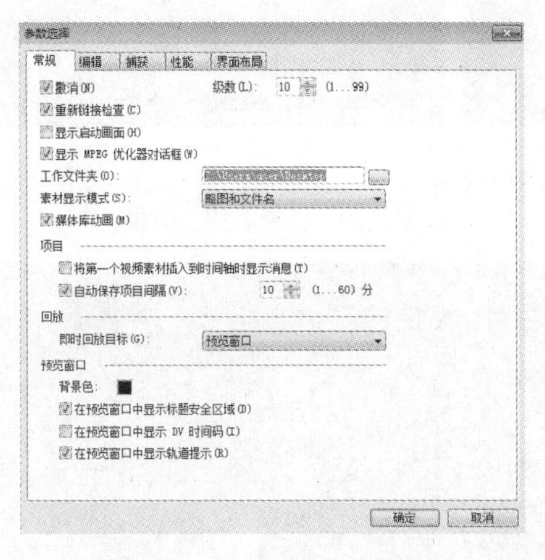

图 3-27　“参数选择”对话框

任务 3　添加滤镜效果和转场效果

知识链接 1　视频滤镜效果的应用

视频滤镜是对视频画面进行的特殊处理，改变图片或视频的外观或样式，以达到特殊的艺术效果，给人以强烈的视觉冲击，可以通过修改视频滤镜的属性来调整其显示的强度、效果和速度。不同滤镜的效果如图 3-28 所示。

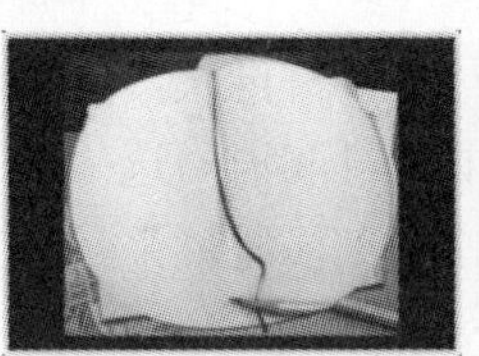

图 3-28　不同的滤镜效果

1. 打开“视频滤镜”

方法一：单击素材库左侧的滤镜图标“FX”，打开视频滤镜的素材库，单击其下拉按钮，在下拉列表中可选择各种滤镜效果，如图 3-29（a）所示。当选择“全部”选项时，可通过拖动滚动条显示全部的滤镜效果，如图 3-29（b）所示。

方法二：在会声会影编辑器中，针对某个素材，选择“编辑”选项面板中的【属性】选项卡，如图 3-30 所示，进入滤镜属性设置界面，单击折叠按钮，此时素材库会自动切换到“视频滤镜”素材库。

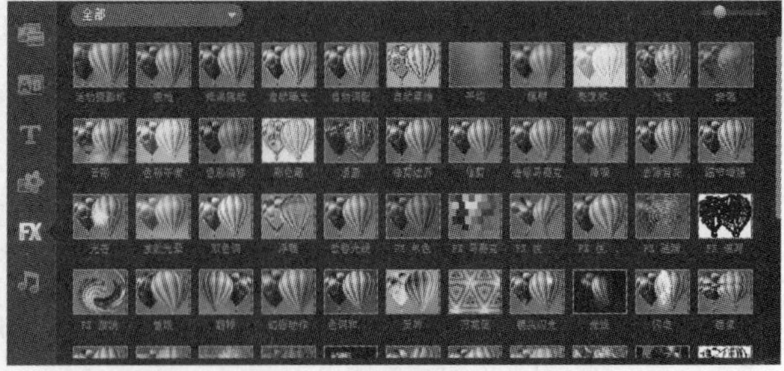

（a）滤镜名称　　　　（b）效果

图 3-29　滤镜名称及效果

图 3-30　滤镜“属性”选项卡

2. 添加“视频滤镜”及修改属性

添加滤镜的方法很简单，只需从“视频滤镜”素材库中选择需要添加的滤镜，按住鼠标左键拖动到视频轨道上，即可将当前滤镜应用到该素材上。此时素材上会出现图标。

选择“照片”选项卡，会出现此时应用的视频滤镜的名称，单击按钮，可选择预设滤镜模块，如图 3-31（a）所示。对当前滤镜进行效果替换时，可通过预览窗口对当前滤镜变化进行对比，选择自己喜欢的滤镜效果。如果都不满意，可以单击“删除滤镜”按钮，删除当前滤镜效果，如图 3-31（b）所示。

当勾选“替换上一个滤镜”复选框，对同一素材再次添加新滤镜时，会自动将上一个滤镜替换掉。若要对同一素材应用多个滤镜效果，可取消勾选“替换上一个滤镜”复选框，对同一素材拖放多个滤镜，在属性窗口中可通过“上移滤镜”按钮和下移滤镜按钮调整各滤镜的叠放次序，如图 3-31（c）所示。

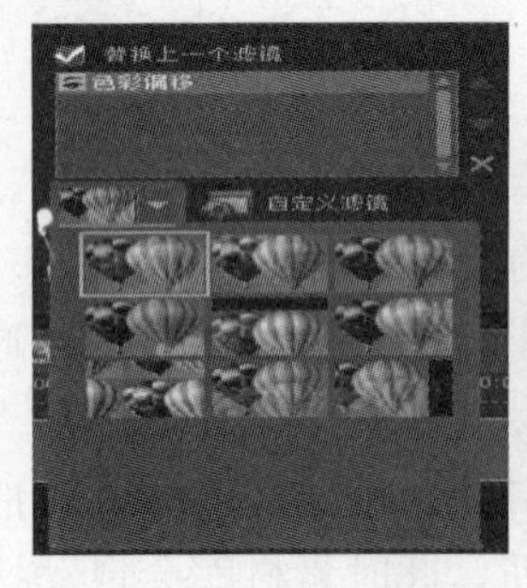

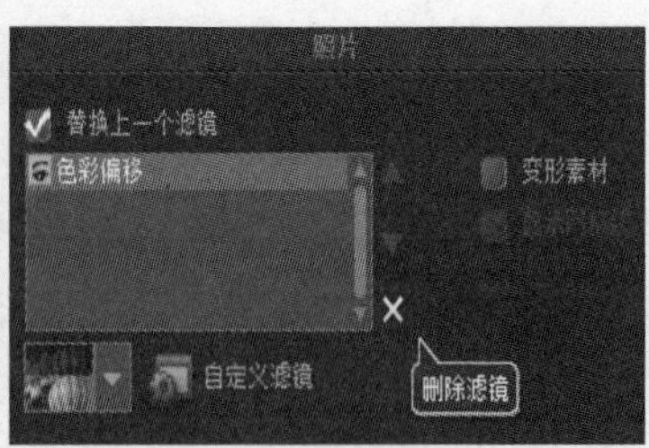

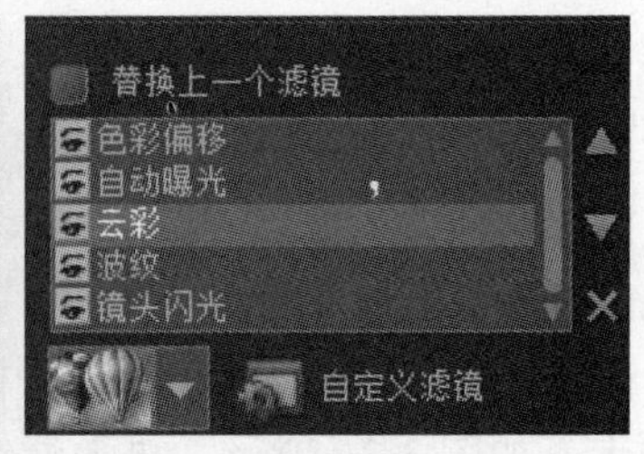

（a）“照片”选项卡　　（b）选择滤镜效果　　（c）调整滤镜次序

图 3-31　“滤镜”选项相关操作

3．自定义滤镜效果

（1）为视频轨道上的素材添加“FX 速写”滤镜，在“属性”选项卡中，单击“自定义滤镜”按钮，弹出“FX 速写”对话框，如图 3-32 所示。

（2）拖动飞梭栏到需要调整滤镜效果的位置，单击“添加关键帧”按钮，在此处设置关键帧，在对话框下方调整此帧的滤镜属性，如调整“模式”、“像素”、“阈值”等参数。

（3）单击“确定”按钮，系统会自动对关键帧进行动态效果平滑计算。

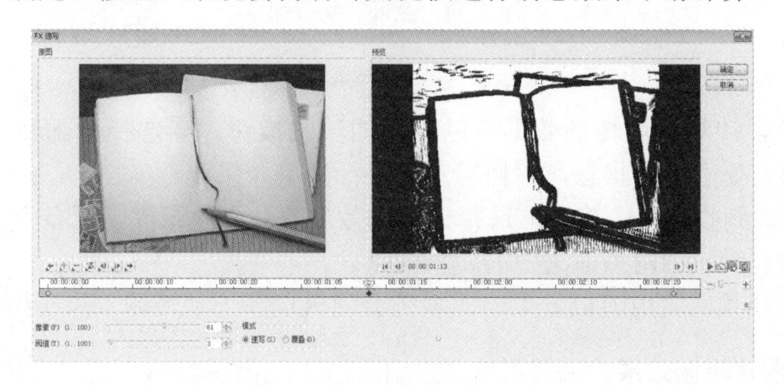

图 3-32　“FX 速写”对话框

 知识链接 2　视频转场效果的应用

在很多影视作品中，经常出现从一个视频场景切换到另一个视频场景的镜头，在会声会影中这种切换或者过渡被称为“转场”效果。它们可以应用到视频轨中的素材之间，可以在选项面板中修改它们的属性。有效地使用此功能，可以为影片添加专业化和创意化效果。

1．打开转场效果

方法一：启动会声会影后，在“编辑”选项面板中单击素材库左侧的滤镜图标“AB”，打开“转场”素材库，素材库提供了大量的预设转场效果。默认是“收藏夹”中收集的应用转场效果，使用频率很高，单击右上方的下拉按钮，可显示全部的 16 大类转场效果，如图 3-33（a）所示。当选择“三维”类型时，会显示当前类型下所包含的全部效果。选择某一个效果，会在左侧预览窗口进行效果播放，其中 A 和 B 分别代表转场效果所链接的两个素材，转场代表 A 向 B 过渡的样式，如图 3-33（b）所示；当选择“全部”选项时，可通过拖动右侧的滚动条显示全部转场效果，如图 3-34 所示。

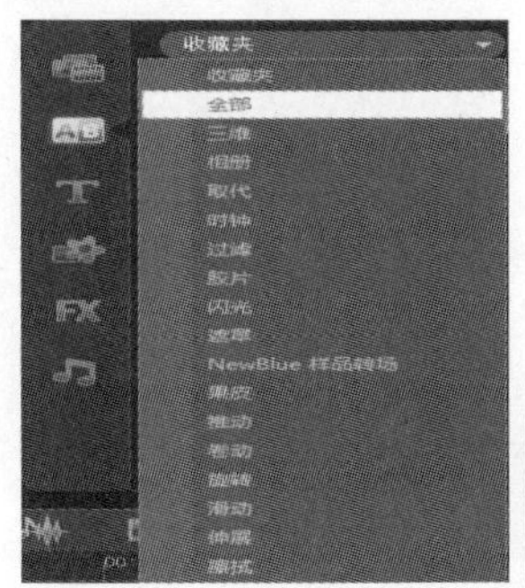

（a）收藏夹

（b）转场效果

图 3-33　“三维”转场效果

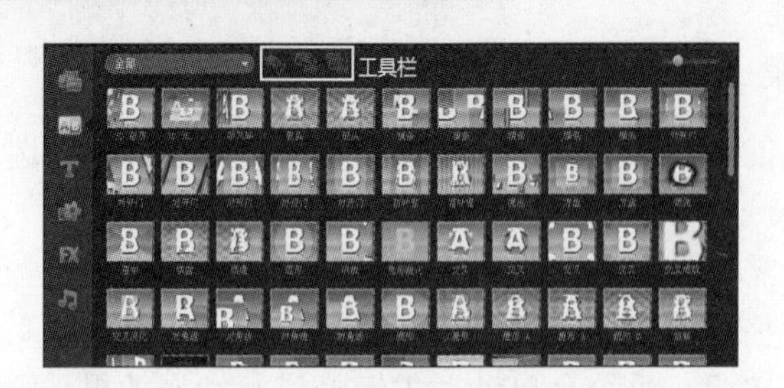

图 3-34　全部转场效果

2．工具栏

工具栏中包含针对当前转场效果可以应用的一些按钮。当选择全部转场效果中的一个时，工具栏按钮皆处于可用状态，下面对它们进行简单介绍。

（1）：添加到收藏夹：将当前选择的转场效果收藏到收藏夹，已备今后快速使用。

（2）：对视频轨应用当前选中的转场效果。

（3）：对视频轨应用随机效果，即系统会随机选择一种转场效果应用到视频轨道中。

3．添加与删除转场效果

在会声会影中为视频轨上的素材添加转场效果主要有手动和自动两种方式。

1）手动方式

首先确认视频轨道上存在两个需要添加转场效果的素材，在转场素材库滚动的效果略图中选择一个转场类别，将其拖动到两个视频素材之间，释放鼠标左键，此效果将进入此位置，每次仅可以拖动一个效果。也可选中一个转场效果并右击，弹出快捷菜单，执行“对视频轨应用当前效果”命令或者直接使用工具“”实现相同效果。

双击素材库中的转场可以自动将它插入到第一个素材中没有转场的位置。重复此操作可以在下一个无转场的位置插入转场。

2）自动方式

如果希望会声会影自动在视频轨上的素材之间添加转场，可以按 F6 键或者执行“设置”/“参数选择”命令，弹出“参数选择”对话框，选择“编辑”选项卡，然后在“转场效果”选项组中勾选“自动添加转场效果”复选框。在“默认转场效果的区间”处设置转场效果播放的时间。默认转场效果可以选择“随机”或者其他效果，如图 3-35 所示。设置完成后可在素材之间自动添加所设置的转场效果。

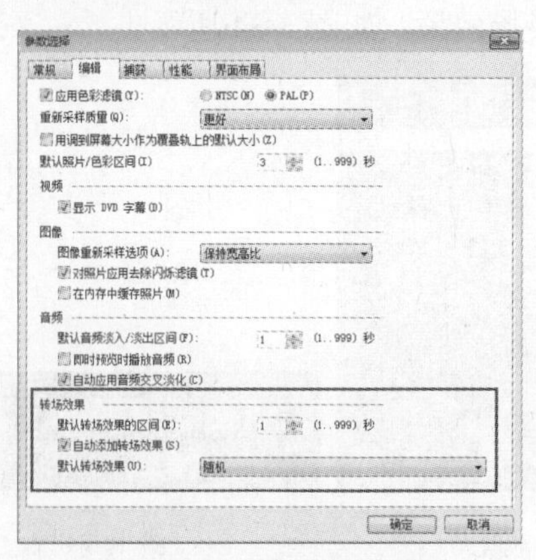

图 3-35　自动添加转场效果

这种添加方式适用于批量处理视频，可以节省选择效果的时间，特别是在创建仅包含图像的相册项目时，转场效果将从素材库中随机选择并自动添加到图像中。但如果想创作出符合自己意图的作品，仍需用户手动进行转场设置。注意，转场效果不能太多，否则会过于花哨。

4．转场的删除

如果用户对当前添加的转场效果不满意，则可以重新选择素材库中的新转场并将其拖动到故事版或时间轴视图中要替换的转场缩略图上，这样即可实现原转场的替换删除；也可以直接在视频轨上选中该转场，按 Delete 键或者右击，在弹出的快捷菜单中执行“删除”命令，或者拖动分开带有转场效果的两个素材。

5．选项面板

转场效果添加到项目中后，可以进一步对其进行自定义。图 3-36 所示的“转场”选项面板显示了所选转场的设置，可以修改它们的参数。这样可以准确地控制效果在影片中的表现方式。不同的转场效果，选项面板中的属性也有所不同。

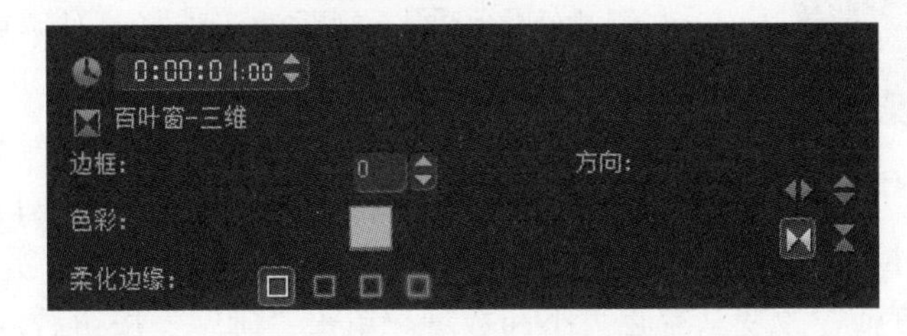

图 3-36　“转场”选项面板

（1）区间 0:00:04:15：以“时：分：秒：帧” 的形式显示在所选素材上应用效果的区间。用户可通过双击某时间码修改时间，来调整此效果持续时间。

（2）边框：决定边框的厚度。输入 0 可以删除边框，最大可输入 10。

（3）色彩：决定转场效果的边框或两侧的色调，单击右侧的颜色块，可弹出色彩设置对话框，可使用 Windows 或 Corel 色彩选取器选取色彩。

（4）柔化边缘：指定转场效果和素材的融合程度。强柔化边缘可以使转场不明显，从而在素材之间创建平滑的过渡。此选项最好用于不规则的形状和角度。

（5）方向：指定转场效果的方向。“”——打开-垂直分割；“”——打开-水平分割；“”——关闭-垂直分割；“”——关闭-水平分割（此选项仅可用于某些转场效果）。

实训操作 1　特效镜头——马赛克

马赛克是一种图像（视频）处理手段，此手段将影像特定区域的色阶细节劣化并造成色块打乱的效果，因为这种模糊看上去由一个个的小格子组成，便形象地称这种画面为马赛克。作为电视画面的一种技术处理手法，在一些访谈类、法制类电视节目中有关商品图标等敏感的标识或者人物脸部的镜头，一般都打上“马赛克”，并跟踪移动，如图 3-37 所示。下面我们来介绍它的具体操作步骤。

图 3-37 “马赛克”效果

添加马赛克效果操作步骤如下。

Step 1：添加视频到视频轨和覆叠轨。启动会声会影，切换到时间轴视图，把视频拖动到视频轨和覆叠轨中（或者在视频轨素材上右击，进行复制操作，此时鼠标附着同等视频大小，在覆叠轨上单击），拖动覆叠轨大小滑块，使覆叠轨上的视频与视频轨上的素材完全重合，如图 3-38 所示。

图 3-38 添加视频后的时间轴视图

Step 2：添加马赛克滤镜，设置马赛克区域单击素材库左侧滤镜图标FX，视频滤镜选择“马赛克”，如图 3-39 所示，拖动到覆叠轨的视频中。

Step 3：单击“选项”按钮，在弹出的选项面板中单击“自定义滤镜”按钮，如图 3-40 所示，弹出如图 3-41 所示的“马赛克”对话框，时间轴的首尾处默认各有一个菱形的标记，称为“关键帧”，调整两个关键帧的高度和宽度值，改变马赛克大小和数量。单击“确定”按钮后，回到选项面板，取消勾选“替换上一个滤镜”复选框。

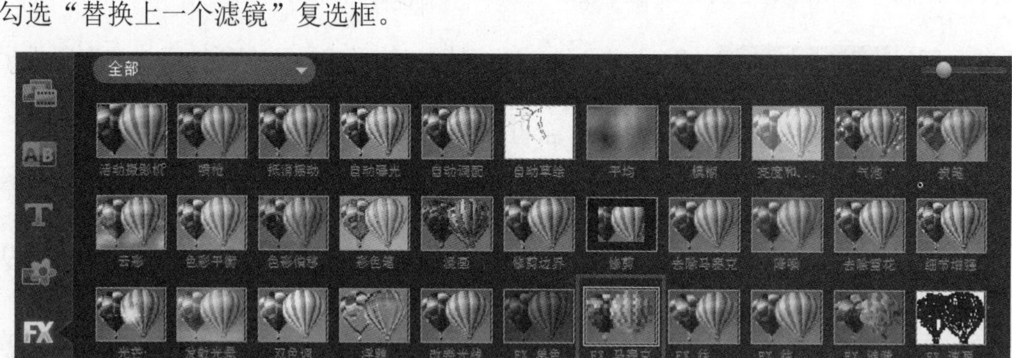

图 3-39 “马赛克”滤镜

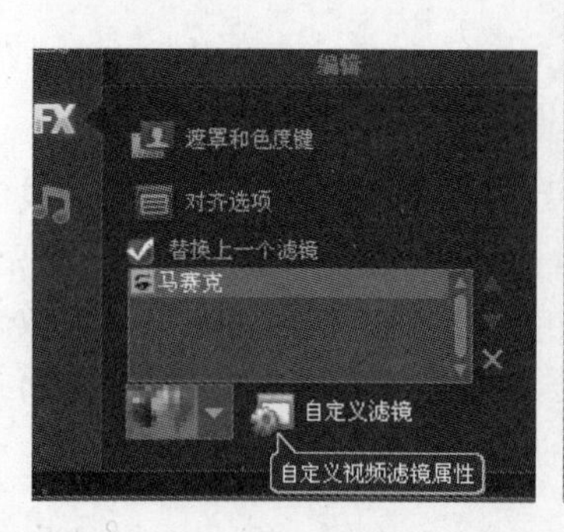

图 3-40 “自定义滤镜”按钮

图 3-41 “马赛克”对话框

Step 4：添加“修剪”滤镜。对覆叠轨上的视频添加第二个滤镜“修剪”，将其拖动到覆叠轨的视频上，单击“选项”按钮，打开如图 3-42 所示的选项面板，此时两个视频滤镜同时应用到同一视频中。

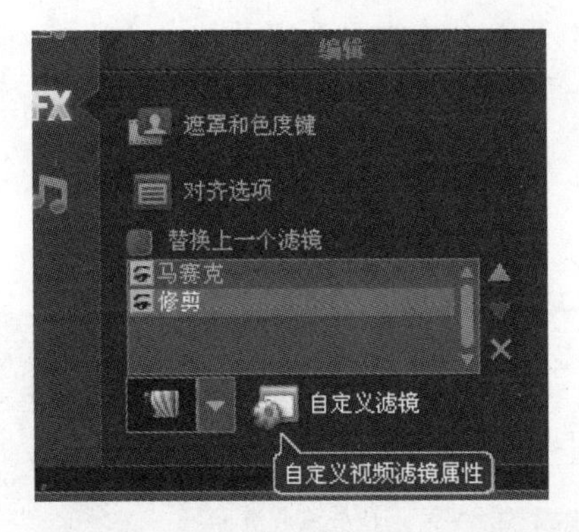

图 3-42 “马赛克”和“修剪”滤镜效果

Step 5：设置“修剪”滤镜。单击“自定义滤镜”按钮，弹出如图 3-43（a）所示的“修剪”对话框，设置宽度、高度及位置，可在两个关键帧（起始帧和结束帧）中间添加新的关键帧，调整长方形的位置，使它恰好挡住人脸，设置成马赛克跟踪镜头的效果。填充色可设置为白色，这样有助于进一步处理，如图 3-43（b）所示。

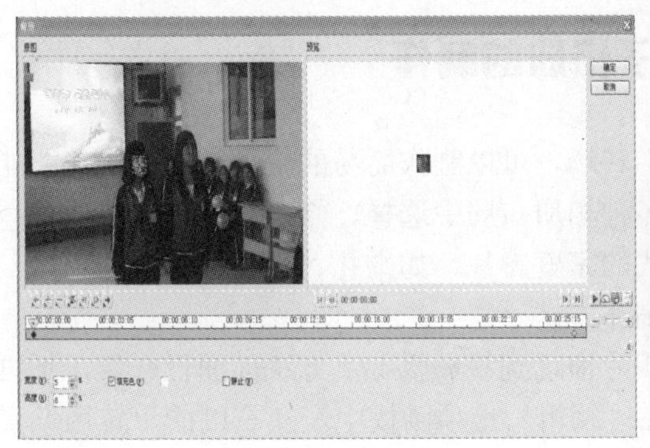

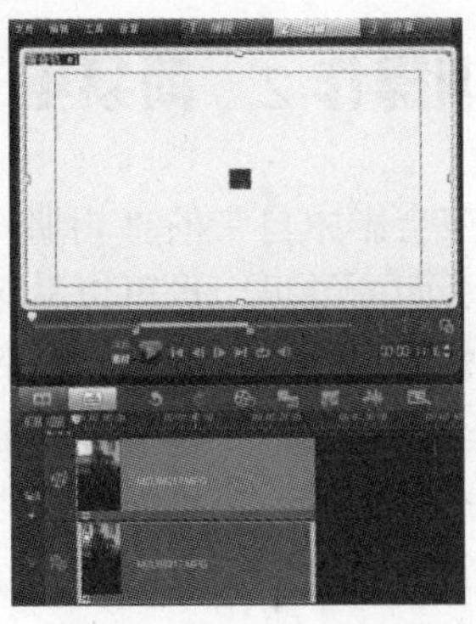

（a）“修剪”对话框　　（b）效果

图 3-43 “修剪”对话框和调整后的效果

Step 6：透明化处理。单击右侧选项面板的“属性”选项卡中的“遮罩和色度键”按钮，如图 3-44 所示，勾选“应用覆叠选项”复选框，相似度的颜色为白色，与“修剪”滤镜的颜色相同，如图 3-45 所示。

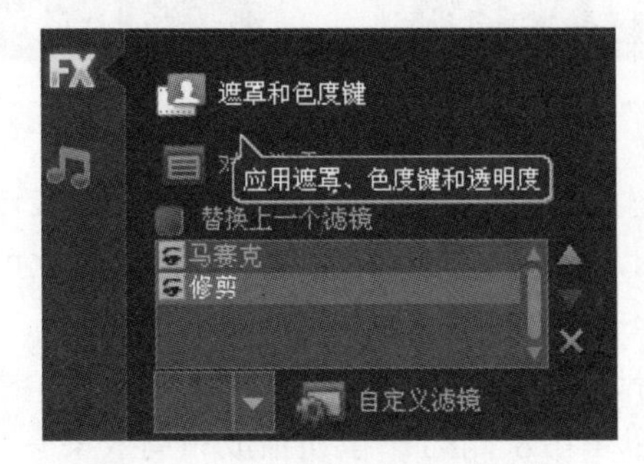

图 3-44 “遮罩和色度键”按钮

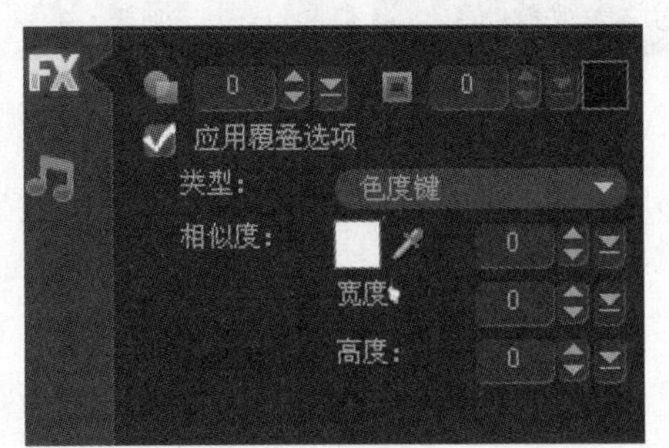

图 3-45 “应用覆叠选项”设置

最后，可以预览添加“马赛克”后的效果，如图 3-46 所示，也可以单击“分享”选项组中的“创建视频文件”按钮，输出文件，完成制作。

【注意】同一个视频画面中有多个人物，其中有两个或三个人物需要进行马赛克处理时，可以先对第一个视频局部进行马赛克操作并保存，使用第三方软件打开再保存一次，然后重新马赛克，以此类推。

图 3-46 “马赛克”效果

实训操作 2 简易电子相册的制作

通过会声会影中自带的“相册”转场，可以制作简易的电子相册，该功能能够模拟出类似翻动相册页面的效果，也可以从多种相册布局中选择、修改相册封面、背景、大小和位置等，这种效果特别适用于制作回忆式的家庭影片，如婚礼、生日庆典等。

下面介绍“简易电子相册”的制作方法。

将所有准备放在电子相册中的图片拖动到视频轨上（方法前面已介绍，不再赘述）。修改每个图片的区间选项为“5”s。在“编辑”选项画板中，在右侧的“转场”素材库中选择“相册”转场，其中只有一个“翻转”转场，将其应用到视频轨道的素材之间，如图 3-47 所示。

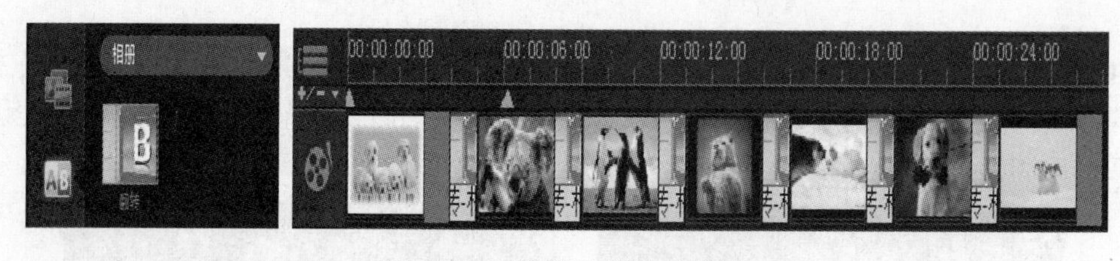

图 3-47 “相册”转场及应用

Step 1：选中“翻转”相册转场，单击素材库右下方的“选项”按钮，打开该转场的选项面板，单击“自定义”按钮，如图 3-48 所示，弹出“翻转-相册”对话框。在此可定义各种效果，如图 3-49 所示。

Step 2：在右侧的【布局】选项组中为相册选取期望的外观。图 3-50 列举了 6 种布局形式，根据自己喜好，选择期望的布局效果，可以单击左侧的▶按钮播放布局效果。

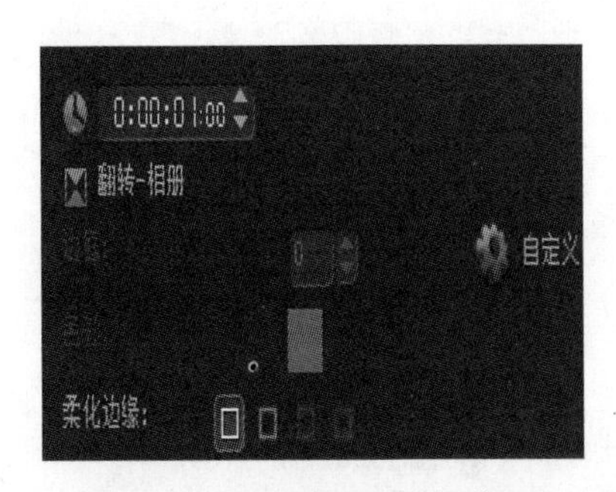

图 3-48　“相册”选项面板

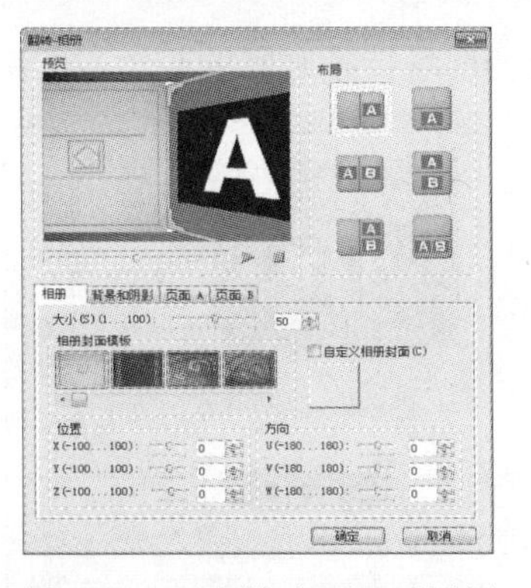

图 3-49　“翻转-相册”对话框

图 3-50　相册的各种翻转效果

Step 3：在“相册”选项卡中，设置相册的“大小”“位置”和“方向”等参数。设置相册的“大小”为“10”，使播放窗口能完全显示相册的翻动效果，设置过大将无法显示相册背景画面；从“相册封面模板”选项组中选取一个预设值，或勾选“自定义相册封面”复选框，在打开的文件夹中选择合适的文件作为自己的封面图像。“相册”选项卡参数设置如图 3-51 所示。

Step 4：选择“背景和阴影”选项卡。要修改相册的背景，可以从“背景模板”选项组中选取一个预设值。根据背景图片选择是否添加阴影，图中为了营造真实的烛光效果，勾选了“阴影”选项组，根据灯光的强度和方向调整“X-偏移量”和“Y-偏移量”的值，以设置阴影的位置，增加“柔化边缘”值可使阴影看上去柔和一些。单击左下角的“■”色彩块，修改阴影的颜色，参数设置如图 3-52 所示。

Step 5：选择“页面 A”和“页面 B”选项卡，若要修改背景图像，则在“相册页面模板”选项组中选取一个预设值即可，通过修改“大小”“X”和“Y”的值，来调整此页上素材的大小和位置，参数设置如图 3-53 所示。“页面 B”的设置方法与“页面 A”完全一样。

Step 6：单击“确定”按钮或者按 Enter 键，应用所做的修改。

Step 7：调整区间。单击播放，会发现图片和转场持续时间不匹配，可以调整“转场”选项面板中的时间区间选项，单击时间码，在其闪烁状态下，输入预设数字，或者使用“⬍”

调整，从而改变转场持续时间的长短；或者直接拖动时间轴轨道上黄色视频转场特效的边缘。

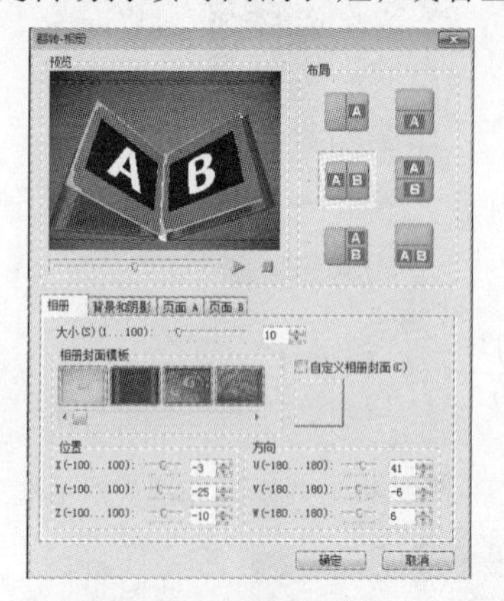

图 3-51 “相册”选项卡参数设置

图 3-52 “背景与阴影”选项卡

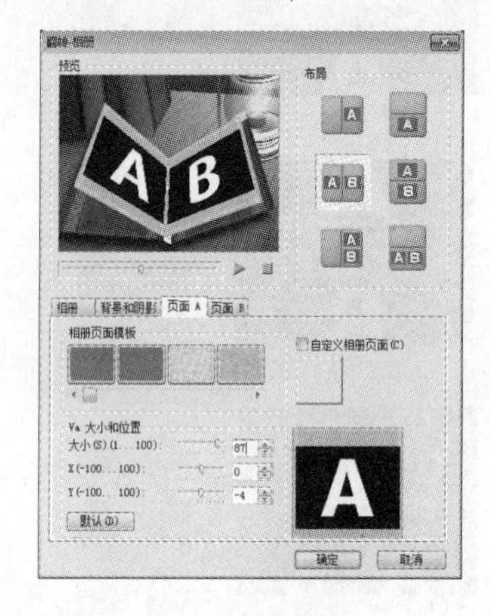

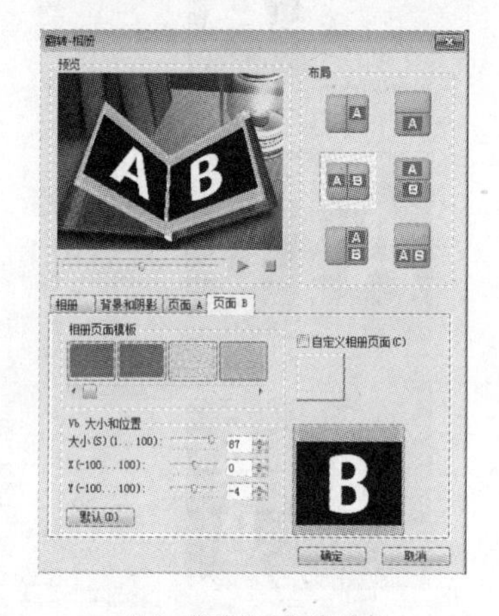

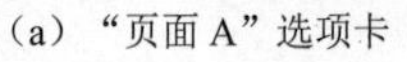

（a）“页面 A”选项卡

（b）“页面 B”选项卡

图 3-53 “翻转”相册页面选项卡

Step 8：用同样的方法为其他素材添加该转场效果，参数设置完成后，即可以观看效果，如图 3-54 所示。如果不满意，则可继续对某个转场进行修改。

图 3-54 相册效果

任务4 制作片头、片尾和字幕

知识链接 视频字幕应用

字幕指的是所有在电视屏幕上显示的文字的总称。它不仅是电视画面重要的组成部分，在电视画面的构图上也起着必要的补充、装饰作用。一个好的影片字幕能够准确地阐明主题、提示信息和完善作品。下面介绍会声会影 X3 字幕的应用。

1. 打开“标题”效果

启动会声会影后，切换到“编辑”选项面板，单击素材库左侧的标题图标，打开“标题”素材库，素材库中提供了 14 种预设标题效果，如图 3-55 所示。单击某一个效果，会在左侧预览窗口中进行效果播放。单击右上方的下拉按钮选择“收藏夹”选项，其中收集了应用标题效果中使用最频繁的一些效果。

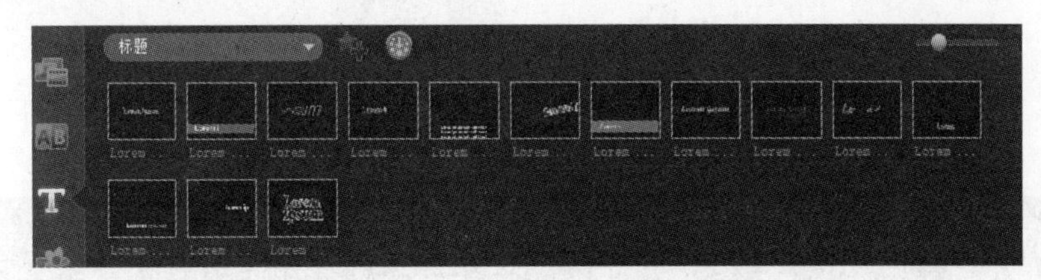

图 3-55 “标题”素材库

2. 工具栏

标题工具栏只包含两个按钮。

（1） 添加到收藏夹：将当前选择的标题效果收藏到收藏夹中，已备以后快速使用。

（2） 获取更多的内容。单击此按钮，弹出“Corel Guide”对话框，如图 3-56 所示，如果计算机处于联网状态，则会实时更新。其中包含 10 种新的炫酷动画标题以供下载，如选择标题包 6，单击“立即下载”按钮，会弹出图 3-57 所示的进度条，下载完成后会弹出如图 3-58 所示的安装选项对话框，可以选择“立即安装”或者“下次提醒我”或者“7 天后提醒我”。这里选择“立即安装”（此时应把会声会影关闭）。在弹出的各对话框中依次单击“Next”、“Install”和“Finish”按钮完成安装，如图 3-59～图 3-61 所示。再次打开软件，打开标题素材库，如图 3-62 所示，素材库自动添加了刚才下载安装完成的所有标题效果。

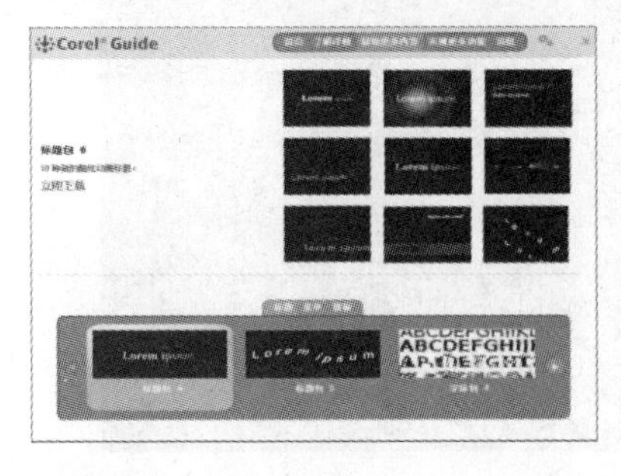

图 3-56 “Corel Guide”对话框

图 3-57 下载进度条

图 3-58　安装选项对话框

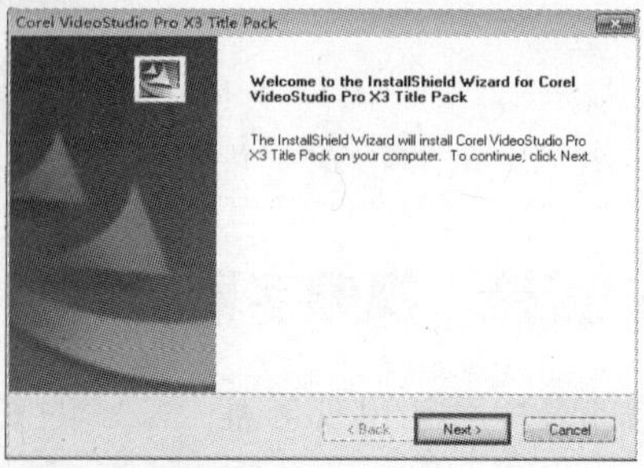

图 3-59　单击“Next”按钮

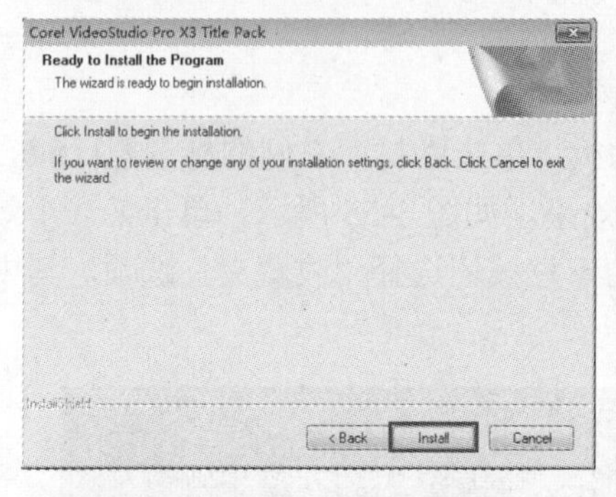

图 3-60　单击“Install”按钮

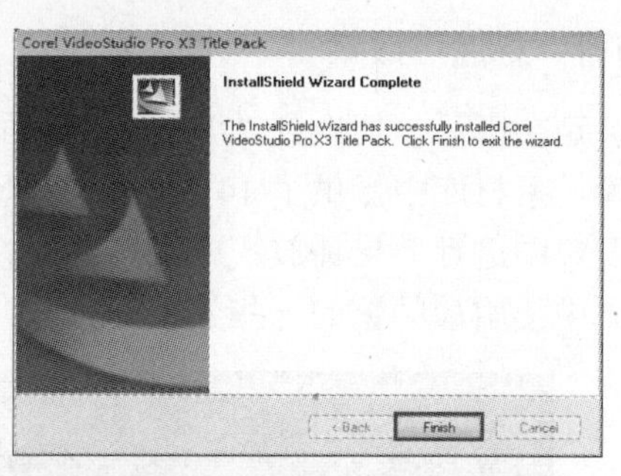

图 3-61　单击“Finish”按钮

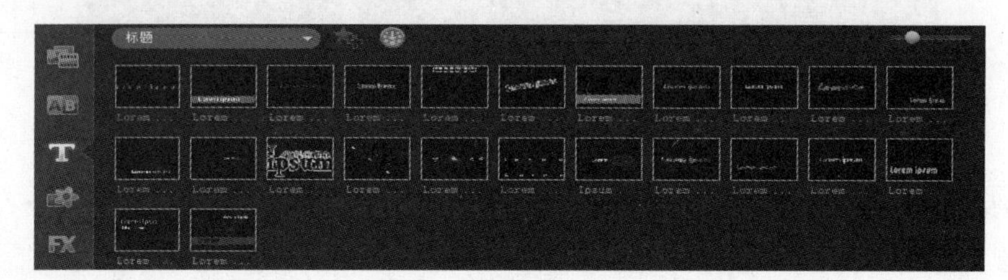

图 3-62　更新后的标题库

3．标题选项面板

1)“编辑”选项卡

使用“标题库”的“编辑”选项面板中的选项可修改文字的属性，如字体、样式和大小等。右击“标题库”的标题弹出快捷菜单，执行“打开选项面板”命令或者双击标题轨道中的标题，均可自动打开“编辑”选项面板，如图 3-63 所示。

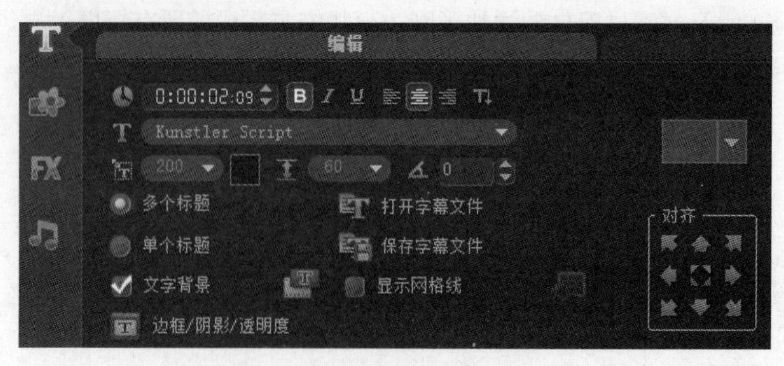

图 3-63　“编辑”选项面板

（1）0:00:02:09：标题在时间轴上持续的时间。

（2）B I U：依次对标题进行“加粗”、“斜体”和“下划线”设置。

（3）：文本对齐方式，依次为“左对齐”、“居中”和“右对齐”。当更改文字的方向为垂直时，对齐方式改为，即“上对齐”、“垂直居中”和“下对齐”。

（4）：将方向更改为垂直，使文字以垂直的方式显示。

（5）:字体。单击其右侧的下拉按钮，可以为当前标题设置字体。

（6）：字体显示大小，单击其右侧的下拉按钮，可设置为 0～200。

（7）:行间距，单击其右侧的下拉按钮，可设置为 60～999。

（8）：按角度旋转，单击其右侧“”按钮，可设置为-359～359。

（9）多个标题：可以使用多个文本框，使画面产生多个具有不同属性的文字效果。

（10）单个标题：只能使用单个文本框，当前文本框中的文字属性必须相同，效果较单一。不能与“多个标题”同时选择。

（11）文字背景：当勾选该复选框时，图标自定义文字背景属性按钮可用。

（12）打开字幕文件：单击此按钮可以将以往保存过的影片字幕导入。

（13）保存字幕文件：可以将当前设置完成的字幕文件保存到计算机中，已备后用。

（14）显示网格线：可以准确改变标题的构图位置，当勾选该复选框时可显示网格线，此时网格线选项按钮处于可用状态。

（15）边框、阴影和透明度：将边框、阴影和透明度应用到文本标题中，如图 3-64 所示。

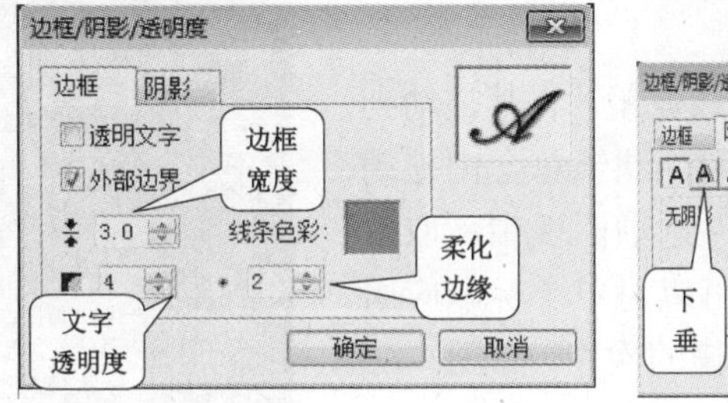

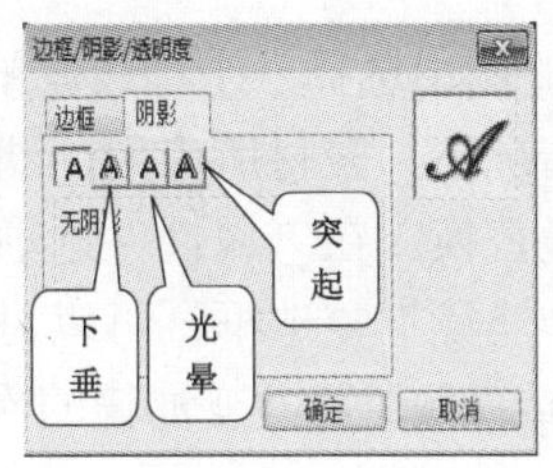

图 3-64　“边框/阴影/透明度”选项卡

（16）选取标题样式预设值，单击其右侧的下拉按钮，弹出其预设标题样式，单击某一样式，可将其预设样式应用到标题中，预设样式如图 3-65 所示。

（17）对齐：单击不同的按钮可以设置文本在预览窗口中的位置，中间按钮为“居中”，如图 3-66 所示。

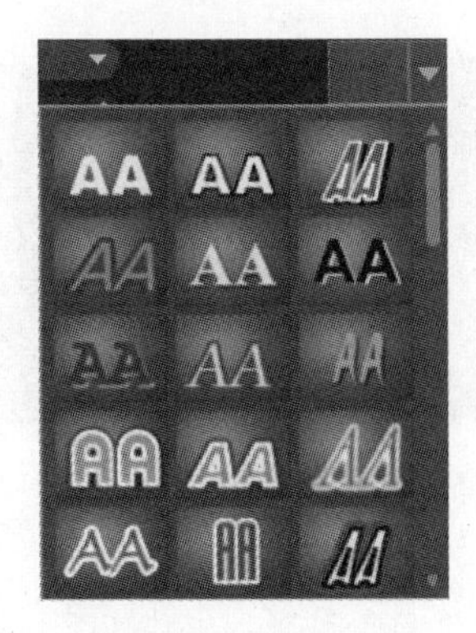

图 3-65　标题预设样式

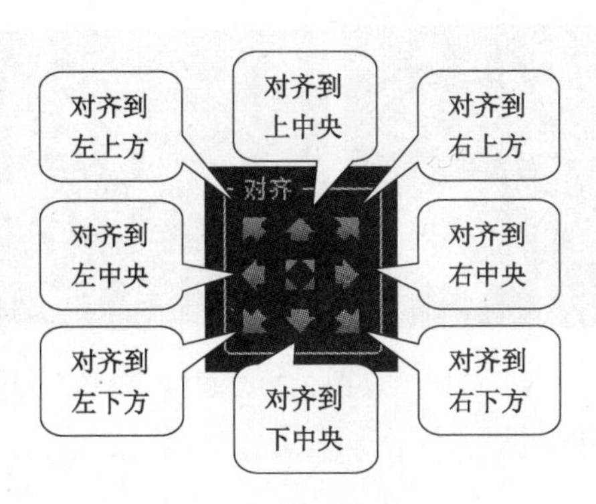

图 3-66　对齐按钮

2）“动画”选项卡

用户可以在“动画”选项卡中对文字标题进行动画设置，使标题产生动态效果。使用动画的方法是在“属性”中选中【动画】单选按钮，勾选【应用】复选框。此时通过单击右侧的下拉按钮，可以选择特定的预设动画类型，如“弹出”、“飞行”、“移动路径”等，每种类型又包含多种动画场景模板，如图3-67和图3-68所示。

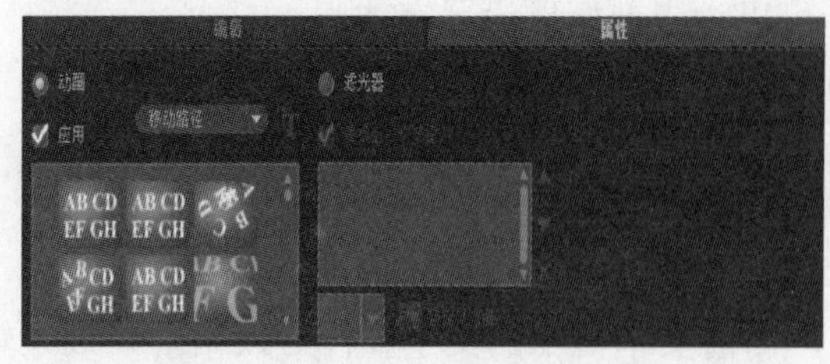

图3-67　标题动画

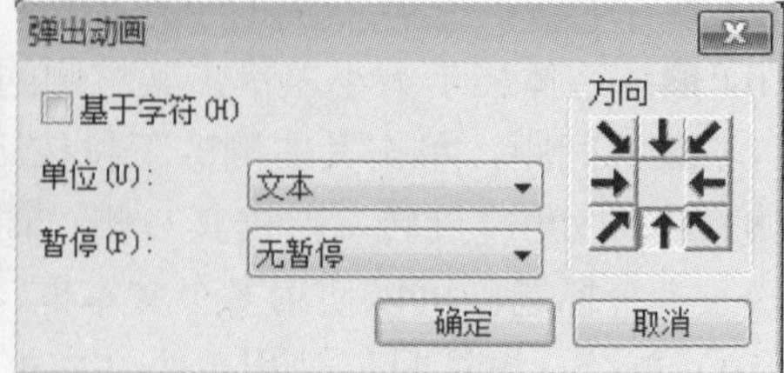

图3-68　“弹出动画”对话框

（1）：单击此按钮，可自定义动画属性。

（2）滤光器：选中此单选按钮，可以使用标题预设效果（如“气泡”、“马赛克”和“涟漪”），将滤镜应用到文字中。标题滤镜位于不同的标题效果类别内。下面介绍如何添加标题滤镜。

Step 1：单击滤光器，此时会在并在素材库中出现“标题效果”。素材库中显示了“标题效果”类别下的各种滤镜的缩略图。

Step 2：在缩略图中选择一个标题滤镜，将其拖动到标题轨上。默认情况下，素材所应用的滤镜总会由拖动到素材上的新滤镜替换。在“属性”选项面板中，取消勾选“替换上一个滤镜”复选框，可以对单个标题应用多个滤镜，单击或按钮可改变滤镜的次序，如图3-69所示。

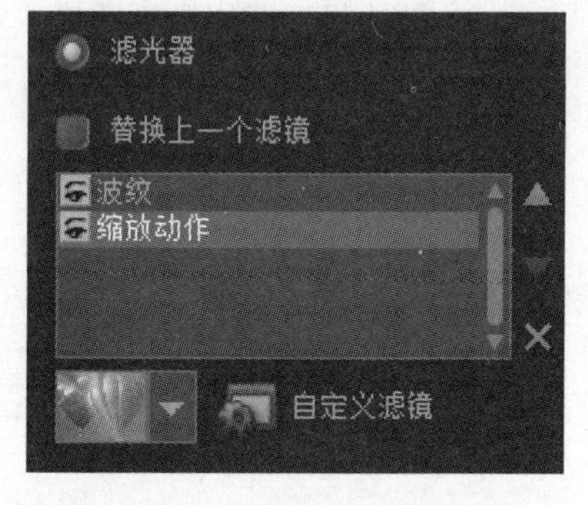

图3-69　“标题”滤镜的设置

Step 3：单击“属性”选项面板中的“自定义滤镜”按钮可以自定义标题滤镜的属性。可用的选项取决于所选的滤镜。

Step 4：用导览面板可预览应用了视频滤镜的素材的外观。图3-70所示为添加滤镜后的标题效果。

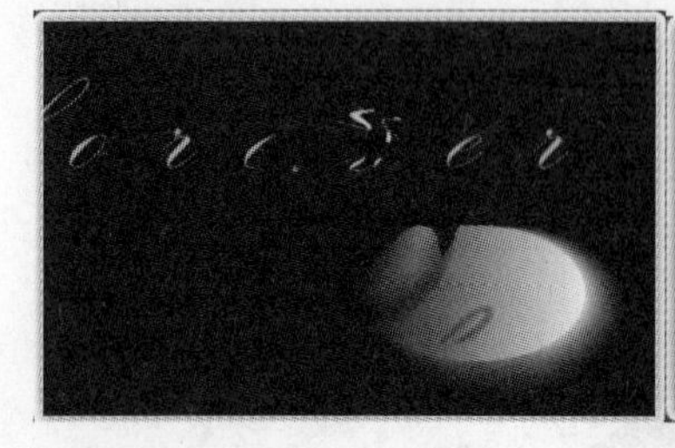

图3-70　添加“滤镜”后的标题效果

4．添加与删除标题

在会声会影中为素材添加“标题”效果有以下两种方法。

1）添加预设标题

Step 1：在标题素材库中，选择喜欢的标题素材，将其拖动到“标题轨”上。

Step 2：双击“预览窗口”中的预设标题，对其进行修改并输入新的文字。打开“编辑”选项面板进行属性修改。（希望对其他项目使用已创建的标题，建议将其保存在素材库的“收藏夹”中。右击标题轨上的标题，弹出快捷菜单，执行“添加至收藏夹”命令或者在标题素材选中情况下单击图标）

2）添加多个标题

“多文字标题”能灵活将文字的不同词语放置在视频帧的任何位置，并允许用户安排文字的叠加顺序。在为项目创建开场标题和结尾鸣谢名单时，单文字框非常适用，它和添加“多个标题”的操作方法类似。

Step 1：单击素材库左侧的标题图标，在左侧“预览窗口”中，需要添加文字的位置双击（有提示），此时“编辑”选项面板变成可设置状态。

Step 2：在“编辑”选项面板中，选中“多个标题”单选按钮（单标题输入时可选中“单个标题”单选按钮）。

Step 3：使用导览面板中的按钮可以扫描影片，并选取要添加标题的帧。在双击处输入文字（文字输入过程中的修改方法同 Word 基本操作），完成后，单击文字框之外的位置或者在“标题轨”上单击，即可结束一个标题的录入。

Step 4：要添加其他文字，请在预览窗口中再次双击。可以使用“属性”选项面板修改多个标题的属性。

3）删除标题

如果用户对当前添加的“标题效果”不满意，则可以直接在标题轨上选中该标题，按 Delete 键或者使用右击快捷菜单中的“删除”命令。

5．设置标题安全区域

标题安全区域是预览窗口中的白色矩形轮廓。它的作用是将文字置于标题安全区域内以确保标题的边缘不会被剪切掉。

可按快捷键 F6 或执行“设置”/“参数选择”命令，在弹出的“参数选择”对话框的【常规】选项卡中，勾选“在预览窗口中显示标题的安全区域”复选框，以此来显示或隐藏标题安全区域，同时可在此更改视频的背景色。

6．编辑影片标题

完成标题的添加后，还需对文字对象进行各种编辑操作，以达到预期的视觉效果，下面介绍几种常用操作。

1）调整位置

编辑完成的文字，会出现“”标志，将其拖动到相应位置，如图 3-71 所示。

图 3-71　调整标题位置

2）调整大小

当鼠标指针移动到标题处，出现“ ”标志时，单击文字部分，此时标题四周会出现由黄色、绿色和粉色组成的矩形框，调节黄色小点可调整标题的大小和长宽比例，如图 3-72 所示。

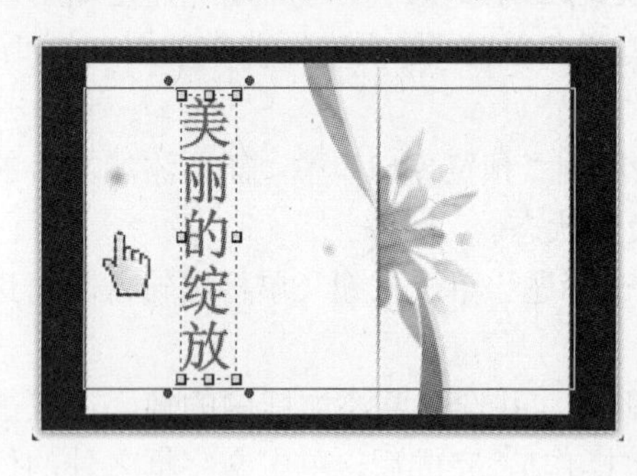

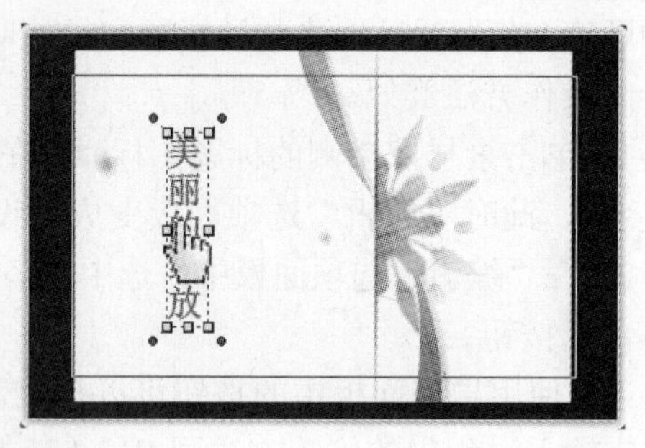

图 3-72　调整标题大小

3）旋转标题

将鼠标指针定位在粉色小点区域会出现“ ”标志，拖动该标志到想要的位置，可进行标题的旋转。也可在“编辑”选项面板的“ ”角度处输入数值，以便进行更精确地旋转控制，如图 3-73 所示。

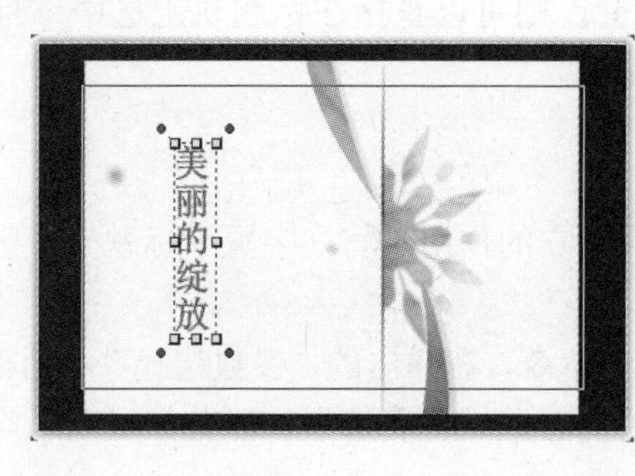

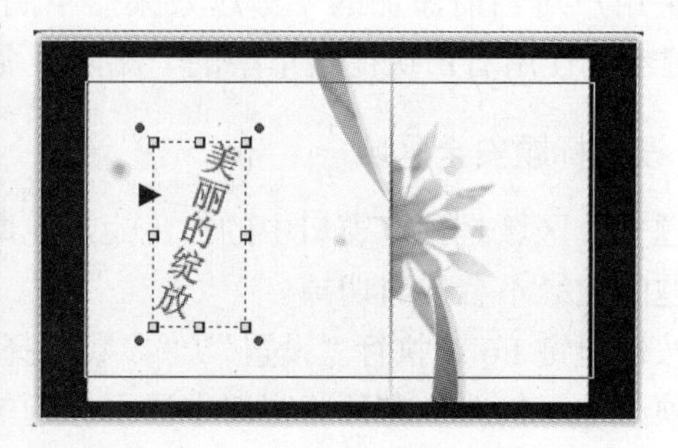

图 3-73　旋转操作

4）修改文字的其他属性

借助“编辑”选项面板可设置文字的样式和对齐方式，对文字应用边框、阴影和透明度，以及为文字添加文字背景。

5）调整标题在时间轴上的播放时间

在标题素材插入到时间轴上后，选中素材，按住 Shift 键，当鼠标指针变成“ ”形状时，拖动此拖柄，或在“编辑”选项面板中改变其区间值，以此来调整区间长度。

6）复制标题属性

当对多个标题设置相同属性时，可使用属性的复制和粘贴功能。在修改成功的“标题”上右击，弹出快捷菜单，执行“复制属性”命令，在目标标题素材上右击，弹出快捷菜单，执行“粘贴属性”命令。

实训操作 1　跑马灯字幕制作

经常看电视的朋友对“滚动字幕”一定不会陌生，不少电视剧片尾的演职员表等会采用在屏幕自下而上的滚动方式来播映；做电视直播节目时，屏幕的下方常会出现自右往左移动的字幕，及时报道各地传送的信息；播放国外歌曲时，往往也会在屏幕下方出现“歌词大意是:”等字样的滚动字幕。相对于“静止字幕”来讲，“滚动字幕”更具有吸引力。下面以会声会影 X3 为例，介绍“滚动字幕”的实现方法。

操作步骤

Step 1：在时间轴视图中插入视频素材，单击“标题轨”，在预览窗口中双击输入文字，调整文字外的虚线框，向左拖动，可使光标一直保持在屏幕中间（注意，不可按 Enter 键，如果事先已保存好文字，只需复制粘贴即可）。

Step 2：可以通过调整“编辑”选项面板，设置文本的字体、大小、颜色及对齐方式单击（按钮，对齐到最下方）。

Step 3：切换到“属性”选项面板，选中【动画】单选按钮，勾选【应用】复选框。此时通过单击右侧的下拉按钮，选择特定的预设动画类型【飞行】。

Step 4：弹出“飞行动画”对话框，设置参数，“起始单位”和“终止单位”均选择“文本”，进入方向为“右”，退出方向为“左”，如图 3-74 所示。单击“确定”按钮，效果如图 3-75 所示。

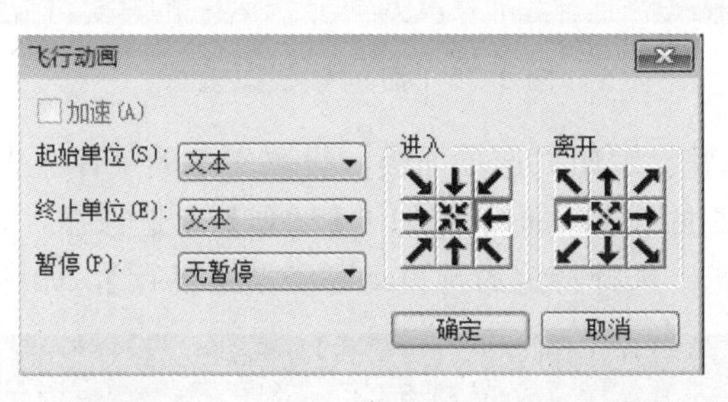

图 3-74　“飞行动画”对话框

图 3-75　跑马灯字幕效果图

实训操作 2　制作片尾滚动字幕

操作步骤如下。

Step 1：在时间轴视频轨中插入“山楂树之恋”素材图片。

Step 2：单击图形图标，在素材库中选择色彩，将纯白色彩“255，255，255”拖动到覆叠轨上，调整其大小与视频轨上素材图片相同，如图 3-76 所示。在其属性中将“遮罩和色度键的”透明度调整为“37”。

Step 3：单击“标题轨”，在预览窗口中双击输入文字，调整文字外的虚线框，往左拖动，可使光标一直保持在屏幕中间，达到合适宽度，按 Enter 键换行（如果事先已保存文件，只需复制、粘贴、调整即可），如图 3-77 所示，时间轴视图效果如图 3-78 所示。

图 3-76　“色彩”调整透明度后的效果

每年的五月，静秋都会到那棵山楂树下，跟老三一起看山楂花。不知道是不是她的心理作用，她觉得那树上的花比老三送去的那些花更红了。

十年后，静秋考上L大英文系的硕士研究生。

二十年后，静秋远渡重洋，来到美国攻读博士学位。

三十年后，静秋已经任教于美国的一所大学。今年，她会带着女儿飞回那棵山楂树下，看望老三。

图 3-77　输入文本效果

图 3-78　时间轴视图效果

Step 4：可以通过调整“编辑”选项面板，设置文本的字体、大小、颜色及对齐方式。

Step 5：切换到“属性”选项面板，选中【动画】单选按钮，勾选【应用】复选框。此时通过单击右侧下拉按钮，选择特定的预设动画类型【飞行】，如图 3-79 所示。

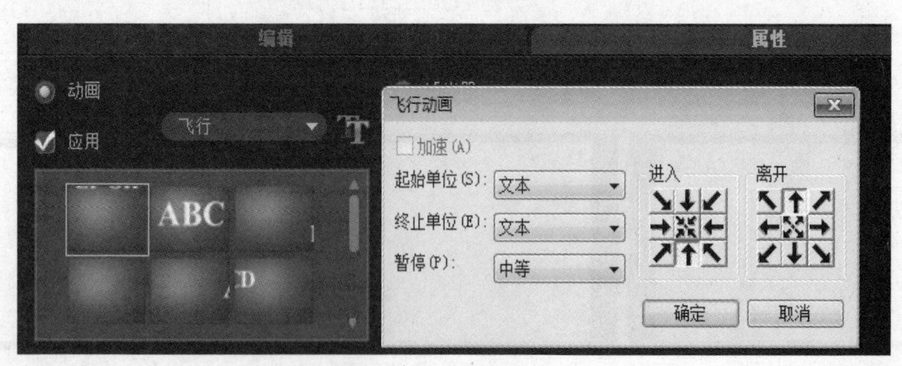

图 3-79　动画设置

Step 6：弹出“飞行动画”对话框，设置参数，“起始单位”和“终止单位”均选择“文本”，进入方向为“下”，退出方向为“上”，如图 3-79 所示。单击“确定”按钮。

Step 7：为了制作影片真实的片尾效果，在“时间轴”上将“时间”指针拖动到前一段片尾字幕的尾端，加上结语标题，在“属性”选项面板中，取消选中“动画”单选按钮和“应用”复选框，效果如图 3-80 所示。

图 3-80　片尾滚动字幕效果图

任务 5　音频编辑与应用

 知识链接　音频剪辑和修整

影视是视听的艺术，一部好的影片所具有的艺术效果，除了画面的表现力外，很大一部分是音效在起作用，好的音效可以提升影片的美感，渲染主题，一部影片可以没有字幕，但绝对不能缺少音效。

1. 打开音频素材库

单击素材库左侧的音频图标，打开“音频”素材库，如图 3-81 所示。

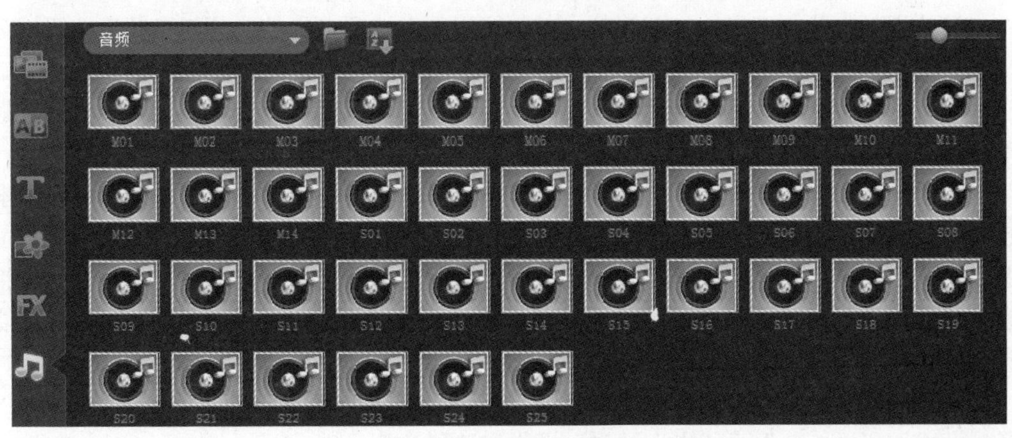

图 3-81　“音频”素材库

2. 添加音频

添加音频的方法同添加视频和照片的方法相同，在打开“音频”素材库的前提下，从“音频”素材库中选择需要添加的音频，将其拖动到音频轨道或音乐轨道上。或者执行“文件”/“将媒体文件插入到素材库”/“插入音频”命令。或者直接在音频轨道上右击，弹出快捷菜单，执行“插入音频”命令，均可实现音频的插入。

3.“音乐和声音”选项卡

当声音轨或音乐轨添加了音频文件后，即可对此音频文件进行编辑，单击素材库右下方的“选项”按钮，打开折叠的选项面板，如图3-82所示。默认的“声音和音乐”选项卡包含了针对音频效果可以应用的一些按钮。很多功能与“视频”选项卡相同，下面只简单介绍一些新的功能。

图3-81 “音乐和声音”选项卡

（1）从音频 CD 导入：单击此按钮可以弹出“转存CD音频”对话框，可以将CD导入到音乐轨上。

（2）音频滤镜：对轨道上素材的应用，如放大、嘶声降低、长回音、等量化、音量偏移等音频滤镜效果。

（3）录制画外音：单击此按钮，可以直接从麦克风录入各种外部声音。

4. 基本操作

（1）删除时间轴上的音频：选中某音频，按 Delete 键或者在右键快捷菜单中执行删除命令。

（2）调整音频顺序：拖动。

（3）从视频中分割声音：加载视频，单击“视频”选项卡中的“分割音频”按钮，可实现影音分离。

（4）音频修整：使音乐与其他素材在时间上匹配，我们需要改变视频的播放时间长短。拖动音频左右两侧的黄色标记或者使用预览窗口中的飞梭进行标记。

（5）改变音频的播放时间：选中素材，按 Shift 键，当鼠标指针变成“”时拖动素材到想要的长度，时间轴上的时间变长，播放速度变慢，反之则播放速度变快。或者单击其“回放速度”按钮，将打开“回放速度”面板，可以在此面板中调整素材的播放速度，如果将音频素材调整到50%～150%，声音将不会失真。但是，如果调整为更低或更高，则声音可能会失真。

（6）调整音频音量：在“音乐和声音”选项卡中单击相应位置，可分别实现“静音”、“调节音量大小”和“淡入”、“淡出”效果，操作方法同视频。

实训操作 1　录制画外音

画外音指影片中声音的画外运用，即不是由画面中的人或物体直接发出的声音，而是来自画面外的声音。纪录片、新闻和旅游节目通常使用画外音来帮助观众理解视频中所发生的事情。旁白、独白、解说是画外音的主要形式。画外音摆脱了声音依附于画面视频的从属地位，充分发挥了声音的创造作用，打破了镜头和画面景框的界限，把电影的表现力拓展到镜头和画面之外，使观众不仅能深入感受和理解画面形象的内在涵义，还能通过具体生动的声音形象获得间接的视觉效果，强化了影片的视听结合功能。画外音是影视艺术的重要辅助手段。

录制画外音的具体操作步骤如下。

Step 1：准备工作，连接麦克风和计算机。将麦克风插入到计算机上带有话筒标记的插口上。

Step 2：测试麦克风的功能。在桌面右下角的“🔊”音量图标上右击，弹出快捷菜单，执行“录音设备”命令。②在弹出的“声音”对话框中选择“录制”选项卡，单击“配置”按钮来修改“麦克风设置”。如图 3-83（a）所示。在弹出的对话框中单击“设置麦克风”按钮，如图 3-83（b）所示。在弹出的“麦克风设置向导”对话框中根据具体的麦克风类型来选择“耳机式麦克风”或“桌面麦克风”等，本次选择“耳机式麦克风”，如图 3-84（a）所示。单击“下一步”按钮，按要求正确放置麦克风。单击“下一步”按钮，按要求测试麦克风音量。单击“下一步”按钮，麦克风设置完成，如图 3-84（b）所示。

Step 3：拖动“飞梭标记”移动到视频中要插入画外音的位置作为起始点。注意，选择空白区域，未选中任何素材，否则“录制画外音”按钮为灰色不可选择状态。

（a）“声音”对话框

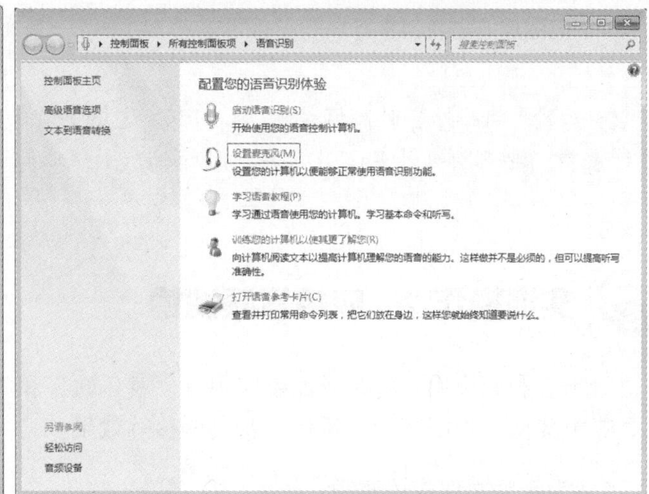

（b）设置麦克风

图 3-83　麦克风的相关设置

Step 4：在“声音和音乐”选项卡中，单击“录制画外音”按钮，弹出“调整音量”对话框。此对话框发亮的指示格代表当前音量的大小，对着麦克吹气，亮格会随之变化。可使用 Windows 混音器调整话筒的音量级别。

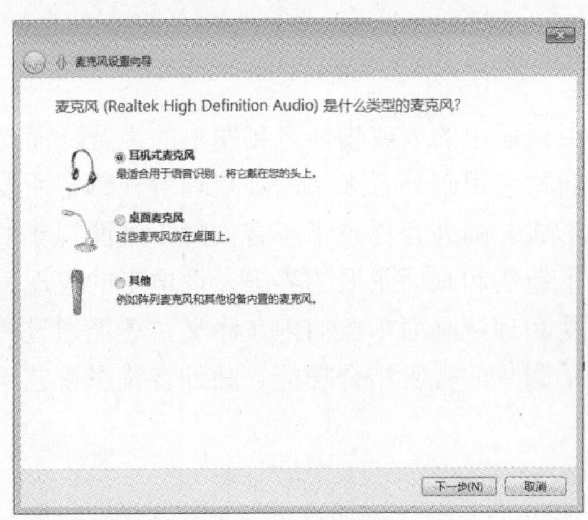

(a) 选择麦克风类型

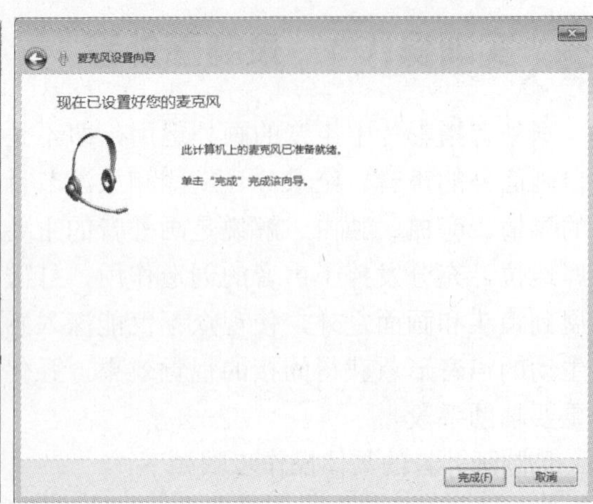

(b) 设置完成

图 3-84 麦克风设置向导

Step 5：单击“开始”按钮进行录音，如图 3-85 所示。录音的同时会播放影片画面，按 Esc 键或单击“停”按钮，结束“录音”操作，此时录制完成的音频文件会自动添加在所选的轨道上，拖动改变其播放位置，如图 3-86 所示。

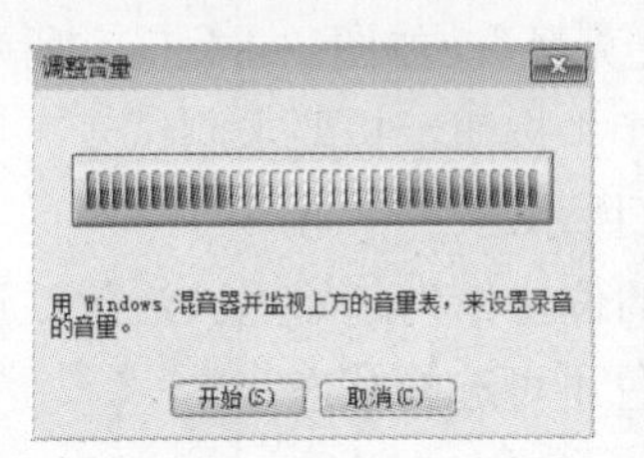

图 3-85 音量调整

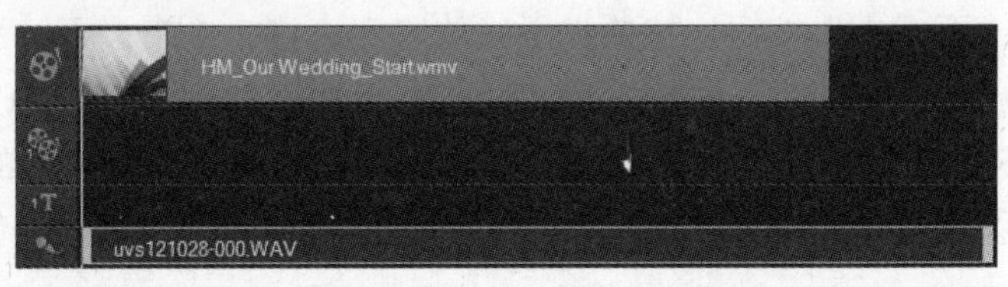

图 3-86 “录制”后的时间轴视图效果

【注意】录制画外音时最好录制 10 ~ 15s。这样更便于删除录制效果较差的画外音并重新进行录制。要删除画外音，只需在“时间轴”上选取此素材并按 Delete 键。

 实训操作 2 应用音频滤镜

会声会影允许用户将音频滤镜应用到“音乐轨”和“声音轨”中的音频素材上，包括放大、嘶声降低、长回音、等量化、音量偏移等效果。

1. 为音频文件应用滤镜

Step 1：选中声音轨或音乐轨上的素材，单击“音乐和声音”选项卡中的“音频滤镜”按钮，弹出“音频滤镜”对话框，从对话框中可以看到系统自带了 20 种音频滤镜，都是基本的滤镜效果，如图 3-87（a）所示。

Step 2：在“音频滤镜”对话框的“可用滤镜”列表框中选择一个音频滤镜，如选择“回

音”，单击“添加”按钮，将该滤镜添加到“已用滤镜”列表框中，如图 3-87（b）所示。

Step 3：重复上述操作，可以为该音频素材添加多个音频效果。与视频滤镜应用是相似的。音频滤镜添加的顺序不一样，效果也不一样，这是因为在为音频素材添加滤镜时，会根据添加的滤镜顺序对音频素材进行处理。在“已用滤镜”列表框中选择一个滤镜，单击“删除”按钮，该滤镜将被删除，单击“全部删除”按钮，“已用滤镜”列表框就会被清空。

Step 4：单击“确定”按钮，即可将选择的滤镜应用到素材上。

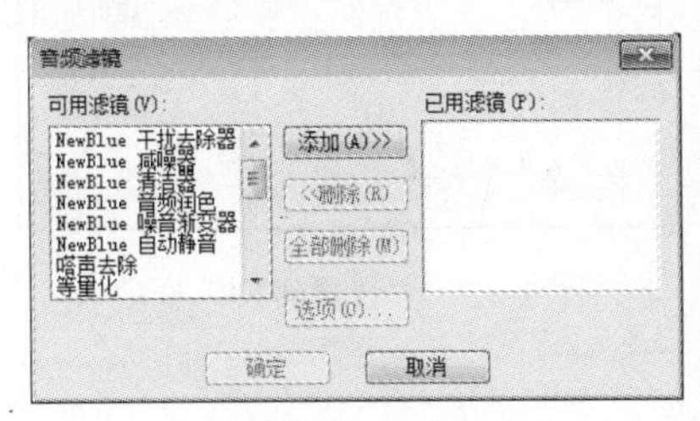

（a）音频滤镜的种类

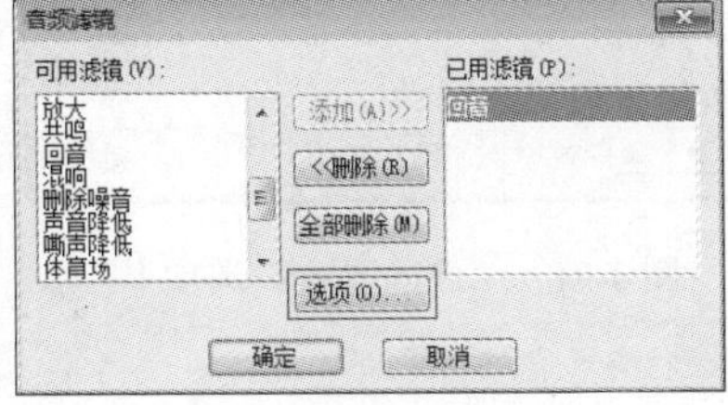

（b）选用滤镜

图 3-87 “音频滤镜”对话框

2．各音频滤镜的选项调节

在 20 个音频滤镜中，有 5 个可以进行自定义设置，先选中一个滤镜，然后单击“选项”按钮，可弹出相对应的音频滤镜自定义对话框。下面介绍几个常用的音频滤镜。

（1）“回声”对话框：在“已定义的回声效果”下拉列表中，可看到“长回音”、“长重复”、“共鸣”、“体育场”4 种选项，这 4 种音频滤镜已定义了回声效果，避免重复使用。在“回声特性”选项组中可以设置回声“延时”、“衰减”和“范围”等，如图 3-88 所示。

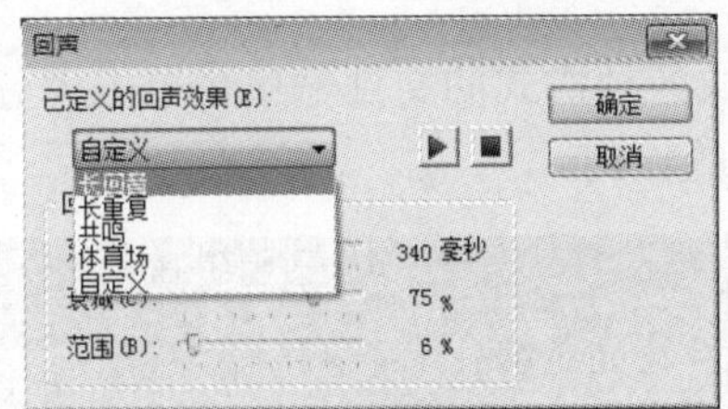

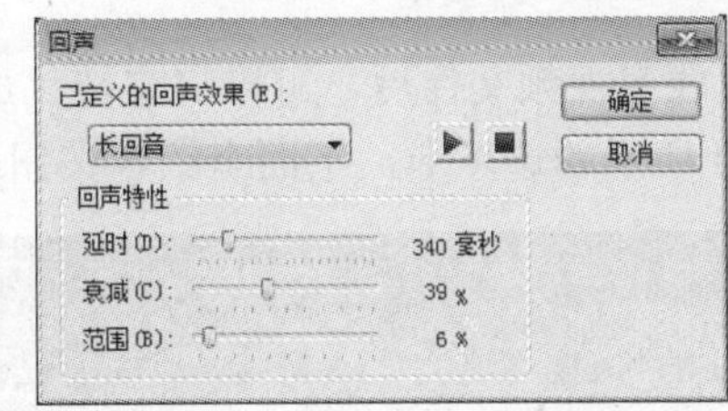

图 3-88 “回声”对话框

（2）“放大”对话框：“比例”微调框中默认值为 100（代表正常高音量），可输入 1～2000 的数值，设置放大的比例，100 以下为减少音量，100 以上为增大音量，可使用“▶”和“■”按钮进行播放和停止的音效预览，如图 3-89 所示。

（3）“混响”对话框：可以设置混音的“回馈”和“强度”值，勾选“柔和”复选框，可使混音效果更加柔和，如图 3-90 所示。

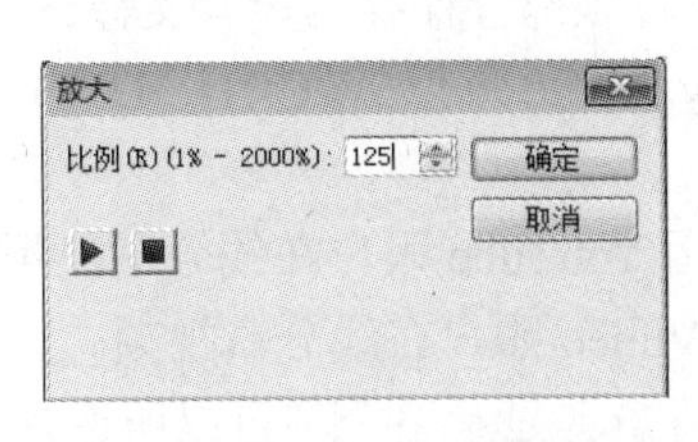

图 3-89 “放大”对话框

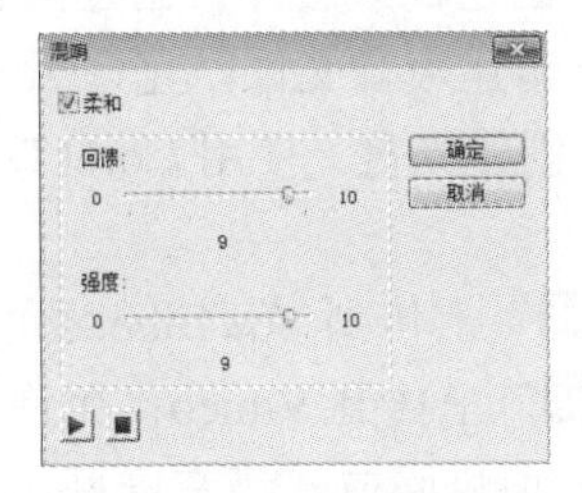

图 3-90 “混响”对话框

（4）“删除噪音”对话框：主要用于删除杂音，把主要的声音调大。通过设置“阈值”，界限下的声音将被过滤掉，如果阈值设置过高，声音将不连续，应反复试听，设置合适的阈值，如图 3-91 所示。

（5）“音量级别”对话框：通过调整分贝数改变音频素材的音量级别，如图 3-92 所示。

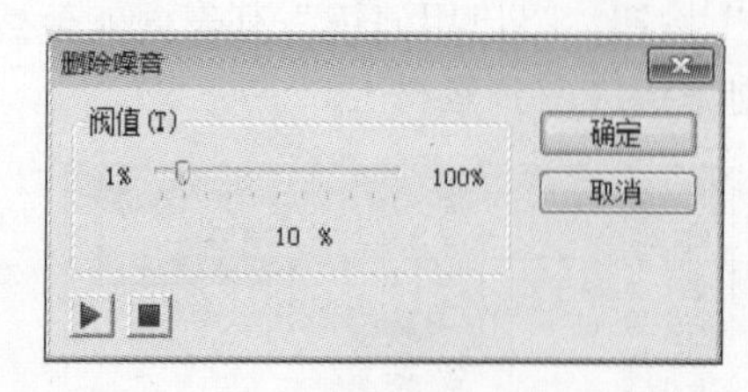

图 3-91 “删除噪音”选项卡

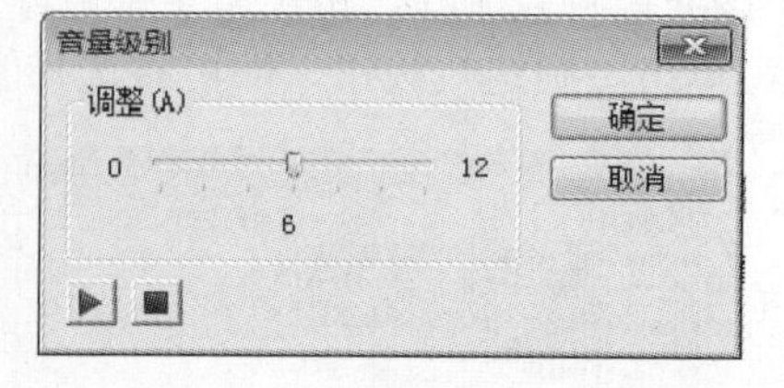

图 3-92 “音量级别”选项卡

任务 6 影片的分享与导出

影片制作完成后，用户可根据自己的实际需要将它们刻录成 VCD/DVD，或者制作成能发布到网上的各种类型的视频文件。会声会影提供了多种视频输出格式。下面讲解影片输出的基本操作。

知识链接 制作符合各标准的视频文件

1. 认识“分享”选项卡

当制作完成音视频文件后，可以将它转化成各种格式的文件输出，单击“分享”按钮，打开如图 3-93 所示的选项卡，下面介绍各按钮的作用。

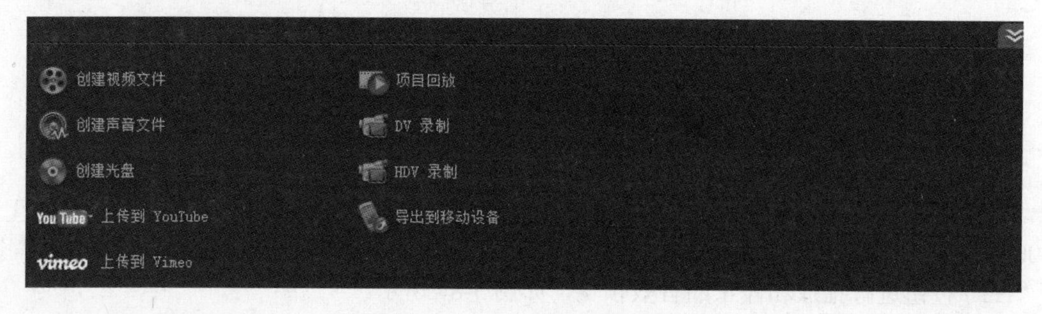

图 3-93 “分享”选项卡

（1）“ ”创建视频文件：创建具有指定项目设置的项目视频文件。

（2）“ ”创建声音文件：允许用户将项目的音频部分保存为声音文件。

（3）“ ”创建光盘：使用 Corel DVD Factory Pro 2010 以 AVCHD．DVD 或 BDMV 格式输出项目。

（4）“You Tube”上传到 YouTube：允许用户使用 YouTube 账户在线分享视频。

（5）“vimeo”上传到 Vimeo：允许用户使用 Vimeo 账户在线分享视频。

（6）“ ”项目回放：清空屏幕，并在黑色背景上显示整个项目或所选片段。如果有连接到系统的 VGA-TV 转换器、摄像机或录像机，则可以输出到录像带。它允许在录制时手动控制输出设备。

（7）“”DV 录制：将编辑完成的影片通过此功能回录到 DV 摄像机上，且不损失视频质量（保持计算机与 DV 连接）。

（8）“”HDV 录制：将编辑完成的影片通过此功能高清回录到 DV 摄像机上（保持计算机与 DV 连接）。

（9）“”导出到移动设备：视频文件可以导出到其他外部设备上，如 Apple iPhone、iPod ClassiC．iPod Touch、Sony PSP、Pocket PC、Nokia 手机，基于 Windows Mobile 的设备和 SD 卡。只能在创建视频文件之后才能导出项目。

2．创建视频文件

单击创建视频文件图标，可以选择所有视频文件格式的创建模板。

（1）与项目设置相同：执行此命令，将默认输出与项目文件属性完全相同的视频文件，如图 3-94 所示。

（2）与第一个视频素材相同：执行此命令，将输出与项目添加的第一个视频属性相同的视频文件。

（3）MPEG 优化器：用于分析和查找用于项目的最佳 MPEG 设置，使项目的原始片段设置与最佳项目设置配置文件兼容，使创建和渲染 MPEG 格式的影片更加快速且具备较高的质量，如图 3-95 所示。

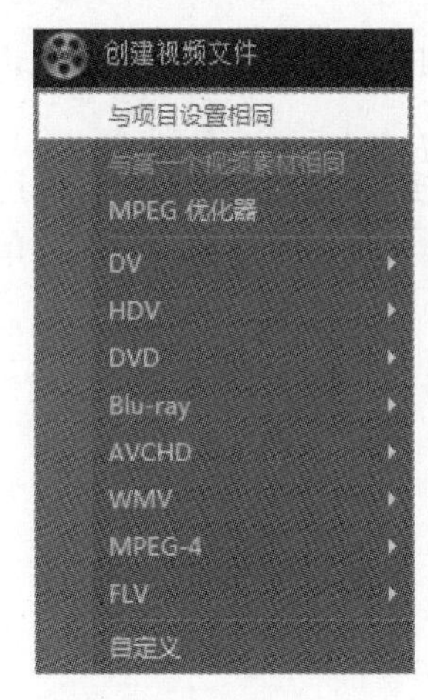

图 3-94　与项目设置相同

图 3-95　MPEG 优化器

（4）DV：执行“DV”命令，会有两个子项目，即“PAL DV(4:3)”和“PAL DV(16:9)”标准视频制式，前者为普通屏幕尺寸，后者为宽屏。

（5）DVD：执行“DVD”命令，会有 5 个子命令，分别用于各种 DVD 格式的影片如图 3-96（a）所示。

（6）Blu-ray：蓝光盘格式输出，如图 3-96（b）所示。

（7）MPEG-4：此格式用于支持各种不同的便携设备能播放的视频，如 iPod、iPhone、PSP、PDA/PMP 和移动电话等类型，如图 3-97（a）所示。

（8）AVCHD：高画质光碟输出，用于制作高清光盘格式。

（9）WMV：用于输出在网页或便携设备上使用的小格式 WMV 文件，如图 3-97（b）所示。

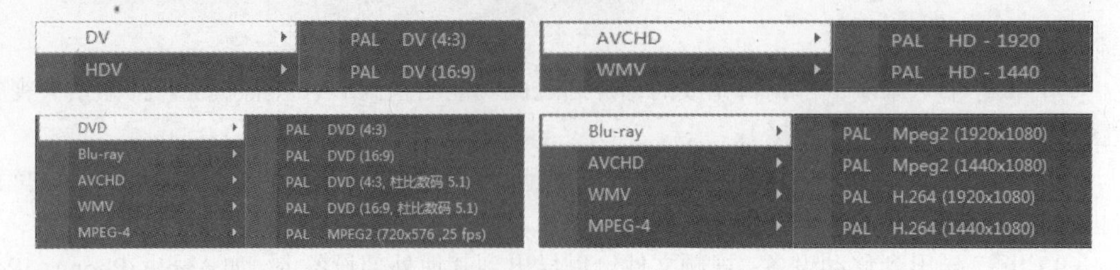

（a）DVD　　（b）Blu-ray

图 3-96　DVD 和 Blu-ray 视频格式

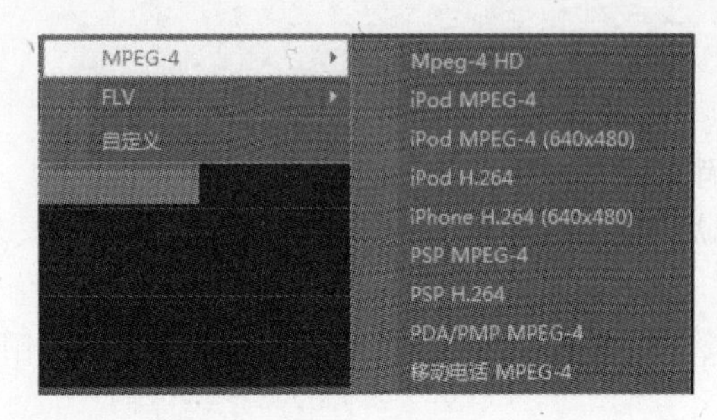

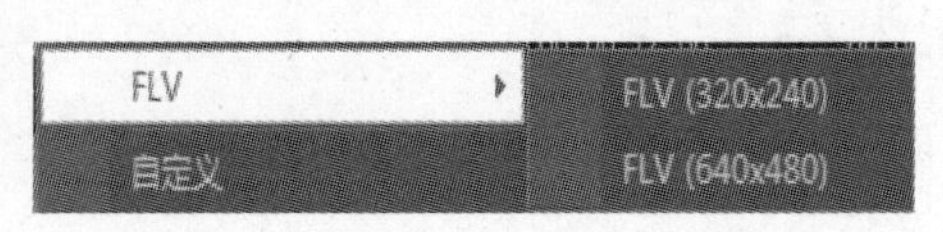

（a）MPEG-4　　（b）WMV

图 3-97　FLV、WMV 和 MPEG-4 视频格式

3．创建声音文件

有时我们需要将同一个声音应用到其他图像上，或将捕获的现场表演的音频转换成声音文件。

单击“创建声音文件”按钮，可弹出如图 3-98 所示的“创建声音文件”对话框，可选择 MP4、OGG、WAV 或 WMA 等输出格式，单击“保存”按钮即可将项目中的音频部分单独作为声音文件保存起来。

图 3-98　“创建声音文件”对话框

 实训操作 1　DVD 刻录

创建视频光盘是分享影片的一种流行方式。

Step 1：单击“分享”选项卡中的创建光盘图标，可以启动 Corel DVD Factory Pro 2010，可在其中录制影片项目或视频来制作 DVD 或 Blu-ray。创建视频光盘的面板如图 3-99 所示。

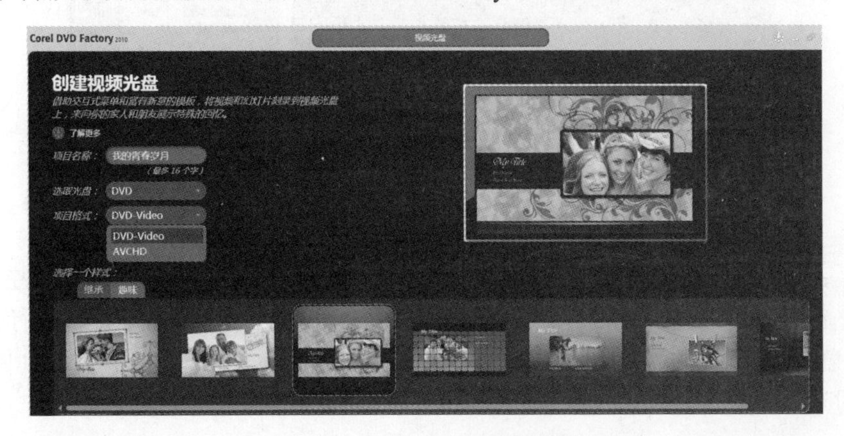

图 3-99 “视频光盘”面板

Step 2：在此面板中，设置项目名称；选择光盘类型（DVD 或 Blu-ray）。选择项目格式（DVD-Video 或 AVCHD）；选择样式，在样式选项中有“继承”和“趣味”两大类，每个大类下又有很多模板可供选择。

Step 3：单击“转到菜单编辑”按钮，进入“我的青春岁月”设置界面，在此可以更改光盘首页的标题、配乐、样式、菜单转场、装饰等。单击按钮，可创建章节。单击按钮，可为当前菜单添加多种文本。单击按钮，可以将当前修改设置好的样式以“样式”形式保存到收藏夹中。

Step 4：单击“添加更多媒体”按钮，可在原先项目的基础上，打开计算机中的媒体文件（视频、照片等）并拖动到媒体托盘中，添加完成后，可单击“转到菜单编辑”按钮，回到设置界面，此时右下方有两个图标，分别代表两个主题，如图 3-100 所示。

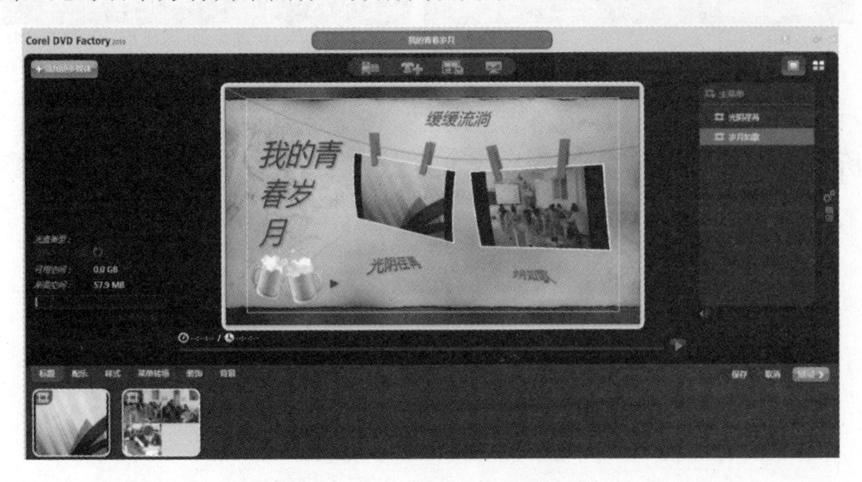

图 3-100 光盘首页设置界面

Step 5：单击“设置”按钮，可弹出折叠设置选项对话框，可拖动右侧的滚动条进行设置，如图 3-101 所示。

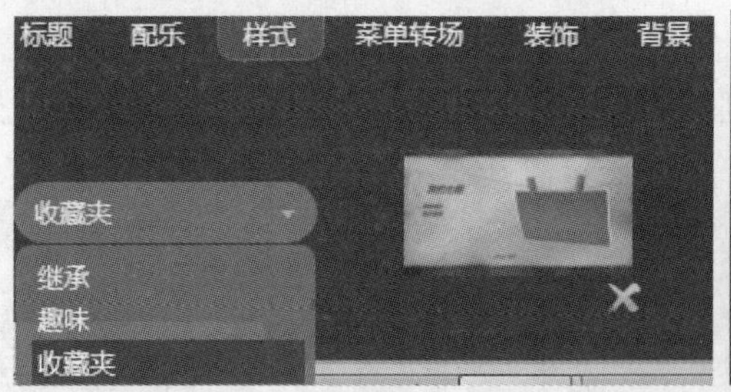

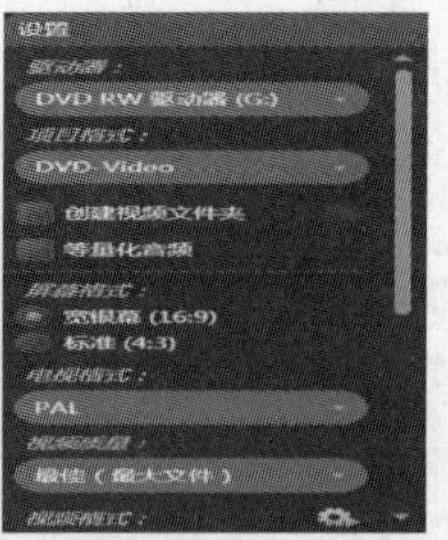

图 3-101　DVD 的设置

Step 6 ：此时提示“请插入空白光盘”，如图 3-102 所示。在光驱中插入一张空白的光盘，面板左侧光盘类型变成“DVD-R”，如图 3-103 所示。单击“刻录”按钮，可进行 DVD 的刻录。显示“正在刻录视频光盘”进度条，如图 3-104 所示。刻录结束后，弹出如图 3-104 所示的提示对话框，单击“确定”按钮。

图 3-102　插入光盘提示框

图 3-103　插入光盘后效果

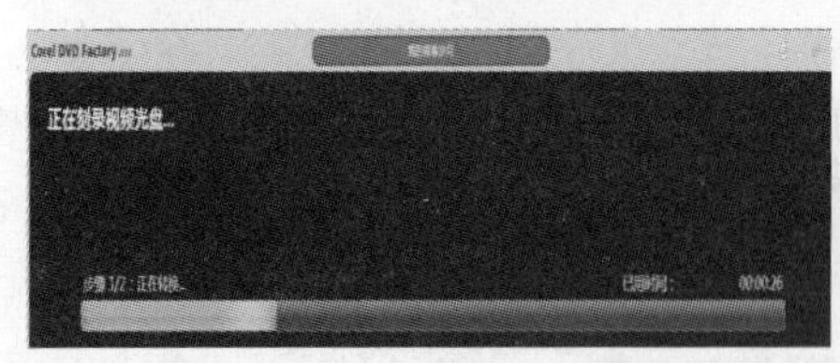

图 3-104　光盘刻录进度条

图 3-105　光盘刻录成功提示对话框

Step 7：插入光盘，单击驱动器盘符“G”，显示光盘内容主题“我的青春岁月”，如图 3-106 所示。使用相应播放器进行播放。

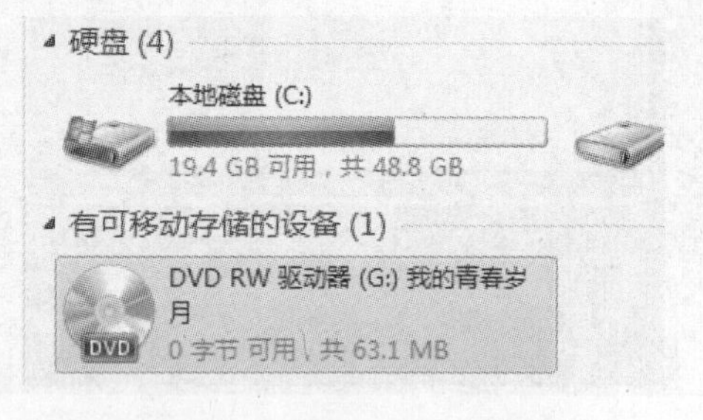

图 3-106　光驱插入光盘后的盘符

实训操作 2　创建个性化桌面屏幕保护

当我们制作出自己的满意作品，我们可以将它做成屏幕保护，以便随时欣赏自己的作品。下面介绍操作步骤。

Step 1：单击“分享”选项卡中的创建光盘图标，选择“WMV”格式中的第一个选项，如图 3-107 所示。

Step 2：执行【文件】/【导出】/【影片屏幕保护】命令，弹出“屏幕保护程度设置”对话框，如图 3-108 所示。

Step 3：在此对话框中，设置等待时间等参数，设置完成后单击“确定”和“应用”按钮。

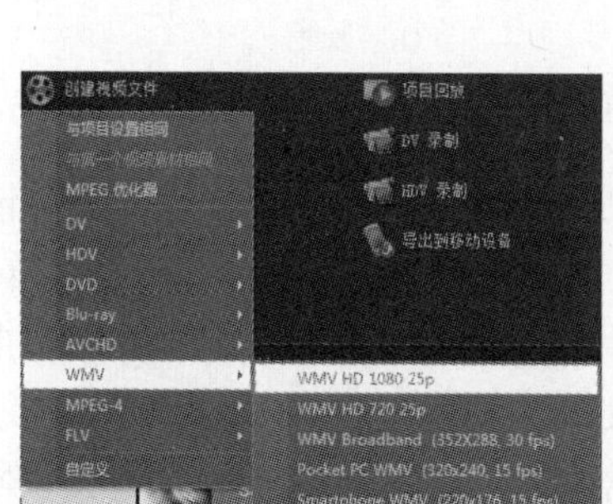
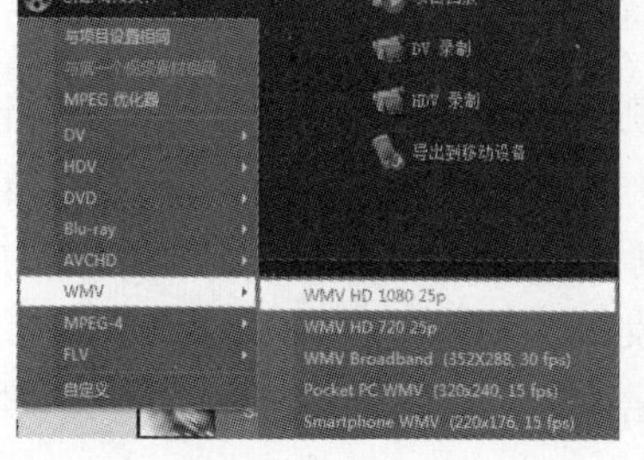

图 3-107　创建 WMV 格式视频文件　　图 3-108　“屏幕保护程序设置”对话框

项目实施　制作《浪漫牵手》婚庆 DVD

1．素材准备

婚礼视频及婚纱摄影照片；歌曲《今天我要嫁给你》、《甜蜜约定》、《为爱奔驰》、《Love Paradise》等。

2．DVD 篇章设计

（1）15s 视频片断衬托主角与日期。
（2）3min 沙画视频展现爱情历程及拉开婚礼序幕。
（3）婚礼进行过程（分为 3 部分：迎亲、车队、喜宴）。
（4）精彩照片制作的 3min 电子相册，祝福片尾。

3．操作步骤

Step 1：片头制作：将婚礼现场新郎和新娘的照片用 Photoshop 处理成心形 PNG 图片；将“爱心.avi”视频（15s）拖动到视频轨起始帧的位置；在视频“轨道管理器”对话框中，增加覆叠轨 2；在 6s 处覆叠轨 2 中插入“新郎.PNG”，覆叠轨 1 中插入“新娘.PNG”，将两图片延长至 15s 处；单击图片“新郎.PNG”，在其属性栏“方向/样式”中选择进入为“从左下方进入”，退出为“静止”；单击图片“新娘.PNG”，在其属性栏“方向/样式”中选择进入为“从右下方进入”，退出为“静止”，两张图片均选择“淡入动画效果”；在右侧的“标题”

素材库中选择任意喜好的标题类型，拖动至标题轨中，双击更改文字为“新郎：×××，新娘：××× ×年×月×日”将其延长至 15s 处。在音乐轨上插入轻音乐“Your smile”，剪切并延长至 15s 处，属性设置为“淡入淡出”，编辑区设置如图 3-109（a）所示，最终效果如图 3-109（b）所示。

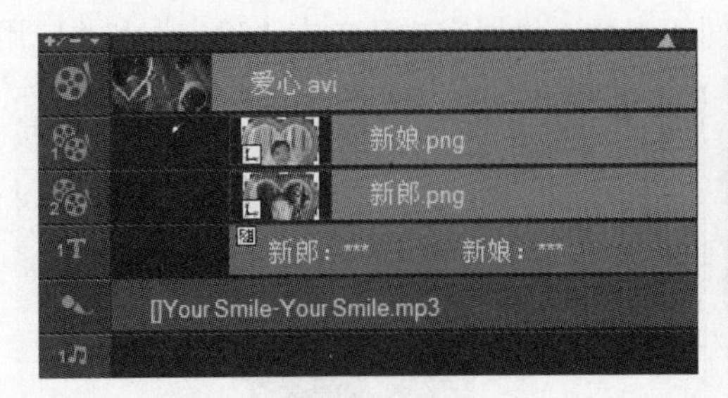

（a）编辑区设置

（b）效果

图 3-109 时间轴视图和预览效果（一）

Step 2：3min 沙画视频。将“沙画婚庆创意视频”拖动到视频轨 16s 处；随着情节的推进，在“标题”素材库中选择合适的标题，插入文字“2008 年，他们相识于大学校园”、“女孩的温柔善良深深地吸引了男孩”、“男孩的帅气和真诚也深深打动了女孩”、“他们很快坠入爱河，成为一对幸福的恋人”、“终于有一天，男孩向女孩求婚了”，“女孩终于等到了这一天”，“七年的爱情长跑终点是幸福的婚礼之门”等（可根据场景自行设计对白），每条字幕要求首字设置为 60 磅，其余设置为 32 磅，如图 3-110 所示。

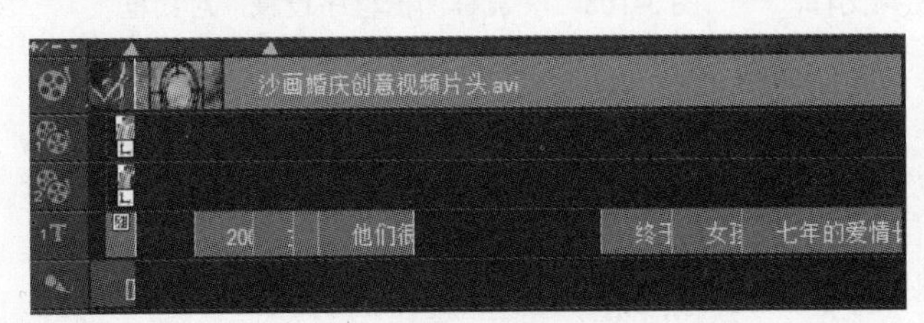

图 3-110 时间轴视图和预览效果（二）

Step 3：婚礼进行过程 0 为婚礼进行过程插入起始片头，在视频轨道中插入“高清 DVD 婚礼视频背景素材.avi”从头剪切至 50'10" 处。同时在声音轨中插入“Sweet Dream.mp3”，同样从头至 50'10" 处，在属性栏中设置“淡出效果”，如图 3-111 所示。

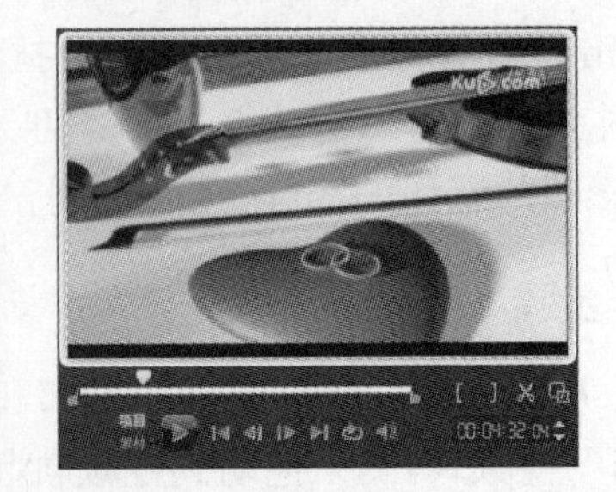

图 3-111 插入声音

将“迎亲”、“车队”、“喜宴”3 部分的视频均导入至会声会影中，使用“剪切”工具裁剪视频，将不用的视频段删除，顺序播放，如图 3-111 所示。

“迎亲”部分根据场景不同分别插入不同风格的音乐，这里插入《给你们》，在双方视频段插入《跨越时空的思念》，如图 3-112 所示。

“车队”部分根据不同场景分别插入《江南 Style》、《Stuck in moment》，根据视频片段裁切音乐。“喜宴”部分用视频原声。

图 3-112　导入视频

Step 4：片尾。

在视频轨道中插入“高清 DVD 婚礼视频背景素材.avi”，在 3'59"13 处裁切，保留后一段视频，并与上一段视频加入“三维”/“飞行翻转”转场效果。在 4'20"23 处插入文字“无极制作”（可随意）。为本处配乐《穿越时空的思念》并裁切，如图 3-113 所示。

Step 5：制作完成后输出，刻录成光盘，留存。

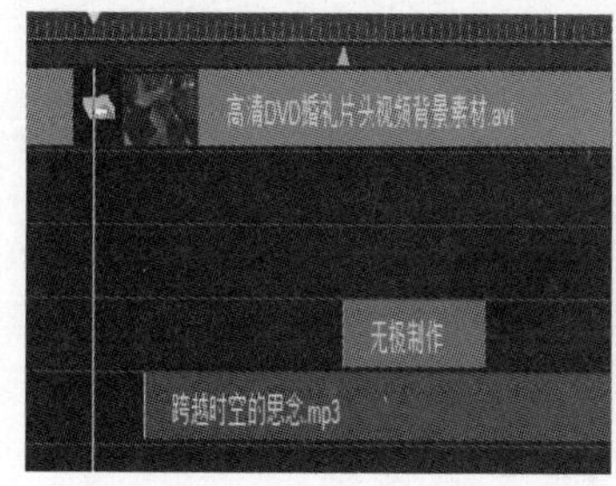

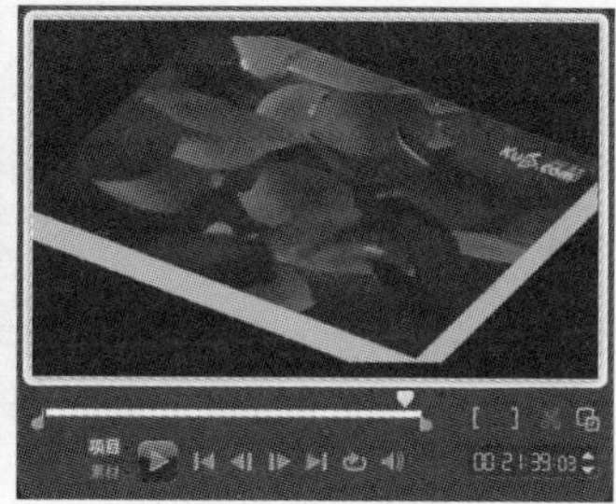

图 3-113　片尾制作

项目自测

一、选择题

1．下列不是会声会影时间轴视图模式的是（　　）。

A．故事版视图　　B．时间轴视图　　C．音频视图　　D．缩略视图

2．会声会影时间轴上面有（　　）种轨道。

A．2 种　　B．3 种　　C．5 种　　D．6 种

3．下列不属于装饰选项的是（　　）。

A．边框　　B．对象　　C．Flash 动画　　D．滤镜

4．在会声会影中，转场的默认区间是（　　）。

A．3s　　B．1s　　C．2s　　D．5s

5．在会声会影中，图像和色彩素材的默认区间是（　　）。

A．3s　　B．2s　　C．4s　　D．5s

6．在会声会影中，转场的区间取值为（　　）。

A．1～1000s　　B．1～999s　　C．5～999s　　D．0.1～999s

7．在会声会影中，撤销和重复最多可以执行（　　）次。

A．100　　B．120　　C．50　　D．99

8．在会声会影中，最多可以添加（　　）个覆叠轨。

A．4　　B．5　　C．6　　D．7

9．在会声会影中，最多可以添加（　　）个标题轨。

A．1　　B．2　　C．3　　D．4

10．在会声会影中，区间的大小顺序是（　　）。

A．时：分：秒：帧　　B．帧：时：分：秒

C．时：分：帧：秒　　D．时：帧：分：秒

11．会声会影的项目文件扩展名是（　　）。

A．.dos　　B．.vsp　　C．.abd　　D．.uvp

12．会声会影中绘图创建器所创建的动画文件的扩展名是（　　）。

A．.vsp　　B．.doc　　C．.uvp　　D．.txt

13．下列描述错误的是（　　）。

A．视频素材只能放到视频轨上

B．色彩也属于一种素材

C．声音轨可以放置一首音乐

D．可以在同一个素材上使用多个滤镜特效

14．按钮在会声会影中的作用是（　　）。

A．将飞梭栏移动到起始帧　　B．将飞梭栏移动到上一帧

C．将飞梭栏移动到下一帧　　D．将飞梭栏移动到结束帧

15．按钮在会声会影中的作用是（　　）。

A．复制素材　　B．删除素材　　C．剪辑素材　　D．粘贴素材

16．按钮在会声会影中的作用是（　　）。

A．加载素材　　B．创建素材库

C．打开素材库　　D．插入素材到轨道上

17．按钮在会声会影中的作用是（　　）。

A．插入素材到轨道上　　B．创建素材库

C．打开素材库　　D．加载素材

18．下列叙述正确的是（　　）。

A．图片素材只能在视频轨上使用

B．色彩素材不可以在覆叠轨上使用

C．视频素材可以在覆叠轨和视频轨上使用

D．声音轨不能放置一首音乐

19．下列叙述错误的是（　　）。

A．在会声会影中，可以导入视频、图片、音乐

B．在会声会影中，可以导入新的转场效果

C．在会声会影中，不能录音

D．在会声会影中，不能同时在视频轨上的两个素材间使用 2 个转场

20．在覆叠轨上去掉对比度素材较高的背景的方法是（　　）。

A．运用色度键　　B．运用色彩校正

C．运用素材剪辑　　D．运用素材分割

二、简答题

1．简述替换和删除转场的方法。

2．简述添加多个滤镜的方法。

3．怎样自动在视频轨上的素材之间添加标题？

4．怎样调节音频的长度？

5．怎样为转场效果添加色彩边框并柔化其边缘？

6．怎样导出一个完整的视频？

项目小结

1）一个完整的视频制作过程需要经过素材导入、素材剪辑和处理、添加音效或音乐、添加字幕、视频文件格式选择及导出等几个基本步骤。

2）视频滤镜的作用是对视频画面进行特殊处理，改变图片或视频的外观或样式，以达到特殊的艺术效果，通过修改视频滤镜的属性来调整其显示的强度、效果和速度。

3）转场的作用是从一个视频场景切换到另一个视频场景的镜头的切换或者过渡。

4）摇动和缩放的作用是可以模拟摄像时的摇动和缩放效果，使静态的图像具有动感。

附录

Photoshop 常用工具及操作快捷方式汇总

1. 工具箱

多种工具共用一个快捷键的，可同时按【Shift】加此快捷键进行选取。

矩形、椭圆选框工具：【M】。

移动工具：【V】。

套索、多边形套索、磁性套索工具：【L】。

魔棒工具：【W】。

裁剪工具：【C】。

切片工具、切片选择工具：【K】。

喷枪工具：【J】。

画笔工具、铅笔工具：【B】。

橡皮图章、图案图章：【S】。

历史画笔工具、艺术历史画笔：【Y】。

橡皮擦、背景擦除、魔术橡皮擦：【E】。

渐变工具、油漆桶工具：【G】。

模糊、锐化、涂抹工具：【R】。

减淡、加深、海绵工具：【O】。

路径选择工具、直接选取工具：【A】。

文字工具：【T】。

钢笔、自由钢笔：【P】。

矩形、圆边矩形、椭圆、多边形、直线：【U】。

写字板、声音注释：【N】。

吸管、颜色取样器、度量工具：【I】。

抓手工具：【H】。

缩放工具：【Z】。

默认前景色和背景色：【D】。

切换前景色和背景色：【X】。

切换标准模式和快速蒙版模式：【Q】。

标准屏幕模式、带有菜单栏的全屏模式、全屏模式：【F】。

跳到 ImageReady 3.0 中：【Ctrl】+【Shift】+【M】。

临时使用移动工具：【Ctrl】。

临时使用吸管工具：【Alt】。
临时使用抓手工具：【Space】。
快速输入工具选项（当前工具选项中至少有一个可调节数字）：【0】～【9】。
循环选择画笔：【[】或【]】。
建立新渐变（在”渐变编辑器”中）：【Ctrl】+【N】。

2. 文件操作

新建图形文件：【Ctrl】+【N】。
打开已有的图像：【Ctrl】+【O】。
打开为：【Ctrl】+【Alt】+【O】。
关闭当前图像：【Ctrl】+【W】。
保存当前图像：【Ctrl】+【S】。
另存为：【Ctrl】+【Shift】+【S】。
存储为网页用图形：【Ctrl】+【Alt】+【Shift】+【S】。
页面设置：【Ctrl】+【Shift】+【P】。
打印预览：【Ctrl】+【Alt】+【P】。
打印：【Ctrl】+【P】。
退出 Photoshop：【Ctrl】+【Q】。

3. 编辑操作

还原/重做前一步操作：【Ctrl】+【Z】。
一步一步向前还原：【Ctrl】+【Alt】+【Z】。
一步一步向后重做：【Ctrl】+【Shift】+【Z】。
淡入/淡出：【Ctrl】+【Shift】+【F】。
剪切选取的图像或路径：【Ctrl】+【X】或【F2】。
拷贝选取的图像或路径：【Ctrl】+【C】。
合并拷贝：【Ctrl】+【Shift】+【C】。
将剪贴板的内容粘贴到当前图形中：【Ctrl】+【V】或【F4】。
将剪贴板的内容粘贴到选框中：【Ctrl】+【Shift】+【V】。
自由变换：【Ctrl】+【T】。
应用自由变换（在自由变换模式下）：【Enter】。
从中心或对称点开始变换（在自由变换模式下）：【Alt】。
限制（在自由变换模式下）：【Shift】。
扭曲（在自由变换模式下）：【Ctrl】。
取消变形（在自由变换模式下）：【Esc】。
自由变换复制的像素数据：【Ctrl】+【Shift】+【T】。
再次变换复制的像素数据并建立一个副本：【Ctrl】+【Shift】+【Alt】+【T】。
删除选框中的图案或选取的路径：【DEL】。
用背景色填充所选区域或整个图层：【Ctrl】+【Backspace】或【Ctrl】+【Delete】。
用前景色填充所选区域或整个图层：【Alt】+【Backspace】或【Alt】+【Delete】。
弹出“填充”对话框：【Shift】+【Backspace】。

从历史记录中填充：【Alt】+【Ctrl】+【Backspace】。
弹出“颜色设置”对话框：【Ctrl】+【Shift】+【K】。
弹出“预先调整管理器”对话框：【Alt】+【E】放开后按【M】。
预设画笔（在“预先调整管理器”对话框中）：【Ctrl】+【1】。
预设颜色样式（在“预先调整管理器”对话框中）：【Ctrl】+【2】。
预设渐变填充（在“预先调整管理器”对话框中）：【Ctrl】+【3】。
预设图层效果（在“预先调整管理器”对话框中）：【Ctrl】+【4】。
预设图案填充（在“预先调整管理器”对话框中）：【Ctrl】+【5】。
预设轮廓线（在“预先调整管理器”对话框中）：【Ctrl】+【6】。
预设定制矢量图形（在“预先调整管理器”对话框中）：【Ctrl】+【7】。
弹出“预置”对话框：【Ctrl】+【K】。
显示最后一次显示的“预置”对话框：【Alt】+【Ctrl】+【K】。
设置“常规”选项（在“预置”对话框中）：【Ctrl】+【1】。
设置“存储文件”（在“预置”对话框中）：【Ctrl】+【2】。
设置“显示和光标”（在“预置”对话框中）：【Ctrl】+【3】。
设置“透明区域与色域”（在“预置”对话框中）：【Ctrl】+【4】。
设置“单位与标尺”（在“预置”对话框中）：【Ctrl】+【5】。
设置“参考线与网格”（在“预置”对话框中）：【Ctrl】+【6】。
设置“增效工具与暂存盘”（在“预置”对话框中）：【Ctrl】+【7】。
设置“内存与图像高速缓存”（在“预置”对话框中）：【Ctrl】+【8】。

4. 图像调整

调整色阶：【Ctrl】+【L】。
自动调整色阶：【Ctrl】+【Shift】+【L】。
自动调整对比度：【Ctrl】+【Alt】+【Shift】+【L】。
弹出“曲线”对话框：【Ctrl】+【M】。
在所选通道的曲线上添加新的点（在“曲线”对话框中）：在图像中【Ctrl】加点按。
在复合曲线以外的所有曲线上添加新的点（在“曲线”对话框中）：【Ctrl】+【Shift】加点按。
移动所选点（在“曲线”对话框中）：【↑】/【↓】/【←】/【→】。
以 10 点为增幅移动所选点（在“曲线”对话框中）：【Shift】+【箭头】。
选择多个控制点（在“曲线”对话框中）：【Shift】加点按。
前移控制点（在“曲线”对话框中）：【Ctrl】+【Tab】。
后移控制点（在“曲线”对话框中）：【Ctrl】+【Shift】+【Tab】。
添加新的点（在“曲线”对话框中）：点按网格。
删除点（在“曲线”对话框中）：【Ctrl】加点按点。
取消选择所选通道上的所有点（在“曲线”对话框中）：【Ctrl】+【D】。
使曲线网格更精细或更粗糙（在“曲线”对话框中）：【Alt】加点按网格。
选择彩色通道（在“曲线”对话框中）：【Ctrl】+【~】。
选择单色通道（在“曲线”对话框中）：【Ctrl】+【数字】。

弹出“色彩平衡”对话框：【Ctrl】+【B】。
弹出“色相/饱和度”对话框：【Ctrl】+【U】。
全图调整（在“色相/饱和度”对话框中）：【Ctrl】+【~】。
只调整红色（在“色相/饱和度”对话框中）：【Ctrl】+【1】。
只调整黄色（在“色相/饱和度”对话框中）：【Ctrl】+【2】。
只调整绿色（在“色相/饱和度”对话框中）：【Ctrl】+【3】。
只调整青色（在“色相/饱和度”对话框中）：【Ctrl】+【4】。
只调整蓝色（在“色相/饱和度”对话框中）：【Ctrl】+【5】。
只调整品红色（在“色相/饱和度”对话框中）：【Ctrl】+【6】。
去色：【Ctrl】+【Shift】+【U】。
反相：【Ctrl】+【I】。
弹出“抽取”对话框：【Ctrl】+【Alt】+【X】。
边缘增亮工具（在“抽取”对话框中）：【B】。
填充工具（在“抽取”对话框中）：【G】。
擦除工具（在“抽取”对话框中）：【E】。
清除工具（在“抽取”对话框中）：【C】。
边缘修饰工具（在“抽取”对话框中）：【T】。
缩放工具（在“抽取”对话框中）：【Z】。
抓手工具（在“抽取”对话框中）：【H】。
改变显示模式（在“抽取”对话框中）：【F】。
加大画笔大小（在“抽取”对话框中）：【]】。
减小画笔大小（在“抽取”对话框中）：【[】。
完全删除增亮线（在“抽取”对话框中）：【Alt】+【Backspace】。
增亮整个抽取对象（在“抽取”对话框中）：【Ctrl】+【Backspace】。
弹出“液化”对话框：【Ctrl】+【Shift】+【X】。
扭曲工具（在“液化”对话框中）：【W】。
顺时针转动工具（在“液化”对话框中）：【R】。
逆时针转动工具（在“液化”对话框中）：【L】。
缩拢工具（在“液化”对话框中）：【P】。
扩张工具（在“液化”对话框中）：【B】。
反射工具（在“液化”对话框中）：【M】。
重构工具（在“液化”对话框中）：【E】。
冻结工具（在“液化”对话框中）：【F】。
解冻工具（在“液化”对话框中）：【T】。
应用“液化”效果并退回 Photoshop 主界面（在“液化”对话框中）：【Enter】。
放弃“液化”效果并退回 Photoshop 主界面（在“液化”对话框中）：【Esc】。

5. 图层操作

从对话框中新建一个图层：【Ctrl】+【Shift】+【N】。
以默认选项建立一个新的图层：【Ctrl】+【Alt】+【Shift】+【N】。

通过复制建立一个图层（无对话框）：【Ctrl】+【J】。
从对话框中建立一个通过拷贝的图层：【Ctrl】+【Alt】+【J】。
通过剪切中建立一个图层（无对话框）：【Ctrl】+【Shift】+【J】。
从对话框中建立一个通过剪切的图层：【Ctrl】+【Shift】+【Alt】+【J】。
与前一图层编组：【Ctrl】+【G】。
取消编组：【Ctrl】+【Shift】+【G】。
将当前层下移一层：【Ctrl】+【[】。
将当前层上移一层：【Ctrl】+【]】。
将当前层移到最下面：【Ctrl】+【Shift】+【[】。
将当前层移到最上面：【Ctrl】+【Shift】+【]】。
激活下一个图层：【Alt】+【[】。
激活上一个图层：【Alt】+【]】。
激活底部图层：【Shift】+【Alt】+【[】。
激活顶部图层：【Shift】+【Alt】+【]】。
向下合并或合并连接图层：【Ctrl】+【E】。
合并可见图层：【Ctrl】+【Shift】+【E】。
盖印或盖印连接图层：【Ctrl】+【Alt】+【E】。
盖印可见图层：【Ctrl】+【Alt】+【Shift】+【E】。
调整当前图层的透明度（当前工具为无数字参数的工具，如移动工具）：【0】～【9】。
保留当前图层的透明区域（开关）：【/】。
使用预定义效果（在“效果”对话框中）：【Ctrl】+【1】。
混合选项（在“效果”对话框中）：【Ctrl】+【2】。
投影选项（在“效果”对话框中）：【Ctrl】+【3】。
内部阴影（在“效果”对话框中）：【Ctrl】+【4】。
外发光（在“效果”对话框中）：【Ctrl】+【5】。
内发光（在“效果”对话框中）：【Ctrl】+【6】。
斜面和浮雕（在“效果”对话框中）：【Ctrl】+【7】。
轮廓（在“效果”对话框中）：【Ctrl】+【8】。
材质（在“效果”对话框中）：【Ctrl】+【9】。

6. 图层混合模式

循环选择混合模式：【Shift】+【-】或【+】。
正常（Normal）：【Shift】+【Alt】+【N】。
溶解（Dissolve）：【Shift】+【Alt】+【I】。
正片叠底（Multiply）：【Shift】+【Alt】+【M】。
屏幕（Screen）：【Shift】+【Alt】+【S】。
叠加（Overlay）：【Shift】+【Alt】+【O】。
柔光（Soft Light）：【Shift】+【Alt】+【F】。
强光（Hard Light）：【Shift】+【Alt】+【H】。
颜色减淡（Color Dodge）：【Shift】+【Alt】+【D】。

颜色加深（Color Burn）：【Shift】+【Alt】+【B】。
变暗（Darken）：【Shift】+【Alt】+【K】。
变亮（Lighten）：【Shift】+【Alt】+【G】。
差值（Difference）：【Shift】+【Alt】+【E】。
排除（Exclusion）：【Shift】+【Alt】+【X】。
色相（Hue）：【Shift】+【Alt】+【U】。
饱和度（Saturation）：【Shift】+【Alt】+【T】。
颜色（Color）：【Shift】+【Alt】+【C】。
光度（Luminosity）：【Shift】+【Alt】+【Y】。
去色：海绵工具+【Shift】+【Alt】+【J】。
加色：海绵工具+【Shift】+【Alt】+【A】。

7. 选择功能

全部选取：【Ctrl】+【A】。
取消选择：【Ctrl】+【D】。
重新选择：【Ctrl】+【Shift】+【D】。
羽化选择：【Ctrl】+【Alt】+【D】。
反向选择：【Ctrl】+【Shift】+【I】。
载入选区：【Ctrl】+点按“图层”、“路径”、“通道”面板中的缩略图

8. 滤镜

按上次的参数再做一次滤镜：【Ctrl】+【F】。
退去上次所做滤镜的效果：【Ctrl】+【Shift】+【F】。
重复上次所做的滤镜（可调参数）：【Ctrl】+【Alt】+【F】。
选择工具（在“3D 变化”滤镜中）：【V】。
直接选择工具（在“3D 变化”滤镜中）：【A】。
立方体工具（在“3D 变化”滤镜中）：【M】。
球体工具（在“3D 变化”滤镜中）：【N】。
柱体工具（在“3D 变化”滤镜中）：【C】。
添加描点工具（在“3D 变化”滤镜中）：【+】。
减少描点工具（在“3D 变化”滤镜中）：【-】。
轨迹球（在“3D 变化”滤镜中）：【R】。
全景相机工具（在“3D 变化”滤镜中）：【E】。
移动视图（在“3D 变化”滤镜中）：【H】。
缩放视图（在“3D 变化”滤镜中）：【Z】。
应用三维变形并退回 Photoshop 主界面（在“3D 变化”滤镜中）：【Enter】。
放弃三维变形并退回 Photoshop 主界面（在“3D 变化”滤镜中）：【Esc】。

9. 视图操作

选择彩色通道：【Ctrl】+【~】。
选择单色通道：【Ctrl】+【数字】。

选择快速蒙版：【Ctrl】+【\】。
始终在窗口显示复合通道：【~】。
以 CMYK 方式预览(开关)：【Ctrl】+【Y】。
打开/关闭色域警告：【Ctrl】+【Shift】+【Y】。
放大视图：【Ctrl】+【+】。
缩小视图：【Ctrl】+【-】。
满画布显示：【Ctrl】+【0】。
实际像素显示：【Ctrl】+【Alt】+【0】。
向上卷动一屏：【PageUp】。
向下卷动一屏：【PageDown】。
向左卷动一屏：【Ctrl】+【PageUp】。
向右卷动一屏：【Ctrl】+【PageDown】。
向上卷动 10 个单位：【Shift】+【PageUp】。
向下卷动 10 个单位：【Shift】+【PageDown】。
向左卷动 10 个单位：【Shift】+【Ctrl】+【PageUp】。
向右卷动 10 个单位：【Shift】+【Ctrl】+【PageDown】。
将视图移到左上角：【Home】。
将视图移到右下角：【End】。
显示/隐藏选择区域：【Ctrl】+【H】。
显示/隐藏路径：【Ctrl】+【Shift】+【H】。
显示/隐藏标尺：【Ctrl】+【R】。
捕捉：【Ctrl】+【;】。
锁定参考线：【Ctrl】+【Alt】+【;】。
显示/隐藏“颜色”面板：【F6】。
显示/隐藏“图层”面板：【F7】。
显示/隐藏“信息”面板：【F8】。
显示/隐藏“动作”面板：【F9】。
显示/隐藏所有命令面板：【Tab】。
显示或隐藏工具箱以外的所有面板：【Shift】+【Tab】。
显示/隐藏“字符”面板：【Ctrl】+【T】。
显示/隐藏“段落”面板：【Ctrl】+【M】。
左对齐或顶对齐：【Ctrl】+【Shift】+【L】。
中对齐：【Ctrl】+【Shift】+【C】。
右对齐或底对齐：【Ctrl】+【Shift】+【R】。
左/右选择 1 个字符：【Shift】+【←】/【→】。
下/上选择 1 行：【Shift】+【↑】/【↓】。
选择所有字符：【Ctrl】+【A】。
显示/隐藏字体选取底纹：【Ctrl】+【H】。
选择从插入点到鼠标点按的字符：【Shift】加点按
左/右移动 1 个字符：【←】/【→】。

下/上移动 1 行：【↑】/【↓】。
左/右移动 1 个字：【Ctrl】+【←】/【→】。
将所选文本的文字大小减小 2 像素：【Ctrl】+【Shift】+【<】。
将所选文本的文字大小增大 2 像素：【Ctrl】+【Shift】+【>】。
将所选文本的文字大小减小 10 像素：【Ctrl】+【Alt】+【Shift】+【<】。
将所选文本的文字大小增大 10 像素：【Ctrl】+【Alt】+【Shift】+【>】。
将行距减小 2 像素：【Alt】+【↓】。
将行距增大 2 像素：【Alt】+【↑】。
将基线位移减小 2 像素：【Shift】+【Alt】+【↓】。
将基线位移增加 2 像素：【Shift】+【Alt】+【↑】。
将字距微调或字距调整减小 20/1000ems：【Alt】+【←】。
将字距微调或字距调整增加 20/1000ems：【Alt】+【→】。
将字距微调或字距调整减小 100/1000ems：【Ctrl】+【Alt】+【←】。
将字距微调或字距调整增加 100/1000ems：【Ctrl】+【Alt】+【→】。

参考文献

[1] 《工程过程导向新理念丛书》编委会．影视项目设计与制作综合实训．北京：清华大学出版社，2010.

[2] 李文联，杨绍先．摄影摄像基础．北京：高等教育出版社，2008.

[3] 刘毓敏．电视摄像与编辑．北京：国防工业出版社，2006.

[4] 夏正达．摄像基础教程．上海：上海人民美术出版社，2012.

[5] 申健明，YYeTs．我的视频影音制作书．北京：人民邮电出版社，2009.

[6] 刘修文．图解影音技术要诀．北京：中国电力出版社，2006.

[7] 方晨．Photoshop CS3 中文版标准教程．上海：上海科学普及出版社，2009.

[8] 雷剑，盛秋．Photoshop CS3 数码照片处理实例精讲．北京：人民邮电出版社，2010.

[9] 高山泉．会声会影 X3 实战：从入门到精通．北京：人民邮电出版社，2010.

反侵权盗版声明

举报电话：（010）88254396；（010）88258888

传　　真：（010）88254397

E-mail:　　dbqq@phei.com.cn

通信地址：北京市万寿路 173 信箱

　　　　　电子工业出版社总编办公室

邮　　编：100036